普通高等教育"十一五"国家级规划教材
A+U高校建筑学与城市规划专业教材

建筑结构选型

（第二版）

张建荣　主编

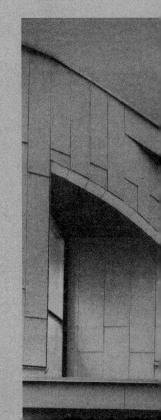

中国建筑工业出版社

图书在版编目（CIP）数据

建筑结构选型/张建荣主编. —2版. —北京：中国建筑工业出版社，2010.9

（普通高等教育"十一五"国家级规划教材. A+U 高校建筑学与城市规划专业教材）

ISBN 978-7-112-12431-2

Ⅰ.①建… Ⅱ.①张… Ⅲ.①建筑结构 Ⅳ.①TU3

中国版本图书馆CIP数据核字（2010）第171558号

本书较全面系统地介绍了常用的建筑结构型式，包括梁、屋架、刚架、拱、薄壁空间结构、网架、网壳、悬索、膜结构、张拉结构、混合空间结构、多层建筑结构、高层建筑结构、楼梯等。对上述各种结构型式分别介绍其结构组成、受力特点、布置方式、适用范围、构造要点等。编写本书时力求对各种结构型式进行系统归纳，以给出有关建筑结构体系完整的概念。同时又注意结合国内外的建筑实例，特别是引用了大量我国最新建设成就，如北京奥运建筑和上海世博建筑，以使学生加深认识，开拓设计思路。

本书可作为建筑学及相近专业的建筑结构选型课程的教材，也可供土木工程及相近专业人员的教学或设计参考。

责任编辑：赵梦梅　陈　桦
责任设计：赵明霞
责任校对：张艳侠　王雪竹

普通高等教育"十一五"国家级规划教材
A+U高校建筑学与城市规划专业教材
建筑结构选型
（第二版）
张建荣　主编
*
中国建筑工业出版社出版、发行（北京西郊百万庄）
各地新华书店、建筑书店经销
北京嘉泰利德公司制版
北京圣夫亚美印刷有限公司印刷
*
开本：787×1092毫米　1/16　印张：22¼　字数：555千字
2011年1月第二版　2017年11月第三十一次印刷
定价：39.00元
ISBN 978-7-112-12431-2
　　　（19694）

版权所有　翻印必究
如有印装质量问题，可寄本社退换
（邮政编码 100037）

前 言
(第二版)

本书在第一版的基础上做了较多调整和修改。主要有以下几个方面：
- 在第 1 章专门列出"悬挑结构"一节；
- 在第 2 章增加"张弦结构"一节；
- "膜结构"单独列为一章；
- 在"第 10 章大跨度建筑结构的其他型式"中增加了"弦支空间骨架结构"、"多面体空间刚架结构"的内容；
- 增加了多层建筑结构、高层建筑结构的若干内容；
- 删除了肋梁楼盖、预应力楼盖、组合楼盖、装配式楼盖等的内容。

本书编写时力求结合国内外的建筑实例，特别是引用我国最新建设成就，如北京奥运建筑和上海世博建筑，以使内容更为新颖、现实。

本书由张建荣主编。参加编写的有张贵寿、赵鸣、韦玉华、刘新良、周元强、陈刚、高飞等。由于水平所限，书中必有错误或不当之处，欢迎读者批评指正。

联系邮箱：zhangjr@tongji.edu.cn

张建荣

2010 年 10 月

前 言
(第一版)

本书是在我们为同济大学建筑学、室内设计、工业与民用建筑等专业编写的"建筑结构选型"课程讲义的基础上，经多年试用、修改、充实而成。

本书较全面系统地介绍了常用的建筑结构型式，包括梁、屋架、刚架、拱、薄壁空间结构、网架、网壳、悬索、拉力薄膜结构、混合空间结构、多层建筑结构、高层建筑结构、平面楼盖结构、楼梯等。对上述各种结构型式分别介绍其结构组成、受力特点、布置方式、适用范围、构造要点等。编写时力求对各种结构型式的系统归纳，给学生一个完整的结构体系的概念，同时又注意介绍国内外各种结构体系的实例，巩固和加深对这些概念的认识，开拓学生的设计思路。

本书由张建荣编写第一、第五至十章，张贵寿编写第二至四章，赵鸣编写第十一、十二章，韦玉华编写第十三章，刘新良编写第十四章。全书由张建荣主编统稿。郁康参加了第七至九章部分资料的整理工作，在前期准备及编写工作中还得到了同济大学黄鼎业教授、颜德姮教授、陈扬骥教授、钱若军教授、范家骥教授的关心、支持和帮助。谨此一并表示衷心的感谢。

由于水平所限，书中必有错误或不当之处，敬请各方面的同行和读者批评指正。

目 录

第 1 章　梁和悬挑结构 ························· 1
   1.1　梁的型式 ····························· 2
   1.2　梁的受力与变形 ······················· 4
   1.3　梁式结构的工程实例 ··················· 7
   1.4　悬挑结构 ····························· 8

第 2 章　桁架（屋架）结构 ··················· 17
   2.1　桁架结构的受力特点 ·················· 18
   2.2　屋架结构的型式 ······················ 22
   2.3　屋架结构的选型与布置 ················ 29
   2.4　立体桁架 ···························· 31
   2.5　张弦结构 ···························· 33
   2.6　桁架结构的其他应用形式 ·············· 40

第 3 章　单层刚架结构 ······················· 45
   3.1　单层刚架结构的受力特点 ·············· 46
   3.2　单层刚架结构的型式 ·················· 50
   3.3　单层刚架结构的构造与布置 ············ 54
   3.4　单层刚架结构的工程实例 ·············· 59

第 4 章　拱式结构 ··························· 65
   4.1　拱的受力特点 ························ 66
   4.2　拱脚水平推力的平衡 ·················· 69
   4.3　拱式结构的型式 ······················ 72
   4.4　拱式结构的选型与布置 ················ 73
   4.5　拱式结构的工程实例 ·················· 76

第 5 章　钢筋混凝土空间薄壁结构 ············· 79
   5.1　概述 ································ 80
   5.2　圆顶 ································ 86
   5.3　筒壳与锥壳 ·························· 95
   5.4　双曲扁壳 ··························· 103

5.5 双曲抛物面扭壳 …… 107
5.6 折板 …… 114
5.7 雁形板 …… 120
5.8 幕结构 …… 124

第6章 平板网架结构 …… 127
6.1 概述 …… 128
6.2 平板网架的结构体系及其形式 …… 129
6.3 网架结构的支承方式 …… 134
6.4 网架结构的受力特点及其选型 …… 136
6.5 网架结构主要几何尺寸的确定 …… 140
6.6 网架结构的构造 …… 143
6.7 组合网架结构 …… 150
6.8 网架结构的工程实例 …… 155

第7章 网壳结构 …… 163
7.1 概述 …… 164
7.2 筒网壳结构 …… 165
7.3 球网壳结构 …… 170
7.4 扭网壳结构 …… 178
7.5 其他形状的网壳结构 …… 182
7.6 网壳结构的选型 …… 185

第8章 悬索结构 …… 187
8.1 概述 …… 188
8.2 悬索的受力与变形特点 …… 189
8.3 悬索结构的型式 …… 191
8.4 悬索结构的稳定 …… 199
8.5 悬索结构的工程实例 …… 202

第9章 膜结构 …… 207
9.1 概述 …… 208
9.2 充气膜结构 …… 211
9.3 支承膜结构 …… 221

第10章 大跨度建筑结构的其他型式 …… 227
10.1 张拉整体体系和索穹顶 …… 228

10.2　弦支空间骨架结构 ………………………………………………… 233
　　10.3　斜拉结构 ………………………………………………………… 238
　　10.4　混合空间结构 …………………………………………………… 246
　　10.5　多面体空间刚架结构 …………………………………………… 254

第11章　多高层建筑的体型与结构布置 ……………………………… 259
　　11.1　建筑体型 ………………………………………………………… 260
　　11.2　结构布置 ………………………………………………………… 264
　　11.3　结构构造 ………………………………………………………… 269

第12章　多层建筑结构 …………………………………………………… 275
　　12.1　多层砌体与混合结构 …………………………………………… 276
　　12.2　多层框架结构 …………………………………………………… 279
　　12.3　井格梁楼盖结构 ………………………………………………… 285
　　12.4　密肋楼盖结构 …………………………………………………… 288
　　12.5　无梁楼盖结构 …………………………………………………… 291
　　12.6　多层建筑的其他结构形式 ……………………………………… 294

第13章　高层建筑结构 …………………………………………………… 301
　　13.1　概述 ……………………………………………………………… 302
　　13.2　高层建筑的基本结构体系 ……………………………………… 306
　　13.3　高层建筑结构的特殊布置 ……………………………………… 314
　　13.4　巨型高层建筑结构型式 ………………………………………… 324

第14章　楼梯结构 ………………………………………………………… 333
　　14.1　概述 ……………………………………………………………… 334
　　14.2　梁式楼梯 ………………………………………………………… 335
　　14.3　板式楼梯 ………………………………………………………… 338
　　14.4　悬挑式楼梯 ……………………………………………………… 338
　　14.5　螺旋形楼梯 ……………………………………………………… 340
　　14.6　楼梯结构的其他案例 …………………………………………… 342

主要参考文献 …………………………………………………………… 344

第1章

梁和悬挑结构

1.1 梁的型式
1.2 梁的受力与变形
1.3 梁式结构的工程实例
1.4 悬挑结构

梁是房屋建筑中应用最广泛的构件之一，也是建筑结构中最基本的构件。梁主要承受垂直于梁轴线方向的荷载作用，与其他的横向受力结构（如桁架、拱等）相比，梁的受力性能是属于差的。但梁传力明确，分析方便，制作简单，故在中小跨度建筑中仍得到了大量的应用。

1.1 梁的型式

梁的型式很多，可以按材料分类，按截面形式分类，也可以按约束条件分类。

1.1.1 梁按材料分类

梁按材料分类有石梁、木梁、钢梁、钢筋混凝土梁、预应力混凝土梁及钢—钢筋混凝土组合梁等等。

在古代大量的石建筑中，石梁（石板）得到了大量的应用，其跨度有的达 8~9m。如古希腊建于公元前 356 年的阿提密斯庙（Temple of Artemis），石梁的跨度最大达 8.6m 左右。但石材尽管抗压强度很高，抗拉强度却很低，所以石梁高度往往很大，极其笨重，而跨度却很小，使柱网尺寸受到限制，影响室内空间的使用。图 1-1-1 为古希腊雅典的帕提农神庙（Parthenon Temple），其建筑型式为古希腊神庙中最典型的列柱围廊式。建筑平面为长方形，双层叠柱式围廊的柱距约 4.2m，神庙内石柱林立，有效使用空间极小。

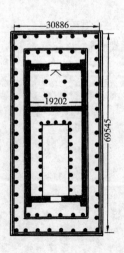

图 1-1-1　古希腊帕提农神庙

木梁在我国古代的庙宇、宫殿建筑中应用极为普遍，直至近代仍有较多应用。如图 1-1-2 所示的北京故宫太和殿，木梁跨度约 11m。由于木材自重轻，抗拉、抗压强度均较高，因此，木梁比石梁截面小、跨度大，室内空间开阔，使用方便。但木材防腐、防蛀、防火性能差，且受自然资源和生长周期制约。近三四十年来，由于化学工业和建材生产水平的提高，出现了胶合板、胶合梁等复合木结构材料。经过化学处理的胶合木材料具有良好的防腐、防蛀、阻燃性能，且具有比普通木材更高的强度，可充分利用木材资源，扩大了木结构在房屋建筑中的应用范围。

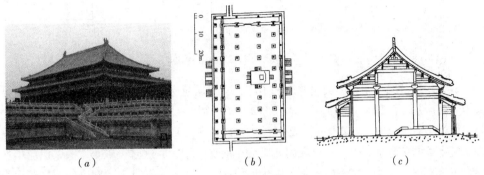

图1-1-2 北京故宫太和殿
(a) 太和殿照片；(b) 平面图；(c) 剖面图

钢梁强度高、施工方便、适用范围广。尽管钢材表观密度较大，但由于材料强度高，所需截面尺寸较小，故构件自重比相同跨度的混凝土构件要轻得多。但钢材防腐、防火性能较差，造价和维修费用较高，所以在房屋建筑中很少直接采用实腹钢梁，而常常采用更为经济省料的其他结构型式。

钢筋混凝土梁是目前应用最为广泛的梁，它利用混凝土受压、纵向钢筋受拉、箍筋承受剪力，由纵向钢筋、箍筋和混凝土共同工作，整体受力。钢筋混凝土梁具有耐久性好、耐火性好、节约钢材、造价低廉等优点，其缺点是自重大，当跨度较大时，常受到挠度和裂缝宽度等控制条件的限制，因此，其跨度一般不超过12m。

预应力混凝土梁则可部分地克服钢筋混凝土梁的缺点，由于在受拉区施加了预压应力并对梁进行了预起拱，可有效地控制梁的裂缝宽度和挠度；由于采用了高强混凝土和高强钢筋或钢绞线，可有效地节省材料、减轻结构自重。预应力混凝土梁的适用跨度一般可达18m，也有超过30m及更大跨度的工程实例。

钢—钢筋混凝土组合梁常用在钢结构多高层建筑，下部为钢梁或钢桁架，上部为普通钢筋混凝土楼板，两者共同工作形成组合梁，可充分利用钢和混凝土的强度，具有较好的技术经济指标。

1.1.2 梁按截面形式分类

石梁的截面形式一般为矩形。木梁的截面形式常为圆形或矩形。钢梁的截面形式一般为工字形、槽形，当跨度较大时也有箱形截面。钢筋混凝土梁常见的截面形式如图1-1-3所示。一般来说，梁截面高度应大于梁截面宽度（图1-1-3a），这样可充分发挥材料的强度作用，并使梁具有较大的刚度。但当建筑上对梁高有限制时，也可采用宽度大于高度的扁梁（图1-1-3b）。有时在梁上需要搁置预制楼板，但又要利用楼板厚度的空间以增加梁的高度，可采用图1-1-3（c）的截面形式，称为花篮梁。当梁与楼板整浇在一起时，可考虑楼板的一部分作为翼缘参与工作，则成为T形截面梁（图1-1-3d）。考虑到中和轴附近材料不能充分发挥作用，也常减少中和轴附近部分的材料并把它集中布置到上下边缘处，这样便形成了工字形截面梁（图 1-1-3e）或箱形截面梁（图 1-1-3f）。

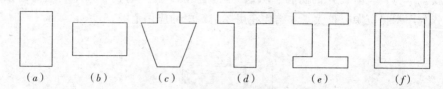

图 1-1-3 钢筋混凝土梁的截面形式

较大跨度的梁可采用薄腹梁并施加预应力。根据简支梁的弯矩和剪力分布特点，可采用变高度双坡薄腹梁（图 1-1-4a）、鱼腹梁（图 1-1-4b）、空腹梁（图 1-1-4c）等。因为梁跨中以承受弯矩为主，故可采用薄腹的工字形截面梁或空腹梁，通过增加梁高来提高梁的抗弯承载力。在梁端因弯矩变小而剪力增大，这时可减小梁高，但应增加梁宽来提高梁的抗剪承载力，故常采用矩形截面。普通钢筋混凝土薄腹梁的适用跨度为 6～12m，预应力混凝土薄腹梁的适用跨度为 12～18m。

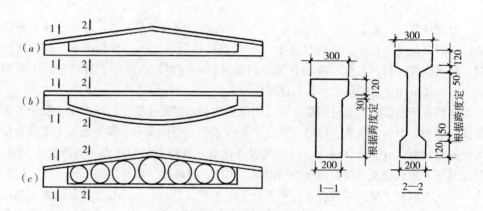

图 1-1-4 薄腹梁的主要形式

1.1.3 梁按支座约束条件分类

梁按支座约束条件分类，可分为静定梁和超静定梁。根据梁跨数的不同，有单跨静定梁或单跨超静定梁、多跨静定梁或多跨超静定梁。单跨静定梁如简支梁和悬臂梁。单跨超静定梁常见的有两端固定梁、一端固定一端简支梁。三跨静定梁如图 1-1-5 所示，它实际上是带外伸段的单跨静定梁的组合。多跨超静定梁的常见形式是多跨连续梁。

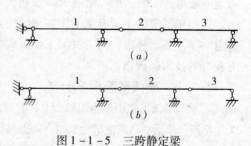

图 1-1-5 三跨静定梁

1.2 梁的受力与变形

梁主要承受垂直于梁轴线方向的荷载作用，其内力主要为弯矩和剪力，有时也伴有扭矩或轴力。梁的变形主要是挠曲变形。梁的受力与变形主要与梁的约束条件有关。单跨梁在竖向均布荷载作用下的计算简图、最大弯矩、最大变形如表 1-2-1 所示。其中 q 为均布荷载，l 为跨度，E 为材料的弹性模量，I 为截面惯性矩。

单跨梁在竖向荷载作用下的内力及挠度　　　　表 1-2-1

	弯矩图	最大弯矩	最大挠度
简支梁		$M_{max} = \frac{1}{8}ql^2$	$w_{max} = \frac{5ql^4}{384EI}$
悬臂梁		$-M_{max} = \frac{1}{2}ql^2$	$w_{max} = \frac{ql^4}{8EI}$
固端梁		$M_{max} = \frac{1}{24}ql^2$ $-M_{max} = \frac{1}{12}ql^2$	$w_{max} = \frac{ql^4}{384EI}$
外伸梁		$M_{max} = \frac{1}{8}ql^2 - \frac{1}{2}ql'^2$ $-M_{max} = \frac{1}{2}ql'^2$	$w_{跨中} = \frac{ql^4}{384EI}\left[5 - 24\left(\frac{l'}{l}\right)^2\right]$

简支梁构造简单，工程中极易实现。其缺点是内力和挠度较大，故常用于中小跨度的建筑物。简支梁是静定结构，当两端支座有不均匀沉降时，不会引起附加内力。因此，当建筑物的地基较差时采用简支梁结构较为有利。简支梁也常被用来作为沉降缝之间的连接构件。

悬臂梁的优点是在悬臂端无支承构件，视野开阔，故常用于阳台、雨篷、剧院楼层的挑台等结构。设计时除按最大负弯矩进行承载力设计并验算变形外，需考虑结构的整体抗倾覆稳定性。

当梁柱结构中柱刚度比梁刚度大很多且梁柱节点构造为刚接时，可按两端固定梁分析梁在竖向荷载作用下的内力与变形。梁柱刚度相差不多时，则柱对梁的约束作用应视作弹性支承，这时梁在竖向荷载作用下的内力和变形介于两端固定梁和两端简支梁之间。

简支梁两端带外伸段时，由于两端外伸段负弯矩的作用，其最大正弯矩和挠度都将变小，这一受力性能对于充分发挥材料的作用是十分有利的，而在结构构造上也是很容易实现的。对于受竖向均布荷载作用的情况，当外伸段的长度 $l' = \frac{\sqrt{2}}{4}l$ 时，梁内的最大正弯矩和最大负弯矩相等。

图 1-2-1 为三跨连续梁在竖向均布荷载作用下的弯矩图与变形图。三跨连续梁内最大正弯矩为 $\frac{1}{11.2}ql^2$，最大负弯矩 $\frac{1}{10}ql^2$，比同跨度简支梁的最大弯矩要小 25% 左右，边跨挠度为 $0.00675\frac{ql^4}{EI}$，比同跨度简支梁的挠度小一半左右，这显示了连续梁的优越性。

从图中三跨连续梁弯矩值还可以看出，连续梁的最大弯矩为内支座处的负弯矩，最大正弯矩小于支座负弯矩的90%，而中跨跨中的最大正弯矩仅为内支座负弯矩的25%。若该梁为三跨等截面等强度梁，则需按内支座截面的内力进行梁的截面承载力设计。为充分利用材料强度，可采用变高度梁（图1-2-2a），也可改变梁的跨度（图1-2-2b），使梁的弯矩最大值趋于均匀。对于钢筋混凝土结构，还可通过配筋量来调节。

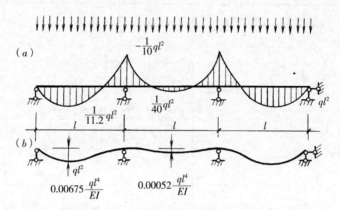

图1-2-1 三跨连续梁的弯矩图与变形图
(a) 弯矩图；(b) 变形图

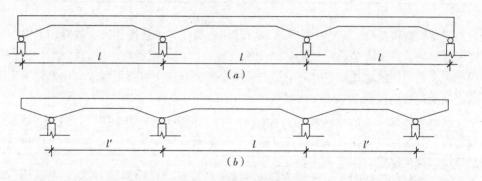

图1-2-2 多跨连续梁的形式

多跨连续梁为超静定结构，其优点是内力小、刚度大、抗震性能好、安全储备高，其缺点是对支座变形敏感，当支座产生不均匀沉降时，会引起附加内力。如图1-2-3所示。

为避免这一缺点，根据多跨连续梁的弯矩图，可在连续梁的弯矩为零处断梁设铰，使之成为图1-1-5所示的多跨静定梁。它既具有多跨连续梁相同的受荷能力，又不会因支座不均匀沉降产生附加内力。但问题是，在可变荷载作用下，弯矩为零的点是不确定的，因此多跨静定梁的受力显然不如多跨连续梁好。

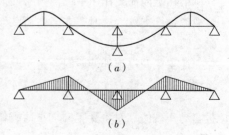

图1-2-3 不均匀沉降对多跨连续梁的影响
(a) 中间支座沉降引起的变形；
(b) 中间支座沉降引起的弯矩

1.3 梁式结构的工程实例

近年来，钢结构工程在我国大跨度建筑中得到广泛应用，其中也不乏大跨度钢梁结构。上海浦东国际机场第二航站楼屋盖便是其中一例。该航站楼主楼的屋盖平面投影尺寸为414m×217m，横剖面如图1-3-1所示，其下部混凝土结构纵向支承点的间距为18m，横向支承点的间距为46.85、89、46m。

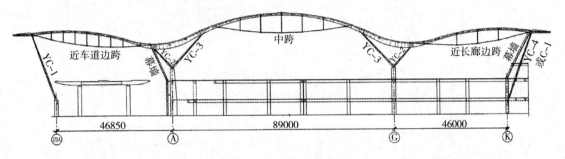

图1-3-1 航站楼主楼横剖面

整个屋盖上弦采用变截面箱形钢梁，由于在中间两个支点处采用了树状柱，整个屋盖217m宽的方向分成了3个大跨、2个小跨、外带2个外伸段的五跨连续梁结构（图1-3-2a），考虑钢柱的弹性变形，连续梁的支座应为弹簧支座，见图1-3-2(b)。在3个大跨跨中部分采用了梭形张弦梁结构（详见第2章第5节），综合考虑结构受力及建筑造型要求，箱形梁在位于树状柱上方的两个小跨截面高度最大，在大跨往张弦梁跨中截面高度逐渐收小。同时在箱形梁宽度方向，向大跨跨中逐渐分叉为两根较窄的箱形构件并围合出一个梭形空间，布置屋面梭形天窗。从结构整体来看，这一变截面曲梁的弯矩和剪力分布与图1-3-2（c）所示的直梁是一致的，只是其梁截面的刚度沿梁长度方向是变化的。

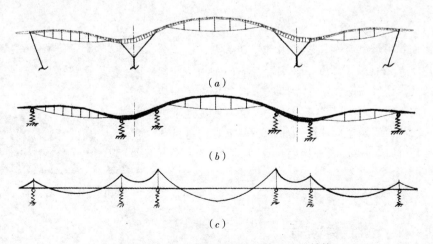

图1-3-2 航站楼主楼屋盖五跨连续梁结构
(a) 结构布置；(b) 结构计算简图；(c) 结构整体弯矩图

图1-3-3为浦东国际机场第二航站楼候机长廊剖面,其中图1-3-3(a)为长廊中间段剖面,为两端带悬挑的三跨连续梁,图1-3-3(b)为长廊端部剖面,为两端带悬挑的五跨连续梁。

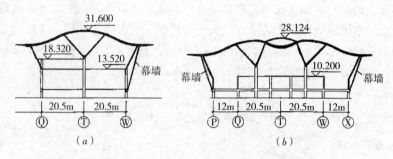

图1-3-3 航站楼候机长廊横剖面
(a)候机长廊中间段剖面;(b)候机长廊端部剖面

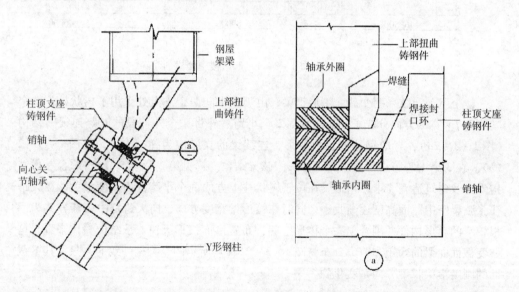

图1-3-4 铰节点构造详图

屋面箱形钢梁与钢柱之间为理想铰节点,由于分别采用了Y形柱及树状柱,柱端部与屋面梁为空间斜交,故要求该铰支座在沿屋架跨度方向和垂直于屋架跨度方向都有一定的转动能力,并能够有效传递轴力和剪力,为此采用了向心关节轴承,其节点构造见图1-3-4,柱端与屋面梁连接照片见图1-3-5。

图1-3-5 节点照片

1.4 悬挑结构

1.4.1 悬挑结构的形式

悬挑结构无端部支承构件,视野开阔,空间布置灵活,因而常常受到欢迎。图1-4-1为悬挑结构在体育场看台雨篷中的应用。悬挑结构可采用混凝土结构,也可采用钢结构。早期的悬挑结构较多采用混凝土结构，若采用钢筋混凝土屋面板，则悬挑跨度一般仅数米至十余米，若采用压型钢板等轻型屋盖，则悬挑跨度可达二三十米。近年较多采用钢桁架结构，并采用薄膜结构覆盖，悬挑跨度可达数十米。如上海八万人体育场，最大悬挑跨度达73.5m，详见第9章膜结构。

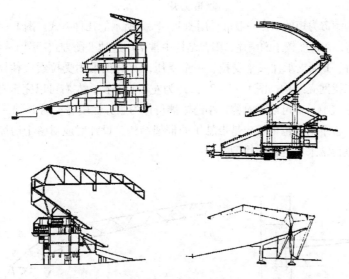

图1-4-1 悬挑结构在体育场雨篷中的应用

悬挑结构也可用于大跨度体育馆等建筑，以减小屋盖结构的跨度。图1-4-2为首都体育馆速滑馆屋盖结构剖面图。屋盖主体结构四周由60榀预应力钢筋混凝土悬挑刚架支承。与梭形空间桁架屋盖结构协同工作的悬挑刚架的斜梁外挑8m，使梭形桁架的跨度由88m减至72m，在同样的荷载作用下，梭形桁架的杆件内力减小了1/3。同时，由于在斜梁的下方设置了一道斜向支撑，使梁柱转角处的弯矩大为减少，因而截面变小，结构的造型也就显得轻巧美观。

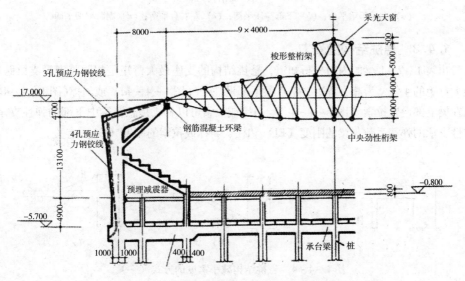

图1-4-2 首都体育馆速滑馆屋盖结构剖面图

1.4.2 悬挑结构的抗倾覆平衡

悬挑结构的固定端有较大的倾覆力矩。一般认为，悬挑结构的抗倾覆安全系数应大于1.5。即

$$\frac{抗倾覆力矩}{倾覆力矩} > 1.5$$

悬挑结构倾覆力矩的平衡一般可采用图1-4-3所示的几种方式。图1-4-3（a）为上部压重平衡，在跨度较小的雨篷、阳台结构中常采用这种平衡方式。图1-4-3（b）为下部拉压平衡，下部支承柱一个受拉、一个受压，有时也采用受拉索代替柱子，常见于悬挑网架、悬挑网壳结构；图1-4-3（c）为左右自平衡，左右可以完全对称，常用于机库、车库建筑中，也可以不对称，小跨一侧可作为服务性用房；图1-4-3（d）为副跨框架平衡，整个结构也可看成是带悬挑的框架结构，设计时应对整个房屋结构进行分析，剧院的挑台常采用这种结构型式。

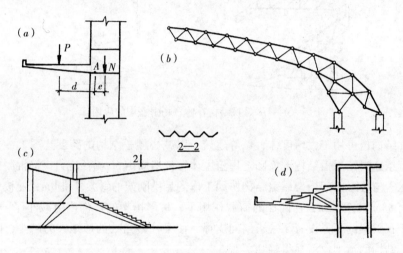

图1-4-3 悬挑结构抗倾覆平衡
(a) 上部压重平衡；(b) 下部拉压平衡；(c) 左右自平衡；(d) 副跨框架平衡

1.4.3 悬挑结构的受力

由表1-2-1梁的内力分析知道，悬挑结构的支座最大弯矩是相同跨度简支梁跨中最大弯矩的4倍，为减小弯矩，常在梁下部设柱子（图1-4-4a）或斜撑（图1-4-4b）或在梁上部设置拉索（图1-4-4c）。斜撑或拉索可以看成是悬臂梁中下部的弹性支承，弹性支承的弹簧系数与梁的刚度（EI）和柱、斜撑或拉索的刚度（EA）有关。

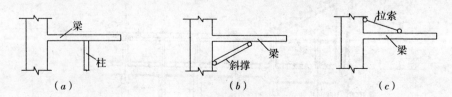

图1-4-4 悬挑结构减小跨度的方式（一）

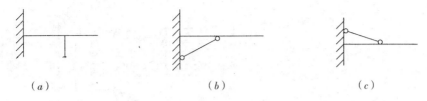

图1-4-4 悬挑结构减小跨度的方式（二）

图1-4-5为悬臂梁与带悬挑简支梁的受力比较，在悬臂梁中间增设支座并把悬臂端改为简支支座后，梁内最大负弯矩仅为悬挑梁最大负弯矩的四分之一。

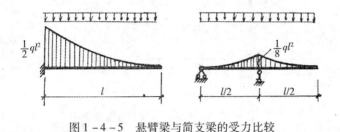

图1-4-5 悬臂梁与简支梁的受力比较

1.4.4 悬挑结构的工程实例
1) 成都市体育场看台挑篷

成都市体育场建成于1991年，是一座容纳42000观众，可供举行田径、足球比赛的大型体育场。体育场平面为近似圆形，内场尺寸为长轴201m，短轴138m。看台采用圆形不等座的布置方式，南北看台21排，东西看台50排。体育场屋盖为周圈全封闭带大悬挑挑篷的空间碗状结构，见图1-4-6，径向框架分为88条轴线，设16处双柱双梁变形缝，共布置了104榀双向对称的现浇钢筋混凝土看台框架及块体拼装悬挑雨篷结构。

图1-4-6 成都市体育场鸟瞰

挑篷梁悬挑长度由南北中部的8.3m变化到东西中部的28m，悬臂端点高度由13.53m变化到26.622m。最大跨悬挑梁剖面如图1-4-7所示。

挑梁为块体拼装后张部分预应力混凝土结构，采用工字形截面，肋宽120mm（块

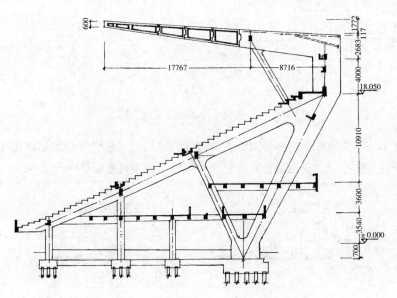

图1-4-7 悬挑梁剖面及看台框架结构

体拼接处200mm），截面高度由600至2000mm变化。限于吊装设备，单块混凝土重不得超过5t，悬伸部分划分为1~4段块体进行悬臂拼接。考虑到屋面压型钢板支承及灯具布置方便，块体长度分6.2m和3.2m两种，每榀挑梁的长度变化由尾段调整，尾段与框架顶部立柱整体现浇。悬拼块体布置及块体剖面见图1-4-8。

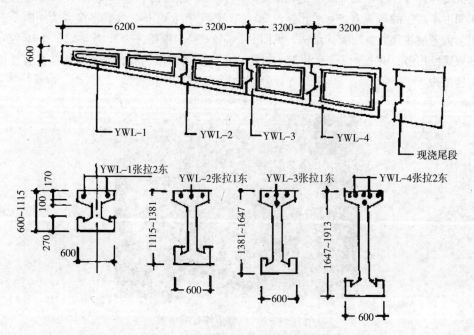

图1-4-8 悬拼块体布置及块体剖面

2）天津奥林匹克中心体育场

天津体育场的外观造型以具有自然形态的露珠为主题，俗称"水滴"。建筑底面面积为 80000m², 屋顶面积 76719m², 地上层数 6 层, 最高点高度 53.00m, 可容纳观众数 60000（活动坐席 20000）人。

体育场屋盖采用钢管桁架悬挑结构。屋盖平面投影为扁长椭圆, 长轴约 471m, 短轴约 370m, 平面布局沿长轴对称。整个屋面桁架落地, 并以不同曲率坡向地面, 形似露珠。桁架选用 V 字形平行弦桁架悬挑结构, 各榀平行弦桁架呈 V 字形布置, 径向首尾相接, 环向布设钢管檩架和交叉斜撑, 构成一个稳定的三维空间体系。图 1-4-9 (a) 为悬挑屋盖透视图, 图 1-4-9 (b) 为屋盖结构施工时的照片。图 1-4-10 为体育场结构剖面图。体育场屋盖主桁架悬挑跨度最长达 90m, 支点间距 14m。单榀主桁架重量约 50t。内圈和外圈铺设玻璃面板, 中间部分基本为金属板, 但在 V 形桁架之间交替铺设玻璃和金属板。整个屋顶被内环、上环、下环三道环形桁架圈梁划分为上、中、下三部分。

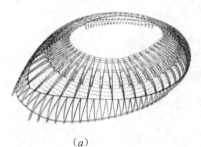 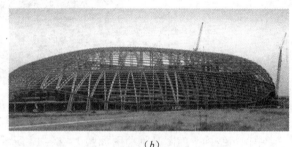

(a) (b)

图 1-4-9 天津奥林匹克中心体育场
(a) 悬挑屋盖透视图; (b) 屋盖结构施工

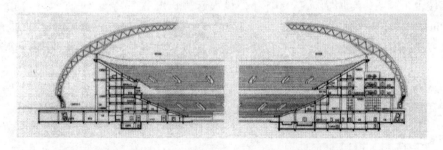

图 1-4-10 天津奥林匹克中心体育场结构剖面图

3) 上海世博会中国国家馆

为凸显上海世博会"城市, 让生活更美好"的主题, 考虑到建筑的公共性特征, 上海世博会中国国家馆在设计上通过采用悬挑结构的技术手段, 较好地处理了中国馆区各建筑之间的空间关系, 恰当地解决了展览场所地面用地紧张这一突出问题。

上海世博会中国馆区由国家馆、地区馆、港澳台馆三部分组成。中国国家馆简称中国馆, 建筑面积为 48303m², 地区馆建筑面积为 10972m², 港、澳、台馆每馆占地 800m²。中国馆架空升起, 仅四个核心筒落地, 创造出由前广场开始、到 9.00m 架空平台及 13.00m 标高建于地区馆屋顶的"九洲清晏"屋顶花园的连续的城市广场空间, 给参观者与市民提供了一个自由开放的公共活动场所。

中国馆（图 1-4-11）寓意"东方之冠", 并给人以中国传统礼器"鼎"的联想。其构成方式吸取了中国传统建筑的屋架体系、斗栱造型的特点，以纵横穿插的现代立体构成手法生成一个简洁明朗的三维立体空间体系。这个体系外观造型上层叠出挑、模数鲜明、壮观大气、有震撼力；内部空间构件穿插、空间流动、视线连通，满足现代展览空间的要求；结构上平衡稳重、受力明确、荷载传递路线简捷、整体性强，表现了现代工程技术的力学美感。

图1-4-11　上海世博会中国国家馆

中国馆结构平面图及剖面图如图1-4-12所示，结构布置示意图如图1-4-13。围成电梯间的4个钢筋混凝土落地筒体平面尺寸18.6m×18.6m，筒体除承担风荷载及地震作用外，还承担全部竖向荷载。展厅部分自标高33.3m以上楼盖逐层向外挑出，呈四棱台斗冠状，至屋面标高60.9m处最大悬挑长度达33.8m，平面尺寸由底部的69.9m×69.9m伸展到屋面的137.5m×137.5m。楼盖标高36.3～49.5m，楼面采用型钢梁—混凝土板组合结构。为控制楼层净高，方便暖通等管线的铺设，采用焊接工字

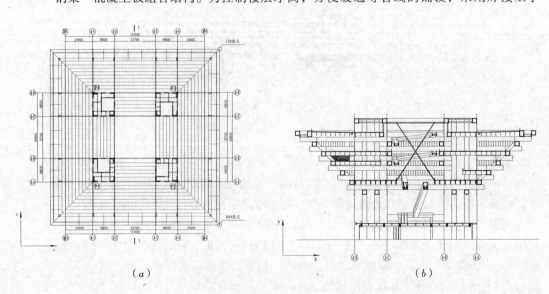

图1-4-12　中国馆结构平面及剖面图
(a) 屋盖结构平面图；(b) 1—1剖面图

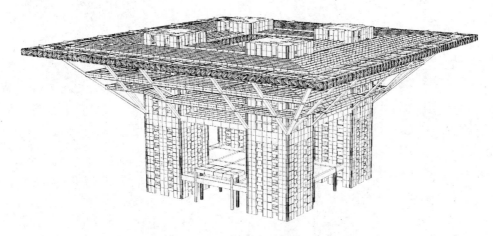

图1-4-13 中国馆结构整体计算模型

形蜂窝钢梁，梁间距3.6m，楼板厚度一般为130mm。配合建筑立面设置2.3m×2.3m的空间钢桁架承担外围幕墙、部分楼面荷载以及风荷载，满足了"斗砚状层层出挑"的建筑立面效果。标高60.9m屋盖主梁采用钢桁架，为钢桁架—混凝土板组合结构。桁架上弦贯通整个屋盖，使拉力的平衡更为直接。为减小大悬挑所产生的挠度，屋面悬挑部分施加有水平预应力。依建筑外立面的倒梯形造型，在四个筒体外侧标高33.3m处开始，设置了20根支承于混凝土筒体的矩形钢管混凝土斜柱，为标高36.3~60.9m处的悬挑楼盖体系提供竖向支承，斜柱为800mm×1500mm、壁厚35mm的矩形钢管，内浇灌C60白密实混凝土。

第2章

桁架（屋架）结构

2.1 桁架结构的受力特点
2.2 屋架结构的型式
2.3 屋架结构的选型与布置
2.4 立体桁架
2.5 张弦结构
2.6 桁架结构的其他应用形式

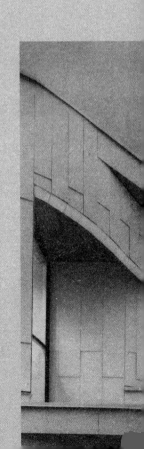

桁架结构受力合理、计算简单、施工方便、适应性强，对支座没有横向推力，因而在结构工程中得到了广泛的应用。在房屋建筑中，桁架常作为屋盖承重结构，这时常称为屋架。屋架的主要缺点是结构高度大，侧向刚度小。结构高度大，增加了屋面及围护墙的用料，同时也增加了采暖、通风、采光等设备的负荷，并给音响控制带来困难。侧向刚度小，对于钢屋架特别明显，受压的上弦平面外稳定性差，也难以抵抗房屋纵向的侧向力，这就需要设置支撑。一般房屋的纵向侧向力并不大，但支撑很多，都按构造（长细比）要求确定截面，故耗钢不少却未能材尽其用。

2.1 桁架结构的受力特点

2.1.1 桁架结构的组成

我们知道，简支梁在竖向均布荷载的作用下，沿梁轴线的弯矩、剪力分布和截面内的正应力、剪应力分布都极不均匀。在弯矩作用下，截面正应力分布为受压区和受拉区两个三角形，在中和轴处应力为零，在上下边缘处正应力为最大，因此，若以上下边缘处材料的强度作为控制值，则中间部分的材料不能充分发挥作用。同时，在剪力作用下，剪应力在中和轴处最大，在上下边缘处为零，分布在上下边缘处的材料不能充分发挥其抗剪作用。尽管通过改变梁的截面形式（例如把梁截面由矩形改为工字形）、改变梁的截面尺寸（例如在梁的跨中和支座附近变高度、变梁宽）等做法可改善梁的受力性能，但这些都只是量的改变而难以达到质的飞跃。

图2-1-1所示的桁架结构则具有与简支梁完全不同的受力性能。尽管从结构整体来说，外荷载所产生的弯矩图和剪力图与作用在简支梁上时完全一致，但在桁架结构内部，则是桁架的上弦受压、下弦受拉，由此形成力偶来平衡外荷载所产生的弯矩。外荷载所产生的剪力则是由斜腹杆轴力中的竖向分量来平衡。因此，在桁架结构中，各杆件单元（上弦杆、下弦杆、斜腹杆、竖腹杆）均为轴向受拉或轴向受压构件，使材料的强度可以得到充分的发挥。

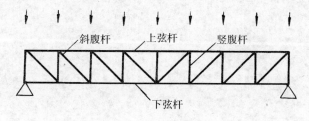

图2-1-1 桁架结构

2.1.2 桁架结构计算的假定

实际桁架结构的构造和受力情况一般是比较复杂的。为了简化计算，通常采用以下几个基本假定：

(1) 组成桁架的所有各杆都是直杆,所有各杆的中心线(轴线)都在同一平面内,这一平面称为桁架的中心平面。

(2) 桁架的杆件与杆件相连接的节点均为铰接节点。

(3) 所有外力(包括荷载及支座反力)都作用在中心平面内,并集中作用于节点上。

上述假定(2)是桁架结构简化计算模型的关键,在实际房屋建筑工程中,真正采用铰接节点的桁架是极少的。例如,木材常常采用榫接,与铰接的力学假定较为接近;钢材常用铆接、螺栓连接或焊接,节点可以传递一定的弯矩;钢筋混凝土的节点构造则往往采用刚性连接。如图2-1-2所示。因此,严格地说,钢桁架和钢筋混凝土桁架都应该按刚架结构计算,各杆件除承受轴力外,还承受弯矩的作用。但进一步的理论分析和工程实践经验表明,上述杆件内的弯矩所产生的应力很小,只要在节点构造上采取适当的措施,该应力对结构或构件不会造成危害,故一般计算中桁架结构节点均按铰接处理。

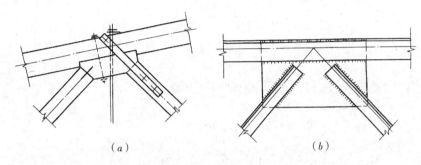

图2-1-2 桁架结构的节点

在把节点简化成铰接节点后,为保证各杆仅承受轴力,还必须满足假定(3)的要求,即桁架结构仅受到节点荷载的作用。对于桁架上直接搁置屋面板的结构,当屋面板的宽度和桁架上弦的节间长度不等时,上弦将受到节间荷载的作用并产生弯矩;或对下弦承受吊顶荷载的结构,当吊顶梁间距与下弦节间长度不等时,也会在下弦产生节间荷载及弯矩。这将使上、下弦杆件由轴向受压或轴向受拉变为压弯或拉弯构件(图2-1-3a),是极为不利的。对于木结构或钢筋混凝土结构的桁架,因其上、下弦杆截面尺寸较大,节间荷载所产生的弯矩对构件的影响可通过适当增大截面或采取一些构造措施予以解决。而对于钢桁架,因其上、下弦截面尺寸很小,节间荷载所产生的弯矩对构件受力有较大影响,将会引起材料用量的大幅度上涨。这时,桁架节间的划分应考虑屋面板、檩条、吊顶梁的布置要求,使荷载尽量作用在节点上。当节间长

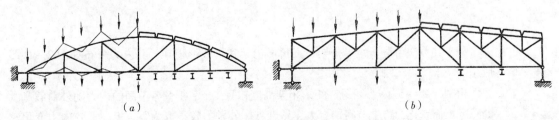

图2-1-3 桁架上下弦的受力
(a) 荷载作用在节间;(b) 荷载作用在节点上

度较大时,在钢结构中,常采用再分式屋架,如图 2-1-3 (b) 所示,使屋面荷载直接作用在上弦节点上,避免了上弦受弯。

2.1.3 桁架结构的内力

尽管桁架结构中构件以轴力为主,其受力状态比梁式结构合理,但在桁架结构各杆件之间,内力的分布是不均匀的。若同一类杆件截面的大小一致,则杆件的截面尺寸应由同一类构件中内力最大者所决定,其余杆件的材料强度仍不能得到充分的发挥。下面我们以工程中最常见的平行弦桁架、三角形桁架、梯形桁架、折线形桁架为例,来分析桁架结构的内力分布特点。

1)弦杆的内力

从整体上看桁架的受力与梁是一致的,外荷载所产生的弯矩与剪力如图 2-1-4 所示。为求桁架各杆件内的轴力,作截面 $M-M$,截得各杆件内力为 N_1、N_2、N_3,对斜腹杆与弦杆之交点求矩求得

$$N_1 = \frac{M_0}{h} \tag{2-1}$$

$$N_2 = -\frac{M_0}{h} \tag{2-2}$$

式中 M_0——按简支梁计算的矩心节点处的弯矩值;
  h——屋架高度;
  N_1、N_2——杆件内力,N_2 为负值表示其为压力。

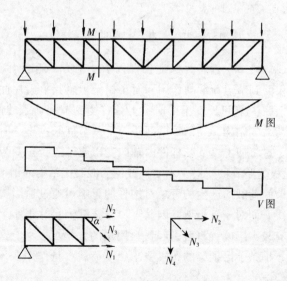

图 2-1-4 桁架内力计算

按上述方法可分析矩形桁架、三角形桁架和折线形桁架,其内力分布如图 2-1-5 所示。

由图 2-1-5 (a) 可见,矩形桁架高度相等,上、下弦各节间的内力随外荷载产生的总弯矩而变化,跨中节间轴力大、靠近支座处轴力较小或为零,上、下弦内力变化较大。图 2-1-5 (b) 为三角形桁架的内力图,三角形桁架的高度自跨中最大处向支座节点最小处呈线性变化,而弯矩的变化自跨中向支座呈抛物线变化,弯矩的减小速度比桁

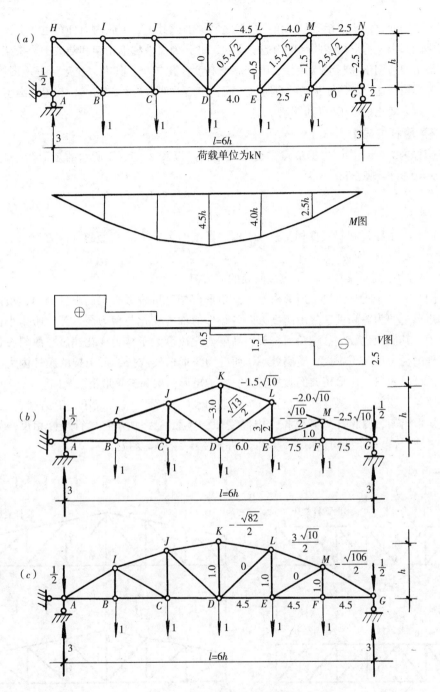

图 2-1-5 桁架内力分布图

架高度的减小速度慢,故上、下弦杆内力在跨中节间最小,而在靠近支座处最大。高度呈抛物线型的桁架是最理想的桁架形式,这时桁架高度的变化与外荷载所产生的弯矩图完全一致,使上、下弦杆各节间轴力也完全相等。为方便上弦施工放样,也可将上弦曲线作成圆形使屋架外形与抛物线弯矩图形十分接近。但曲线形的桁架结构施工尚嫌复杂,为便于制作,常将桁架上弦各节点与弯矩图重合,而在各节点之间取直线,即成为折线形桁架,如图 2-1-5(c)所示。这时,上、下弦杆内各节间轴力基本相等。梯形桁架高度的变化在矩形桁架与三角形桁架之间，因此其上、下弦内力分布也在上述两种桁架之间。根据梯形桁架防水层构造的不同，可分为缓坡梯形桁架和陡坡梯形桁架。缓坡梯形桁架适用于卷材防水屋面，因其屋架高度变化较小，其内力变化接近矩形桁架。陡坡梯形桁架适合于屋面板构件自防水屋面，屋面坡度常为1/5~1/3，其屋架高度变化较大，内力变化接近于三角形桁架。

2）腹杆的内力

腹杆内力的计算可根据节点平衡条件求得。以图2-1-4所示的矩形桁架为例，由$\sum Y=0$可得斜腹杆的内力。

$$N_3 = \frac{V_0}{\sin\alpha} \tag{2-3}$$

同时，由腹杆和斜腹杆相交节点上的平衡条件$\sum Y=0$可得竖腹杆内力为

$$N_4 = -V_0 \tag{2-4}$$

式中 V_0 为按简支梁计算的相应截面处的剪力值。

图2-1-5同时给出了矩形桁架、三角形桁架、折线形桁架的腹杆内力，由图可见，矩形桁架为等高度，故沿跨度方向各腹杆的轴力变化与剪力图一致，跨中小而支座处大，其值变化较大。三角形桁架因高度变化速度大于剪力变化速度，故斜腹杆和竖腹杆的受力都是跨中大，支座处小，而抛物线形桁架或折线形桁架的腹杆内力全部为零。可以想象，梯形桁架的腹杆受力应介于矩形桁架和三角形桁架之间。

值得注意的是，斜腹杆的布置方向对腹杆受力的符号（拉或压）有直接的关系。对于矩形桁架，斜腹杆外倾受拉，内倾受压，竖腹杆受力方向与斜腹杆相反，如图2-1-6所示。对于三角形桁架，斜腹杆外倾受压，内倾受拉。

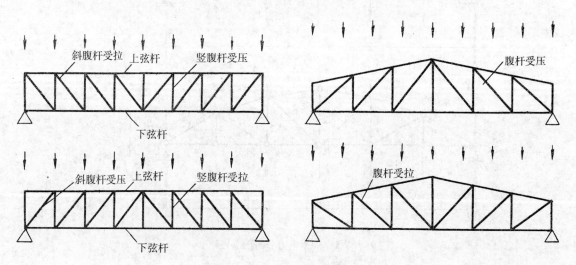

图2-1-6 桁架腹杆的布置方向

2.2 屋架结构的型式

屋架结构的型式很多，按所使用材料的不同，可分为木屋架、钢—木组合屋架、钢屋架、轻型钢屋架、钢筋混凝土屋架、预应力混凝土屋架、钢筋混凝土—钢组合屋

架等。按屋架外形的不同，有三角形屋架、梯形屋架、抛物线屋架、折线型屋架、平行弦屋架等。根据结构受力的特点及材料性能的不同，也可采用桥式屋架、无斜腹杆屋架或刚接桁架、立体桁架等。

2.2.1 木屋架

常用的木屋架是方木或圆木连接的豪式木屋架。一般分为三角形（图2-2-1a）和梯形（图2-2-1b）两种。大都在工地手工制作。

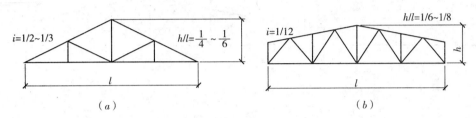

图2-2-1 豪式木屋架
(a) 三角形豪式屋架；(b) 梯形豪式屋架

豪式木屋架的节间长度以控制在2~3m的范围内为宜，一般为4节间至8节间，适用跨度为12~18m。当屋架跨度不大时，上弦可用整根木料。当屋架跨度较大上弦需做接头时，四节间屋架的接头可设在中间节点处为宜，六节间以上的屋架，接头不应设在脊节点的两侧。接头位置应尽量靠近节点，避免承受较大的弯矩。木屋架的高跨比不宜小于1/5~1/4。

三角形屋架的内力分布不均匀，支座处大而跨中小。一般适用于跨度在18m以内的建筑中。三角形屋架的坡度大，因此，适用于屋面材料为黏土瓦、水泥瓦及小青瓦等要求排水坡度较大的情况。

梯形屋架受力性能比三角形屋架合理。当房屋跨度较大时，选用梯形屋架较为适宜。当采用波形石棉瓦、铁皮或卷材作屋面防水材料时，屋面坡度需取$i=1/5$。梯形屋架适用跨度为12~18m。

2.2.2 钢—木组合屋架

钢—木组合屋架的形式有豪式屋架、芬克式屋架、梯形屋架和下折式屋架。如图2-2-2所示。

由于不易取得符合下弦材质标准的上等木材，特别是原木和方木干燥较慢，干裂缝对采用齿联接和螺栓连接的下弦十分不利，而采用钢拉杆作为屋架的下弦，每平方米建筑面积的用钢量仅增加2~4kg，但却显著地提高了结构的可靠性。同时由于钢材的弹性模量高于木材，并且还消除了接头的非弹性变形，从而提高了屋架结构的刚度。

钢—木组合屋架的适用跨度视屋架结构的外形而定，对于三角形屋架，其跨度一般为12~18m，对于梯形、折线形等多边形屋架，其跨度可达18~24m。

2.2.3 钢屋架

钢屋架的形式主要有三角形钢屋架（图2-2-3）、梯形钢屋架（图2-2-4）、矩形（平行弦）钢屋架（图2-2-5）等，为改善上弦杆的受力情况，常采用再分式腹杆的形式。

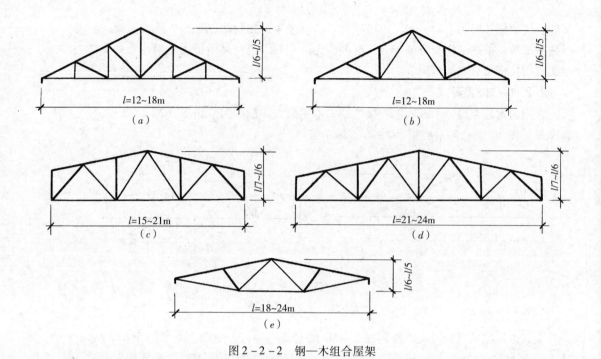

图 2-2-2 钢—木组合屋架

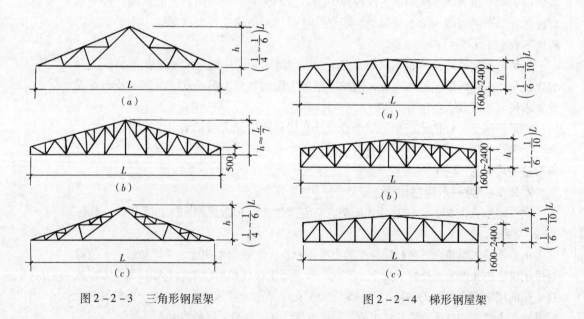

图 2-2-3 三角形钢屋架　　　　图 2-2-4 梯形钢屋架

　　三角形屋架一般用于屋面坡度较大的屋盖结构中。当屋面材料为黏土瓦、机制平瓦时,要求屋架的高跨比为 1/6～1/4。三角形屋架弦杆内力变化较大,弦杆内力在支座处最大,在跨中最小,材料强度不能充分发挥作用。一般宜用于中小跨度的轻屋盖结构。当荷载和跨度较大时,采用三角形屋架就不够经济。三角形钢屋架的常用形式是芬克式屋架,它的腹杆受力合理,长杆受拉,短杆受压,且制作时可先分为两榀小屋架,运输方便。必要时可将下弦中段抬高,使房屋净空增加。

　　梯形屋架一般用于屋面坡度较小的屋盖中。其受力性能比三角形屋架优越,故适用于较大跨度或较重荷载的工业厂房。当上弦坡度为 1/12～1/8 时，梯形屋架的高度可取 (1/10～1/6) L，当跨度大或屋面荷载小时取小值，跨度小或屋面荷载大时取大值。梯形屋架一般都用于无檩体系屋盖，屋面大多用大型屋面板。这时上弦节间长度应与大型屋面板尺寸相匹配，使大型屋面板的主肋正好搁置在屋架上弦的节点上，在上弦中不产生局部弯矩。当节间过长时，可采用再分式腹杆的形式。当采用有檩体系屋盖时，则上弦节间长度可根据檩条的间距而定，一般为 0.8～3.0m。

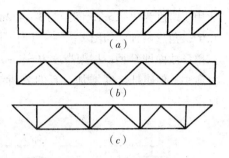

图 2-2-5 矩形钢屋架

矩形屋架也称为平行弦屋架。因其上下弦平行，腹杆长度一致，杆件类型少，易于满足标准化、工业化生产的要求。矩形屋架在均布荷载作用下，杆件内力分布极不均匀，故材料强度得不到充分利用，不宜用于大跨度建筑中，一般常用于托架或支撑系统。当跨度较大时为节约材料，也可采用不同的杆件截面尺寸。

2.2.4 轻型钢屋架

轻型钢屋架按结构形式主要有三角形屋架、三角拱屋架和梭形屋架等三种，其中，最常用的是三角形屋架。屋架的上弦一般用小角钢，下弦和腹杆可用小角钢或圆钢。

屋面有斜坡屋面和平坡屋面两种。三角形屋架和三铰拱屋架适用于斜坡屋面，屋面坡度通常取 1/3～1/2。梭形屋架的屋面坡度较平坦，通常取 1/12～1/8。轻型钢屋架适用于跨度≤18m，柱距 4～6m，设置有起重量≤50kN 的中、轻级工作制桥式吊车的工业建筑和跨度≤18m 的民用房屋。

三角形轻钢屋架常用的有芬克式和豪式两种。构件布置和受力特点与普通钢屋架相似。三铰拱轻钢屋架由两根斜梁和一根拉杆组成，斜梁有平面桁架式和空间桁架式两种，如图 2-2-6 所示，拉杆可用圆钢或角钢。这种屋架的特点是杆件受力合理，斜梁腹杆短，取材方便，经济效果好。三铰拱屋架由于拱拉杆比较细柔，不能承压，并且无法设置垂直支撑和下弦水平支撑，整个屋盖结构的刚度较差，故不宜用于有振动荷载及屋架跨度超过 18m 的工业厂房。为满足整体稳定性要求，斜梁的高跨比宜取 1/18～1/12。斜梁截面的宽度与高度之比宜取 1/2.0～1/1.5。

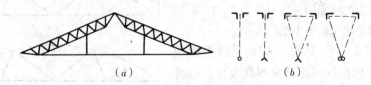

图 2-2-6 三铰拱轻钢屋架

梭形屋架有平面桁架式和空间桁架式两种。一般是上弦杆为角钢、其余则采用圆钢构成空间桁架结构，如图 2-2-7 所示，具有取材方便、截面重心低、空间刚度好、一般可不设支撑等优点。图 2-2-7 中 nd 为屋架跨度，d 为一般节间距离。梭形屋架适用于跨度为9~15m，间距为3~4.2m的屋盖体系。梭形屋架的截面形式分正三角形和倒三角形两种，如图2-2-7（c）所示。图中正三角形截面有A型和B型两种，倒三角形截面即C型。屋架高度$H=A+B$，其中A由屋面坡度确定；B愈大，则弦杆内力愈小，但腹杆长度增加。有的分析结果认为取$A=B$较为合理。屋架的高跨比为1/12~1/9。

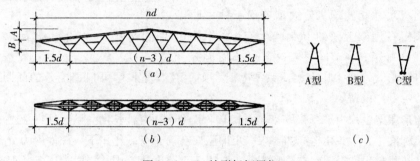

图2-2-7 梭形轻钢屋架
(a) 立面图；(b) 平面图；(c) 剖面图

2.2.5 混凝土屋架

混凝土屋架的常见形式有梯形屋架、折线形屋架、拱形屋架、无斜腹杆屋架等。根据是否对屋架下弦施加预应力，可分为钢筋混凝土屋架和预应力混凝土屋架。钢筋混凝土屋架的适用跨度为15~24m，预应力混凝土屋架的适用跨度为18~36m或更大。混凝土屋架的常用形式如图2-2-8所示。

梯形屋架（图2-2-8a）上弦为直线，屋面坡度为1/12~1/10，适用于卷材防水屋面。一般上弦节间为3m，下弦节间为6m，矢高与跨度之比为1/8~1/6，屋架端部高度为1.8~2.2m。梯形屋架自重较大，刚度好。适用于重型、高温及采用井式或横向天窗的厂房。

折线形屋架（图2-2-8b）外形较合理，结构自重较轻，屋面坡度为1/3~1/4，适用于非卷材防水屋面的中型厂房或大中型厂房。

为改善屋架端部的屋面坡度，减少油毡下滑和油膏流淌，一般可在端部增加两个杆件，以使整个屋面的坡度较为均匀（图2-2-8c），适用于卷材防水屋面的中型厂房。

拱形屋架（图2-2-8d）上弦为曲线形，一般采用抛物线形，为制作方便，也可采用折线形，但应使折线的节点落在抛物线上。拱形屋架外形合理，杆件内力均匀，自重轻，经济指标良好。但屋架端部屋面坡度太陡，这时可在上弦上部加设短柱而不改变屋面坡度，使之适合于卷材防水。拱形屋架

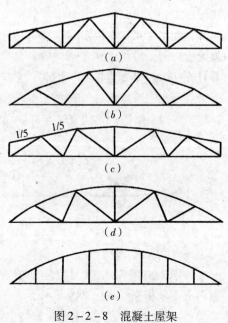

图2-2-8 混凝土屋架

矢高比一般为 1/8～1/6。

无斜腹杆屋架（图 2-2-8e）的上弦一般为抛物线拱。由于没有斜腹杆，故结构构造简单，便于制作。屋面板可以支承在上弦杆上，也可以支承在下弦杆上，因此较适用于采用井式或横向天窗的厂房。这样不仅省去了天窗架等构件，简化了结构构造，而且降低了厂房屋盖的高度，减小了建筑物受风的面积。无斜腹杆屋架的技术经济指标较好，当采用预应力时，适用跨度可达 36m。由于没有斜腹杆，屋架中管道穿行和工人检修等均很方便，使屋架高度的空间得以充分利用。无斜腹杆屋架力学上的显著特点是屋架节点不能简化为铰节点。由力学原理可知，若该屋架简化为铰节点，则将成为几何可变的机构。因此，该屋架应按刚架结构或按拱式结构计算。按刚架结构计算时，各杆件内均有弯矩作用且在杆端节点处弯矩最大。上弦杆为压弯构件，下弦杆和竖腹杆为拉弯构件。按拱式结构计算时，上弦为拱身承受压力，下弦为拱的拉杆，当荷载作用在下弦杆时，竖腹杆受拉，当荷载作用于上弦杆时，则竖腹杆内力为零。

钢筋混凝土屋架也有其他各种型式，如钢筋混凝土桥式屋架等。桥式屋架是将屋面板与屋架合二为一的结构体系。屋面板与屋架共同工作，屋盖结构传力简捷、整体性好，充分利用了构件的承载能力，节省了材料，其缺点是施工复杂。桥式屋架可逐榀紧靠着布置，也可间隔布置，在两榀桥式屋架之间再现浇屋面板或铺设预制屋面板。桥式屋架一般直接支承在承重外墙的圈梁上。如房屋为柱子承重，则须在柱间加设托架梁。

图 2-2-9 为江西某会堂大厅，平面尺寸为 27m×42m，采用钢筋混凝土桥式桁架扁壳组合屋盖。其具体做法是，每隔 1m 布置一榀多边形钢筋混凝土轻型桥式桁架，如图中的 Ⅰ、Ⅱ、Ⅲ……桥式桁架的宽度亦为 1m，上弦折线近似抛物线，截面为 80mm×200mm，下弦截面为 80mm×150mm，腹杆采用钢筋混凝土预制棒，截面为 60mm×60mm，屋面壳板厚 20mm，下弦钢筋施加部分预应力，用螺杆张拉。施工时采用跳仓式施工顺序，仅用三套工具式木模板，支承在满堂脚手架上，进行循环连续作业。第一套模板正在拆模，第二套模板内混凝土已在养护，第三套模板支好后正绑扎

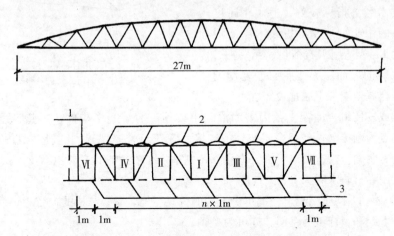

图 2-2-9 钢筋混凝土桥式桁架扁壳组合屋盖
1—桥面板厚 20mm；2—后浇板带及纵向支撑；3—预制桁架编号

钢筋。如此三天一个循环，不仅简化了施工，缩短了工期，还节省了模板，降低了造价。本工程用钢量仅15kg/m²。

2.2.6 钢筋混凝土—钢组合屋架

常见的钢筋混凝土—钢组合屋架有折线形屋架、三铰屋架、两铰屋架等。如图2-2-10所示。

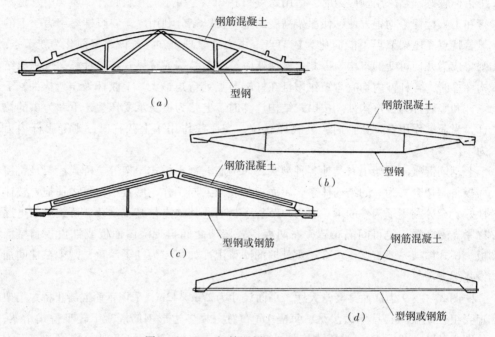

图2-2-10 钢筋混凝土—钢组合屋架

折线形屋架上弦及受压腹杆为钢筋混凝土，下弦及受拉腹杆为角钢，充分发挥了两种不同材料的力学性能，自重轻、材料省、技术经济指标较好，适用于跨度为12~18m的中小型厂房。折线形屋架屋面坡度约为1/4，适用于石棉瓦、瓦垄铁、构件自防水等的屋面。为使屋面坡度均匀一致，也可在屋架端部上弦加设短柱。

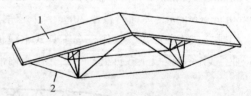

图2-2-11 钢筋混凝土—钢组合结构的桥式屋架
1—屋面板；2—钢拉杆

两铰或三铰组合屋架上弦为钢筋混凝土或预应力混凝土构件，下弦为型钢或钢筋，顶接点为刚接（两铰组合屋架）或铰接（三铰组合屋架）。此类屋架杆件少、自重轻、受力明确、构造简单、施工方便，特别适用于农村地区的中小型建筑。屋面坡度，当采用卷材防水时为1/5，非卷材防水时为1/4。

图2-2-11钢筋混凝土—钢组合结构的桥式屋架。屋架结构的上弦为钢筋混凝土屋面板，下弦和腹杆可为钢筋，亦可为型钢。

2.3 屋架结构的选型与布置

2.3.1 屋架结构的主要尺寸

屋架结构的主要尺寸包括屋架的矢高、坡度、节间距。

(1) 矢高

屋架的矢高直接影响结构的刚度与经济指标。矢高大、弦杆受力小，但腹杆长、长细比大、易压曲，用料反而会增多。矢高小，则弦杆受力大、截面大，且屋架刚度小、变形大。因此，矢高不宜过大也不宜过小。屋架的矢高也要考虑到屋架的结构型式。一般矢高可取跨度的 1/10～1/5。

(2) 坡度

屋架上弦坡度的确定应与屋面防水构造相适应。当采用瓦类屋面时，屋架上弦坡度应大些，一般不小于 1/3，以利于排水。当采用大型屋面板并做卷材防水时，屋面坡度可平缓些，一般为 1/12～1/8。

(3) 节间距

屋架节间距的大小与屋架的结构型式、材料及受荷条件有关。一般上弦受压，节间距应小些，下弦受拉，节间距可大些。应使荷载直接作用在节点上，以优化杆件的受力状态。如当屋架上铺预制钢筋混凝土大型屋面板时，因屋面板宽度为 1.5m，故屋架上弦节间距常取 3m。当屋盖采用有檩体系时，则屋架上弦节间距应与檩条间距一致。为减少屋架制作工作量，减少杆件与节点数目，节间距可取大些。但节间杆长也不宜过大，一般为 1.5～4m。

2.3.2 屋架结构的选型

屋架结构的选型应考虑房屋的用途、建筑造型、屋面防水构造、屋架的跨度、结构材料的供应、施工技术条件等因素，做到受力合理、技术先进、经济适用。

(1) 屋架结构的受力

从结构受力来看，抛物线状的拱式结构受力最为合理。但拱式结构上弦为曲线，施工复杂。其次是折线型屋架，与抛物线弯矩图最为接近，力学性能良好。再则是梯形屋架，因其既具有较好的力学性能，又使上下弦均为直线，施工方便，故在大中跨建筑中被广泛应用。三角形屋架与矩形屋架力学性能较差。三角形屋架一般仅适用于中小跨度，矩形屋架常用于托架或荷载较特殊的情况。

(2) 屋面防水构造

屋面防水构造决定了屋面排水坡度，并进而决定了屋盖的建筑造型。一般来说，当屋面防水材料采用黏土瓦、机制平瓦或水泥瓦时，应选用三角形屋架、陡坡梯形屋架。当屋面防水采用卷材防水、金属薄板防水时，应选用拱形屋架、折线形屋架和缓坡梯形屋架。

(3) 材料的耐久性及使用环境

木材及钢材均易腐蚀，维修费用较高。因此，对于相对湿度较大而又通风不良的建筑，或有侵蚀性介质的工业厂房，不宜选用木屋架和钢屋架，宜选用预应力混凝土屋架，可提高屋架下弦的抗裂性，防止钢筋腐蚀。

(4) 屋架结构的跨度

跨度在18m以下时，可选用钢筋混凝土—钢组合屋架，构造简单，施工吊装方便，技术经济指标较好。跨度在36m以下时，宜选用预应力混凝土屋架，既可节省钢材，又可有效地控制裂缝宽度和挠度。对于跨度在36m以上的大跨度建筑或受到较大振动荷载作用的屋架，宜选用钢屋架，以减轻结构自重，提高结构的耐久性与可靠性。

2.3.3 屋架结构的布置

屋架结构的布置，包括屋架结构的跨度、间距、标高等，主要应考虑建筑外观造型及建筑使用功能方面的要求。对于矩形的建筑平面，一般采用同一种类的屋架等跨度、等间距、等标高布置，以简化结构构造，方便结构施工。

（1）屋架的跨度

屋架的跨度，一般以3m为模数。对于常用屋架型式的常用跨度，我国都制定了相应的标准图集可供查用，从而可加快设计及施工进度。对于矩形平面的建筑，一般可选用同一种型号的屋架，仅端部或变形缝两侧屋架中的预埋件稍有不同。对于非矩形平面的建筑，各榀屋架或桁架的跨度就不可能一样，这时应尽量减少其类型以方便施工。

（2）屋架的间距

屋架一般宜等间距平行排列，与房屋纵向柱列的间距一致，屋架直接搁置在柱顶。间距的大小除考虑建筑平面柱网布置的要求外，还要考虑屋面结构及吊顶构造的经济合理性。屋架的间距同时即为屋面板或檩条、吊顶龙骨的跨度，最常见的为6m，有时也有7.5、9、12m等。

（3）屋架的支座

屋架支座的标高由建筑外形的要求确定，一般为同一标高。当一榀屋架两端支座的标高不一致时，要注意可能会对支座产生水平推力。屋架的支座形式，力学上简化为铰接支座。实际工程中，当跨度较小时，一般是把屋架直接搁置在墙、垛、柱或圈梁上。当跨度较大时，则应采取专门的构造措施，以满足屋架端部发生转动的要求。

2.3.4 屋架结构的支撑

屋架支撑包括设置在屋架之间的垂直支撑、水平系杆以及设置在上、下弦平面内的横向支撑和通常设置在下弦平面内的纵向水平支撑。

屋架之间的垂直支撑和下弦水平系杆是为了保证屋架在使用和安装时的侧向稳定性（抗倾覆以及防止在吊车工作时屋架下弦的侧向颤动）。上弦水平系杆则是为了保证无支撑开间处屋架上弦或屋面梁受压翼缘的侧向稳定性，减少弦杆的计算长度并传递水平荷载。

屋架上弦横向支撑的作用是，以斜杆和檩条作为腹杆，以两榀屋架的上弦作为弦杆构成水平桁架。该水平桁架将两榀竖向屋架在水平方向联系起来，增强了屋盖的整体刚度，保证了屋架上弦的侧向稳定性，减少了屋架上弦在平面外的计算长度。同时将抗风柱传来的风力传递到纵向排架柱顶。屋架下弦横向水平支撑的作用是将下弦受到的水平力传至纵向排架柱顶。

屋架下弦纵向水平支撑的作用是与屋架下弦横向水平支撑一起形成封闭体系，以增强屋盖的空间刚度,并可将吊车制动所产生的横向水平力较均匀地传递给各榀横向排架,增强排架的空间工作性能。

2.4 立体桁架

平面屋架结构虽然有很好的平面内受力性能,但其平面外的刚度很小。为保证结构的整体性,必须要设置各类支撑。支撑结构的布置要消耗许多材料,且常常以长细比等构造要求控制,材料强度得不到充分发挥。采用立体桁架可以避免上述缺点。

2.4.1 立体桁架的结构型式及特点

立体桁架的截面形式可为矩形、正三角形、倒三角形。矩形截面的立体桁架如图2-4-1(a)所示。它是由两榀平面桁架相隔一定的距离组合而成,连接杆件与两榀平面桁架成90°或45°夹角,构造与施工简单易行,但耗钢较多。为减少连接杆件,可采用三角形截面的立体桁架。当跨度较大时,因上弦压力较大,截面大,可把上弦一分为二,构成倒三角立体桁架,如图2-4-1(b)所示。当跨度较小时,上弦截面不大,如再一分为二,势必对受压不利,故宜把下弦一分为二,构成正三角形立体桁架,如图2-4-1(c)所示。两根下弦在支座节点汇交于一点,形成两端尖的梭子状,故亦称为梭形架。由此可见,立体桁架由于具有较大的平面外刚度,有利于吊装和使用,节省了用于支撑的钢材,因而具有较大的优越性。但三角形截面的立体桁架杆长计算繁琐,杆件的空间角度非整数,节点构造复杂,焊缝要求高,制作复杂。

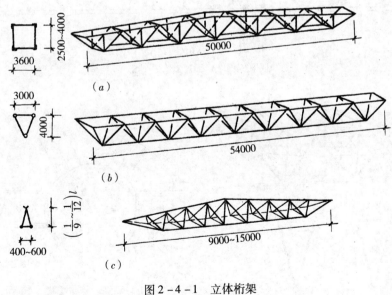

图2-4-1 立体桁架

2.4.2 立体桁架的工程实例

位于贝宁科托努市的贝宁友谊体育场的多功能综合体育馆,如图2-4-2所示。体育馆可容纳观众5000名,总建筑面积14015m^2。屋盖结构考虑到当地的施工条件及实际情况,采用钢管球节点梭形立体桁架,跨度为65.3m,高跨比为1/13,中间起拱

1/330。桁架正立面及上弦平面如图2-4-3所示。上弦及腹杆采用20号普通碳素钢无缝钢管，下弦用16Mn低合无缝钢管，钢球及加劲板用16Mn低合金钢，钢管支撑用20号普通碳素钢无缝钢管。

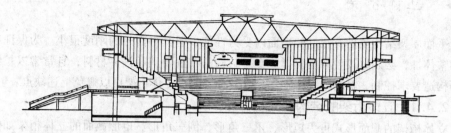

图2-4-2 贝宁友谊体育馆

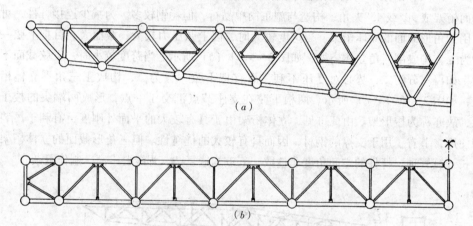

图2-4-3 贝宁友谊体育馆立体桁架
(a)立面图；(b)上弦平面图

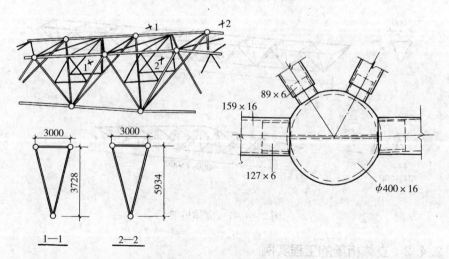

图2-4-4 立体桁架节点详图

立体桁架采用钢球节点，使各杆件的中心汇交于球节点的中心，如图2-4-4所示。其特点是受力明确、均匀，施工方便。立体桁架的弦杆及斜杆与球节点的连接均加设衬管。为了减少橡条的跨度，桁架加设了再分杆。

2.5 张弦结构

将平面桁架结构的受拉下弦杆用高强度拉索代替，并通过张拉拉索在结构中施加预应力，可有效改善结构的受力性能。根据这一原理衍生出一种新的结构形式称为张弦结构。张弦结构由三部分结构单元所组成：作为上弦的梁、拱或桁架结构，作为下弦的拉索，位于上下弦之间的竖向撑杆，如图2-5-1所示。

梁或立体桁架　　　索　　　张弦结构

图2-5-1 张弦结构的组成

为节约材料，张弦结构中一般仅用数量极少的竖向撑杆布置在上下弦之间，且竖向撑杆与上下弦均为完全铰接连接，这就要求上弦杆有足够的受弯能力、受剪能力和受压稳定性。在工程中常以桁架作为张弦结构的上弦，称为张弦桁架结构。当跨度较小时，或当竖向撑杆数量较多而使得上弦节间跨度较小时，上弦杆也可利用焊接钢管等梁式构件，这时张弦结构又称为张弦梁结构。

2.5.1 张弦结构的特点

张弦梁结构的整体刚度贡献来自抗弯构件截面和与拉索构成的几何形体两个方面，是介于刚性结构和柔性结构之间的半刚性结构，这种结构具有以下特点：

（1）承载能力高

通过对张弦结构的索施加的一定的预应力，可以控制刚性构件的弯矩大小和分布。撑杆对上弦刚性结构的作用犹如弹性支座，在索内施加一定的预应力后，通过支座和撑杆，在梁或桁架内引起负弯矩，使梁或桁架中的内力分布趋于均匀。

（2）结构刚度大

张弦结构中的刚性构件与索形成整体刚度后，这一空间受力结构的刚度就远远大于单纯刚性构件的刚度。在同样的使用荷载作用下，张弦结构的变形比单纯刚性构件小得多。

（3）结构稳定性强

张弦结构在保证充分发挥索的抗拉性能的同时，由于引进了具有抗压和抗弯能力的刚性构件而使体系的刚度和形状稳定性大为增强。同时，若适当调整索、撑杆和刚性构件的相对位置，可保证张弦梁结构整体稳定性。

（4）支座推力小

张弦结构是一种自平衡受力体系，与拱式结构在支座处产生很大的水平推力不同，索的引入可以平衡水平推力，从而减少对下部结构抗侧刚度的要求，使支座受力明确简单。

（5）建筑造型适应性强

张弦结构中刚性构件的外形可以根据建筑功能和美观要求进行自由选择，而结构的受力特性不会受到影响。例如浦东国际机场屋盖上弦是焊接钢管组成的截面，结构外形如振翅欲飞的鲲鹏；广州国际会展中心屋盖上弦是空间桁架，结构外形如游曳的鱼。张弦梁结构的建筑造型和结构布置能够完美结合，使之适用于各种功能的大跨空间结构。

(6) 制作、运输、施工方便

与网壳、网架等空间结构相比，张弦梁结构的构件和节点的种类、数量大大减少，这将极大地方便该类结构的制作、运输和施工。此外，通过控制钢索的张拉力还可以消除部分施工误差，提高施工质量。

2.5.2 张弦结构的形式

张弦结构按荷载传递方向的不同可分为平面张弦结构和空间张弦结构。

平面张弦结构以平面内受力为主，屋盖荷载主要通过张弦结构平面内的受力体系传递至支承柱及基础。根据上弦构件的形状可分为三种基本形式：直梁型张弦结构、拱型张弦结构、人字拱型张弦结构，如图 2-5-2 所示。

图 2-5-2 平面张弦结构的形式

空间张弦结构是以平面张弦结构为基本组成单元，通过不同形式的空间布置所形成的张弦结构。主要有单向张弦结构、双向张弦结构、多向张弦结构、辐射式张弦结构等，见图 2-5-3。

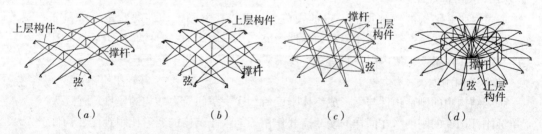

图 2-5-3 空间张弦结构的布置
(a) 单向张弦结构；(b) 双向张弦结构；(c) 多向张弦结构；(d) 辐射式张弦结构

单向张弦结构（图 2-5-3a）是在平行布置的单榀平面张弦结构之间设置纵向支承索而形成的空间受力体系。纵向支承索一方面可以提供整体结构的纵向稳定性，保证每榀平面张弦结构的平面外稳定，同时通过对纵向支承索进行张拉，为平面张弦梁提供弹性支承。双向张弦结构（图 2-5-3b）是由单榀平面张弦结构沿纵横向交叉布置而形成的空间受力体系。两个方向的交叉平面张弦结构相互提供弹性支承。多向张弦结构（图 2-5-3c）是将平面张弦结构沿多个方向交叉布置而成的空间受力体系。辐射式张弦结构（图 2-5-3d）是由中央按辐射状放置上弦构件，并对应设置撑杆用环向索或斜索连接而形成的空间受力体系。

目前已建工程大多采用平面张弦结构。其原因是平面张弦结构的形式简洁，受力明确，制作加工、施工安装均较为方便。

2.5.3 张弦结构的受力性能

1）张弦结构的形态定义

张弦结构像悬索结构等柔性结构一样，根据张弦结构的加工、施工及受力特点，将其结构形态定义为零状态、初状态和荷载态三种，见图2-5-4。零状态是拉索张拉前的状态，实际上是指构件的加工和放样形态，通常也称结构放样态。初始态是拉索张拉完毕后，结构安装就位的形态，通常也称预应力态。初始态是建筑施工图中所明确的结构外形。荷载态是外荷载作用在初始态结构上发生变形后的平衡状态。

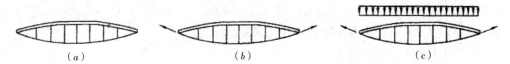

图2-5-4 张弦结构的三种结构形态
(a) 零状态；(b) 初始态；(c) 荷载态

张弦结构三种形态定义，对张弦结构来说具有现实意义。对于张弦梁结构零状态，主要涉及结构构件的加工放样问题。张弦梁结构的初始形态是建筑设计所给定的基本形态，即结构竣工的验收状态。如果张弦梁结构的上弦构件按照初始形态给定的几何参数进行加工放样，那么在张拉拉索时，由于上弦构件刚度较弱，拉索的张拉势必引导撑杆使上弦构件产生向上的变形。当拉索张拉完毕后，结构上弦构件的形态将偏离初始形态，从而不满足建筑设计的要求。因此，张弦梁结构上弦构件的加工放样通常要考虑拉索张拉产生的变形影响，这也是张弦梁这类半刚性结构需要进行零状态定义的原因。

目前已建张弦梁结构工程的施工程序，通常是每榀张弦梁张拉完毕后进行整体吊装就位，再铺设屋面板和吊顶。因此，该类结构的变形控制应该像悬索结构那样，以初始态为参考形态。也就是说，恒荷载和可变荷载在该状态下产生的结构变形才是正常使用极限状态所要求控制的变形，即结构变形不应该计入预应力对结构提供的反拱效应。

2）张弦结构的预应力特性

张弦结构中预应力的合理取值是工程设计考虑的重要问题，这里首先应该阐明预应力的定义，即为在没有外荷载作用下结构内部所维持的自平衡内力分布。因此在张拉下弦拉索的施工过程中，拉索的张拉力并不是预应力，其通常包括两部分的效应，一部分为外荷载和结构自重所引起的拉索内力，还有一部分为预应力在拉索中产生的内力。也就是说，如果结构中并不需要预应力的作用，张拉拉索实际上就是使拉索参与结构工作的过程，而不是施加预应力。

张弦结构中是否需要张拉拉索产生预应力，通常有两种考虑：一种是出于改善上弦构件的受力性能，减小上弦构件的弯矩考虑；二是由于在结构使用期间某种荷载工况（主要是屋面风吸力作用下）可能会克服恒荷载的效应而使得拉索受压退出工作，因此拉索中维持一定的预应力可以保证拉索不出现压力。应该注意的是，张弦梁结构中的预应力不应该过大，过高的预应力会使得上弦构件的轴压力增加，从而人为地加大上弦构件的负担，造成结构的不经济。

3）张弦结构的平面外稳定及纵向受力

平面张弦梁结构作为一种大跨度结构体系，当其跨度较大时，会在上弦构件存在较大的压力，因此要保证其平面外的稳定性，可以采取以下两种措施：其一是采用平面外刚度较大的上弦杆件；其二是设置屋面水平支撑系统。

严格来讲，大跨度张弦结构的屋面水平支撑系统不应该按构造设置，因为它不仅起保证单榀张弦梁的平面外稳定的作用，更重要的是它还要作为受力系统承担屋盖平面内的纵向荷载，主要包括两端山墙传递给屋面的风荷载及纵向地震作用。因此，在抗震设防烈度较高的地区及山墙传递风荷载较大的情况，平面张弦梁结构必须整体分析，以进行结构在纵向荷载作用下的屋面支撑系统验算。

4）张弦结构的抗风作用

张弦结构的抗风性能是设计时的关键问题之一，主要包括抗风吸收作用和抗风振作用两个方面。张弦梁结构的屋面系统常采用轻质屋面，质量较轻，而风荷载在经过建筑物时常会在屋面产生向上的吸力，当风的吸力大于屋面自重时，屋面就会把吸力传递给屋架，使张弦结构承受向上的荷载作用。在向上的荷载作用下，张弦结构上弦受拉，下弦受压。而下弦柔性索是不能受压的，这是十分危险的。为防止出现下弦受压的情况，一般采取增大屋面恒荷载或加大拉索预应力来抵抗压力效应等措施。但是，为使拉索在风吸力作用下不退出工作而增加预应力度，实际是人为地加大了结构在不考虑风荷载作用时的负担，造成结构的不经济。这个特性是张弦结构的主要缺点之一。

张弦结构还容易受到结构风振效应的影响。由于张弦结构的刚度与普通刚性结构相比较弱，在跨度较大的情况下，结构的周期较低，在脉动风压作用下，会引起张弦梁结构较大的振动，故应对其进行风振动力反应分析。

2.5.4 张弦结构的选型

1）上弦刚性受压构件

对于大跨度张弦梁结构，其上弦构件承受较大的压力和弯矩，因此张弦结构上弦构件的选型是设计时需要考虑的重要问题之一。

上弦构件形式主要取决于结构跨度和撑杆间距两个因素：跨度增加，跨中整体弯矩增大，导致上弦构件压力增加，需要加大上弦构件的截面面积来保证；撑杆间距增大，其整体剪力效应对上弦构件产生的局部弯矩增大；需要上弦构件提供较大的抗弯刚度。因此，张弦梁常采用工字形截面、焊接箱形截面。当张弦结构跨度增大时，一般采用截面面积和抗弯模量均较大的桁架结构。实际工程中常常采用立体桁架，因为立体桁架比普通的平面桁架的平面外刚度大，有利于受压上弦构件的平面外稳定性。在张弦结构施工阶段，由于通常采用单榀整体吊装的施工方案，立体桁架较大的平面外刚度能够有效保证吊装过程中结构的平面外稳定。

2）张弦结构上弦矢高和下弦垂度

张弦结构的上弦矢高和下弦垂度大小是设计过程中需要考虑的重要问题。一般用垂跨比和高跨比来表达（图2-5-5）。垂跨比是下弦索的垂度和结构跨度的比值，高跨比是上弦梁的矢高和结构跨度的比值。随着垂跨比或高跨比的增大，除剪力外，其他内力如梁的弯矩和轴力以及索的最大应力都会减小，同时结构的变形也会明显减小。

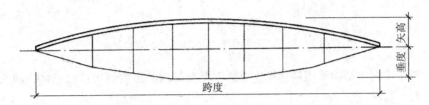

图2-5-5 张弦结构的上弦矢高和下弦垂度

3）撑杆数目

撑杆作为张弦结构上部刚性构件的弹性支承，设置的数量直接关系到上部刚性构件的跨度。撑杆数量多，上弦刚性构件内力均匀，弯矩小，受力合理。但是撑杆数目的增加也会带来撑杆材料用量的增加和施工的复杂性。且对于某一确定的张弦结构，当撑杆数达到某一数目后，受力性能随撑杆数目的改善效果不再明显。

2.5.5 张弦结构的工程实例

1）上海世博会主题馆

上海世博会主题馆为大空间钢结构建筑，平面尺寸南北长180m，东西长288m，高度为23.3m。该建筑在平面上由西向东分为3个大空间，西侧展厅（①~⑩轴）为144m×180m矩形大跨度无柱空间，一层到顶；中部（⑩~⑭轴）为36m×180m的中庭，也没有柱子且一层到顶；东侧展厅（⑭~㉖轴）平面尺寸为108m×180m，为大柱网空间，分成四层。建筑平面布置如图2-5-6所示。

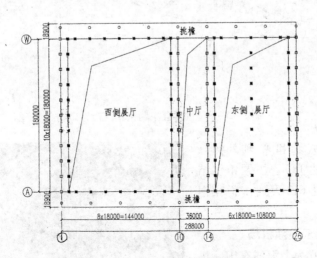

图2-5-6 上海世博会主题馆建筑平面

因建筑审美和使用上防渗漏等要求，3个空间区域屋面标高及立面统一处理，结构整体合一不设伸缩缝。这就导致该建筑的结构体系在平面和立面布置上均呈现不规

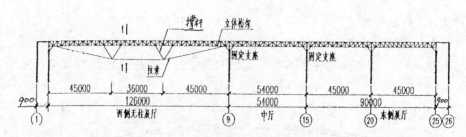

图2-5-7 上海世博会主题馆屋盖结构剖面

则性。整个主题馆结构采用局部设支撑的钢框架结构。屋盖结构连成整体，剖面见图2-5-7。

东侧屋盖为三跨钢管桁架结构：⑨~⑮轴54m跨、⑮~⑳轴和⑯~⑳轴各为45m跨。桁架为边长3m的正置正三角形截面，间距18m，通过倒锥形支撑与支座连接，柱顶标高除边桁架为19.8m外，其余为22.4m，桁架下弦中心标高23.3m，上弦中心标高26.3m。桁架之间设置连系桁架、屋面支撑和檩条。

西侧展厅屋盖结构跨度为126m，结构设计结合屋面建筑形态及下部使用空间的净空要求采用张拉双弦结构，张弦桁架共9榀，跨度126m，间距18m，上弦为三角形钢管桁架，下弦索采用2根1670级高强钢丝束索，规格为PES C5-409，外包双层PE。

屋盖张弦桁架结构示意图见图2-5-8。张弦桁架一端为固定支座，一端为滑动支座，支座为抗振球铰支座，顶标高为20.30m。在施工过程中，滑动支座处于滑动状态，待屋面围护结构安装完成后，将滑动支座固定成铰支座。施工照片见图2-5-9。

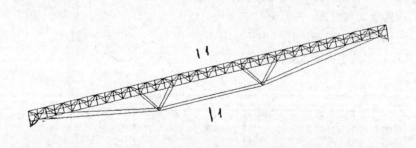 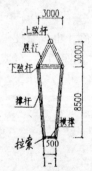

图2-5-8 世博会主题馆张弦桁架结构

钢屋盖在A轴和W轴外侧悬挑，悬挑距离达18m。主题馆钢结构总投影面积达6.12万m^2，总用钢量达1.17万t。

2）上海浦东国际机场

图2-5-10为上海浦东国际机场航站楼示意图。从建筑造型上看，一号航站楼和二号航站楼均采用了曲线形屋面。所不同的是，一号航

图2-5-9 世博主题馆西展厅屋盖张弦梁

|二号航站楼　　　　　　　交通中心　　　　　　　一号航站楼|

图 2-5-10　上海浦东国际机场航站楼示意图

站楼采用独立的四片弧形屋面，分别覆盖进厅、办票大厅、商场和候机长廊，屋面造型由低而高，错落有致，力度感强，给人以展翅欲飞的感受；二号航站楼采用了连续的波浪形曲面，柔和优雅，舒展大气，显示了鲲鹏翱翔的气势。

在屋盖结构上，两座航站楼均采用了张拉结构。一号航站楼对应于四个独立的建筑单元，采用四个独立的张弦梁屋盖，其中以办票大厅的张弦梁屋盖跨度最大，水平投影跨度达 82.6m，相邻两榀张弦梁间距为 9m。该张弦梁结构上下弦均为圆弧形，上弦构件由 1 根矩形管和 2 根方形管组成（其中主弦为 400mm×600mm 焊接矩形钢管，两侧副弦为 300mm×300mm 方钢管，主副弦之间以短钢管相连），腹杆为 325mm 圆钢管，下弦拉索采用 $\Phi 5 \times 241$ 平行钢丝束，见图 2-5-11。

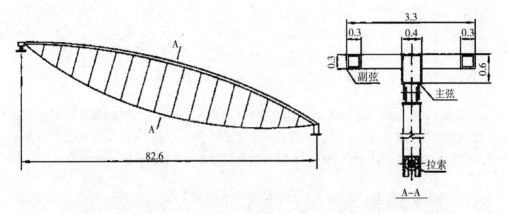

图 2-5-11　一号航站楼办票大厅张弦梁屋盖结构（单位：m）

二号航站楼主楼屋盖采用了 5 跨连续的变截面箱形曲梁结构（详见第 1 章第 3 节），其中位于树状柱上方的两个小跨截面高度最大，其余三个间隔布置的大跨，上弦截面高度往跨中逐渐收小，并设置下弦形成梭形的张弦梁结构。张弦梁下弦采用单根高强度钢棒，以铸钢节点与上弦及腹杆相连。上下弦之间为平行布置的 V 形腹杆。见图 2-5-12。

需要注意的是，由于边跨为车道没有幕墙围护，在风荷载作用下屋盖将受到向上的吸力，使下弦张

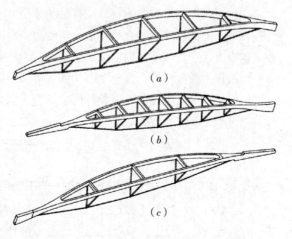

图 2-5-12　二号航站楼主楼张弦梁屋架段
(a) 中跨屋架；(b) 高架跨屋架；(c) 边跨屋架

弦棒处于受压状态，故该跨腹杆数量进行了适当的加密，以将下弦的长细比控制在压杆允许的范围内，防止其发生失稳破坏。

3）哈尔滨国际会议展览体育中心主馆

哈尔滨国际会议展览体育中心主馆南北长151m，东西长510m，采用35榀张弦桁架覆盖，桁架间距为15m。张拉弦屋架两支座距离为128m，高端支座（与人字形摇摆柱连接端）为理想滑移支座，低端支座（与混凝土柱连接端）为固定铰支座，张弦桁架在高端支座外悬伸10m，见图2-5-13。张弦桁架上弦杆截面为Φ480×22，桁架中部下弦杆截面为Φ480×12，接近支座处下弦杆件为Φ480×24，材质为Q345D，桁架下弦杆与腹杆间为相贯焊接连接。张弦桁架拉索选用高强度低松弛镀锌钢丝索，截面面积为15279mm^2，拉索抗拉强度为1570MPa。

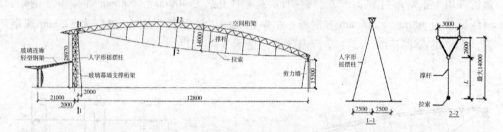

图2-5-13 哈尔滨国际会议展览体育中心主馆屋架剖面

支承30m高玻璃幕墙的桁架上端通过连杆与张弦桁架高端支座连接，该桁架上端支座为铰接，下端支座为固接。结构分析时，玻璃幕墙支撑桁架与主体张弦桁架及人字形摇摆柱整体分析，将玻璃连廊轻型钢架传递的荷载施加到幕墙支撑桁架上。

2.6 桁架结构的其他应用形式

2.6.1 刚接桁架结构

一般情况下，桁架结构杆件与杆件的连接节点均简化为铰节点，这一方面可简化计算，另一方面也比较符合结构的实际受力情况。但有时由于桁架结构使用功能上的要求，或由于建筑造型上的要求，桁架结构没有斜腹杆，仅有竖腹杆。这时若再把桁架节点简化为铰接节点，则整个结构就成为一个几何可变的机构。因此，这时必须采用刚接桁架。前面提到的无斜腹杆屋架即为一例，如图2-6-1所示。

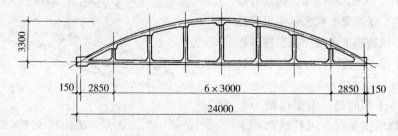

图2-6-1 无斜腹杆屋架

上海大剧院是由上海市人民政府投资的大型歌舞剧院（图2-6-2）。由于其独特的建筑造型和特殊的功能及工艺要求，大剧院的屋盖体系采用交叉刚接钢桁架结构，其剖面见图2-6-3。屋盖结构平面布置，横向为12榀半月牙形无斜腹杆屋架，纵向为两榀主桁架及两榀次桁架，其简图如图2-6-4所示。在每榀主桁架下各设三个由电梯井筒壁形成的薄壁柱，作为整个屋架结构的支座，次桁架仅起到保证屋盖整体性的作用。由于建筑造型的制约和使用功能上的要求，加上屋盖四周悬挑较大，屋盖结构受力复杂，内力较大，采用刚接桁架结构较为合理，以保证屋盖结构的整体刚度和承载能力。

图2-6-2 上海大剧院

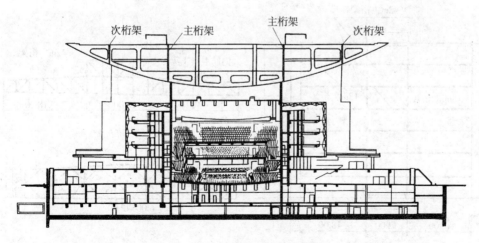

图2-6-3 上海大剧院剖面

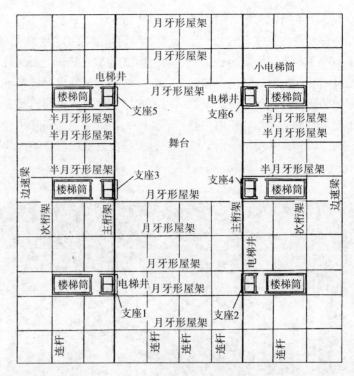

图 2-6-4 上海大剧院屋盖结构布置

2.6.2 主次桁架结构

主次桁架结构体系是由平面桁架组成的一种特殊形式的空间桁架结构。武汉水利电力学院体育馆即为其中的一例。它是以建筑屋盖中部气楼提供的建筑空间，布置了两榀跨度为42m的主桁架，辅以跨度为18m和12m的小型桁架即所谓的次桁架。次桁架支撑于主桁架上，形成主次桁架组成的屋架系统。如图 2-6-5 所示。

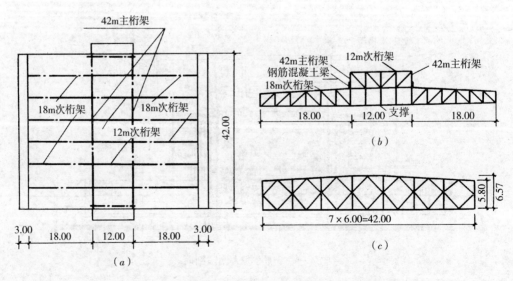

图 2-6-5 武汉水利电力学院体育馆屋盖（单位：m）

2.6.3 悬挑桁架结构

上海世博会演艺中心建筑外形呈飞碟状,见图2-6-6。室内主体结构为地下2层、地上7层的框架结构。飞碟周边部分在室内为观景台区域,采用了36榀焊接钢管悬挑桁架结构,形成了飞碟的巨型外围。悬臂桁架下弦连接于KZ1第4节钢管柱,上弦连接于第6节钢管柱上,相应标高从14.83m至23.70m,见图2-6-7。悬臂桁架悬挑长度20~40m,单榀桁架最重达280t。悬臂桁架和屋顶组合成桁架体系钢屋盖,如图2-6-8所示,屋盖用钢总重约34000t。

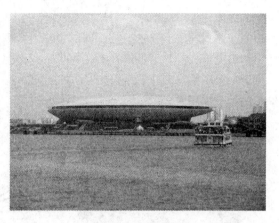

图2-6-6 上海世博会演艺中心

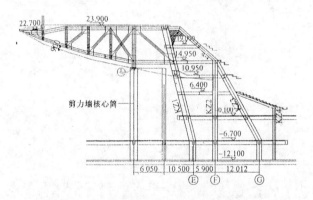

图2-6-7 上海世博会演艺中心悬挑桁架

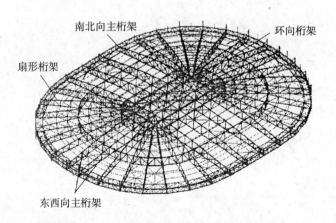

图2-6-8 上海世博演艺中心桁架结构屋盖

2.6.4 悬挂桁架结构

代代木体育中心小体育馆是1964年东京奥运会篮球馆,见图2-6-9。该建筑采用了非对称的外形,呈涡旋状造型,犹如一尊雕塑,是建筑艺术的杰作。建筑立面如

图 2-6-10。建筑平面为直径约 130m 的圆形（图 2-6-11a）。屋盖结构呈辐射状排列的屋面构件不是钢索，而是曲线形桁架（图 2-6-11b）。桁架的一端搁置在屋盖周边的一系列柱子上（这些柱子同时也是看台框架结构的柱子），另一端由中心处的悬吊钢管支承着。此悬吊钢管直径 400mm，经热加工成型制作而成一个空间螺旋曲线，从混凝土塔柱顶端开始呈螺旋状向下旋转，经过塔柱的中间部，一直延伸到建筑物端部的地下锚固墩。

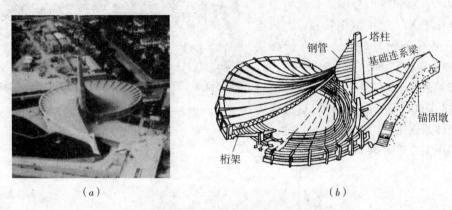

图 2-6-9 代代木体育中心小体育馆
(a) 鸟瞰图；(b) 结构布置示意图

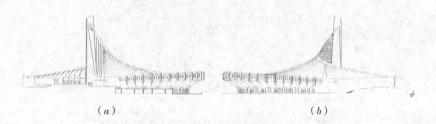

图 2-6-10 代代木体育中心小体育馆立面图
(a) 北立面图；(b) 南立面图

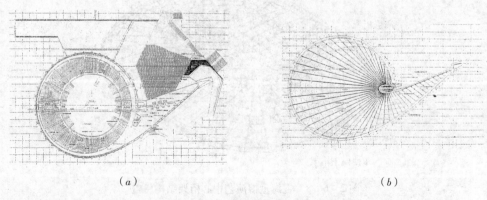

图 2-6-11 日本代代木体育中心平面图
(a) 一层建筑平面；(b) 屋盖桁架结构布置

第3章

单层刚架结构

3.1 单层刚架结构的受力特点
3.2 单层刚架结构的型式
3.3 单层刚架结构的构造与布置
3.4 单层刚架结构的工程实例

刚架结构是指梁、柱之间为刚性连接的结构。当梁与柱之间为铰接时，一般称为排架，多层多跨的刚架结构则常称为框架，单层刚架也称为门式刚架。单层刚架为梁柱合一的结构，其内力小于排架结构，梁柱截面高度小，造型轻巧，内部净空较大，故被广泛应用于中小型厂房、体育馆、礼堂、食堂等中小跨度的建筑中。但与拱相比，刚架仍然属于以受弯为主的结构，材料强度仍不能充分发挥作用，这就造成了刚架结构自重较大，用料较多，适用跨度受到限制。

3.1 单层刚架结构的受力特点

3.1.1 约束条件对结构内力的影响

单层单跨刚架的结构计算简图，按构件的布置和支座约束条件可分成无铰刚架、两铰刚架、三铰刚架三种。刚架结构的受力优于排架结构，因刚架梁柱节点处为刚接，因此，在竖向荷载作用下，由于柱对梁的约束作用而减小了梁跨中的弯矩和挠度。在水平荷载作用下，由于梁对柱的约束作用减少了柱内的弯矩和侧向变位，如图3-1-1所示。因此，刚架结构的承载力和刚度都大于排架结构。

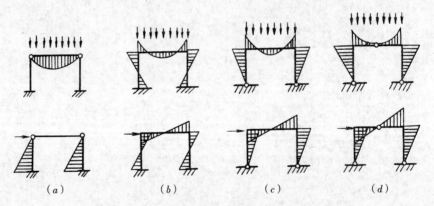

图3-1-1 刚架结构与排架结构的受力比较
(a) 排架结构；(b) 无铰刚架；(c) 两铰刚架；(d) 三铰刚架

在单层单跨刚架结构中，无铰刚架为三次超静定结构，刚度好，结构内力小，但对基础和地基的要求较高。因柱脚处有弯矩、轴向压力和水平剪力共同作用于基础，故基础用料较多。由于其超静定次数高，当地基发生不均匀沉降时，将在结构内产生附加内力，所以在地基条件较差时宜慎用。两铰刚架为一次超静定结构，在竖向荷载或水平向荷载作用下，刚架内弯矩均比无铰刚架大。两铰刚架在基础处为铰支承，故当基础有转角时，对结构内力没有影响，但当两柱脚发生不均匀沉降时，则将在结构内产生附加内力。三铰刚架为静定结构，地基的变形或基础的不均匀沉降对结构内力没有影响，但三铰刚架刚度较差，内力大，故一般适用于跨度较小或地基较差的情况。

刚架结构的支座约束条件对内力的影响与第一章所述的连续梁相似，如图3-1-2所示。在竖向分布荷载作用下，三铰刚架可看成是由两根外伸梁弯折90°而成，两铰刚架可看成是由两端简支的连续梁弯折而成，无铰刚架可看成是由两端固结的连续梁弯折而成，而排架结构则可看成是由三跨简支梁弯折而成。它们的受力特点没有原则的区别，连续梁的边支座反力（向下的 R）在刚架中改为一对向内水平推力 H，其值不变。由此可见，结构的一个共同特点是，约束越多，内力越分散，内力值越小，变形越小，这也就意味着结构的刚度越大。因此，通过增加约束，可以提高结构的承载能力，增加结构的刚度，或可减小结构的截面尺寸。

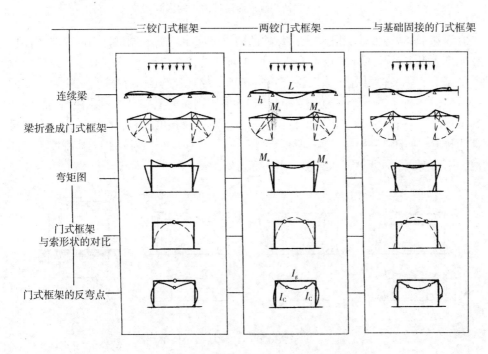

图3-1-2 刚架结构与连续梁的受力比较

从材尽其用的要求来看，刚架结构并不是十分合理的结构。一方面因为它与连续梁相似，仍为利用梁、柱截面受弯来承受荷载的结构，另一方面则因为它是一个典型的平面结构，在其自身平面外的刚度极小，必须布置适当的支撑。

3.1.2 梁柱线刚度比对结构内力的影响

刚架结构在竖向荷载或水平荷载作用下的内力分布不仅与约束条件有关，而且还与梁柱线刚度比有关。图3-1-3、图3-1-4以无铰门式刚架为例，对不同梁柱线刚度比的刚架在竖向荷载和水平荷载作用下的弯矩分布进行了分析。

在跨中竖向荷载作用下，当梁的线刚度比柱的线刚度大很多时，柱对梁端转动的约束作用很小，而能阻止梁端发生竖向位移，这时梁的内力分布与简支梁相差无几，如图3-1-3（a）所示。当梁的线刚度比柱的线刚度小得多时，柱子不仅能阻止梁端发生竖向位移，而且还约束梁端发生转动，则柱对梁端的约束作用可看成是相当于固定端的作用，梁的内力分布与两端固定梁十分接近，如图3-1-3（d）所示。当梁两端支承柱刚度不等时，则梁两端负弯矩值亦不等，柱刚度大的一侧梁端负弯矩大，柱刚度小的一则梁端负弯矩小，如图3-1-3（c）所示。

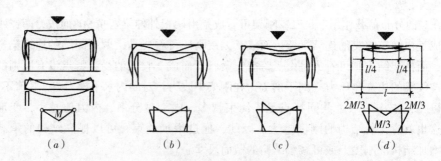

图 3-1-3 梁柱线刚度对刚架内力的影响之一

在顶端水平集中力作用下，刚架结构的内力分布也与梁柱刚度比有关，当梁刚度比柱刚度大很多时，梁柱节点可看成是无任何转动，梁仅作水平向平移而无任何弯曲，柱子上下端仅有相对平移而没有相对转动，故柱反弯点应在柱高之中点，如图 3-1-4 (a) 所示。当梁刚度比柱刚度小很多时，则梁的刚度无法约束柱端的转角变形，梁仅起到一个传递水平推力的作用，相当于两端铰接的连杆，结构内力分布与排架甚为接近，如图 3-1-4 (d) 所示。对于图 3-1-4 (c) 所示两个柱刚度不等的情况，则刚度大的柱承受较大的侧向剪力和弯矩。

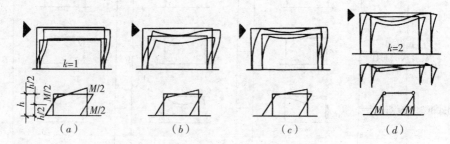

图 3-1-4 梁柱线刚度对刚架内力的影响之二

3.1.3 门式刚架的高跨比对结构内力的影响

门式刚架的高度与跨度之比，决定了刚架的基本型式，也直接影响结构的受力状态。设想有一条悬索在竖向均布荷载作用下，在平衡状态将形成一条悬垂线即所谓的索线，这时悬索内仅有拉力。将索上下倒置，即成为拱的作用，索内的拉力也变成为拱的压力，这条倒置的索线即为推力线。图 3-1-5 给出了三铰刚架和两铰刚架的推

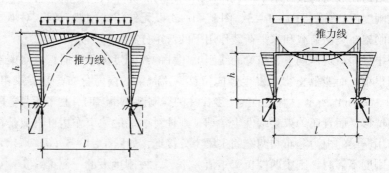

图 3-1-5 刚架的跨高比对内力的影响

力线及其在竖向均布荷载作用下的弯矩图。根据推力线的形状可以看出,刚架高度的减小将使支座处水平推力增大。

3.1.4 结构构造对结构内力影响

在两铰刚架结构中,为了减少横梁内部的弯矩,除了可在支座铰处设置水平拉杆外,还可把纵向外墙挂在刚架柱的外肢处,利用墙身重量所产生的力矩对刚架横梁起卸荷作用,如图3-1-6(a)所示。也可把铰支座设在柱轴线内侧,利用支座反力对柱轴线的偏心距对刚架横梁产生负弯矩,如图3-1-6(b)所示,以减小刚架横梁的跨中弯矩并从而减小横梁高度。

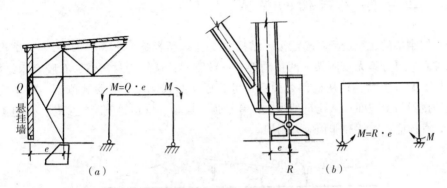

图3-1-6 减小刚架横梁跨中弯矩的构造措施

3.1.5 温度变化对结构内力影响

温度变化对静定结构没有影响,但在超静定结构中将产生内力。内力的大小与结构的刚度有关,刚度越大,内力越大。产生结构内力的温差主要有室内外温差和季节温差(图3-1-7)。对于有空调的建筑物,室内温度为t_1,室外温度为t_2,则室内外温差$\Delta t = t_2 - t_1$将使杆件两侧产生不同的热胀冷缩,从而产生内力。季节温差则是指刚架在施工时温度与使用时的温度之差。设结构在混凝土初凝时的温度为t_1,在使用时的温度为t_2,则在温差$\Delta t = t_2 - t_1$作用下,也将使结构产生变形和内力。

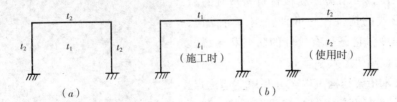

图3-1-7 温差的形式
(a)室内外温差;(b)季节温差

3.1.6 支座移动对结构内力影响

当产生支座位移时,门式刚架的变形及弯矩如图3-1-8所示。

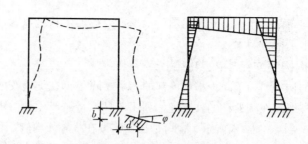

图3-1-8 支座位移引起的变形图与弯矩图

3.2 单层刚架结构的型式

单层刚架的建筑造型轻松活泼，结构型式也丰富多变，见图3-2-1。从结构约束条件看，可分为无铰刚架、两铰刚架、三铰刚架；从结构材料看，有胶合木结构、钢结构、混凝土结构；从构件截面看，可分成实腹式刚架、空腹式刚架、格构式刚架，等截面与变截面；从建筑型体看，有平顶、坡顶、拱顶，单跨与多跨；从施工技术看，有预应力刚架和非预应力刚架。

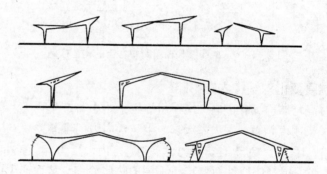

图3-2-1 单层刚架的形式

3.2.1 胶合木刚架结构

胶合木结构具有很多优点，它不受原木尺寸的限制，可用短薄膜板材拼接成任意合理截面形式的构件；它可剔除木节等缺陷，以提高强度；它还具有较好的防腐和耐燃性能；并可提高生产效率。

胶合木桁架结构可以充分利用上述优点。它可随着弯矩的变化制成变截面形状，从而大大节约了木材。胶合木桁架还具有构造简单、造型美观且便于运输安装。图3-2-2为某胶合木结构建筑。

图3-2-2 胶合木结构建筑

3.2.2 钢刚架结构

钢刚架结构可分为实腹式和格构式两种。

实腹式刚架适用于跨度不很大的结构，常做成两铰式结构。结构外露，外形可以做得比较美观，制造和安装也比较方便。实腹式刚架的横截面一般为焊接工字形，少数为Z形，国外多采用热轧H形或其他截面形式的型钢，可减少焊接工作量，并能节约材料。当为两铰或三铰刚架时，构件应为变截面，一般是改变截面的高度使之适应弯矩图的变化。实腹式刚架的横梁高度一般可取跨度的1/20~1/12，当跨度大时梁高显然太大，为充分发挥材料作用，可在支座水平面内设置拉杆，并施加预应力对刚架横梁产生卸荷力矩及反拱，如图3-2-3所示。这时横梁高度可取跨度的1/40~1/30，并由拉杆承担了刚架支座处的横向推力，对支座和基础都有利。

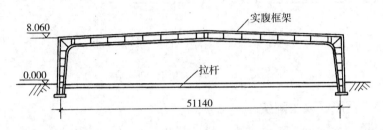

图3-2-3 实腹式双铰刚架

在刚架结构的梁柱折角处，由于弯矩较大，且应力集中，材料处于复杂应力状态，应特别注意受压翼缘的平面外稳定和腹板的局部稳定。一般可做成用圆弧过渡并设置必要的加劲肋，如图3-2-4所示。

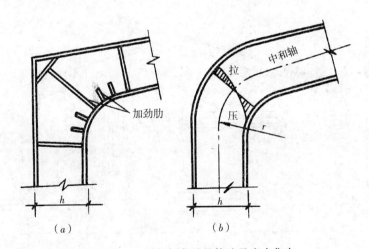

图3-2-4 刚架折角处的构造及应力集中

格构式刚架结构的适用范围较大，且具有刚度大、耗钢省等优点。当跨度较小时可采用三铰式结构，当跨度较大时可采用两铰式或无铰结构，如图3-2-5所示。格构式刚架的梁高可取跨度的1/20~1/15，为了节省材料，增加刚度，减轻基础负担，也可施加预应力，以调整结构中的内力。预应力拉杆可布置在支座铰平面内，也可布置在刚架横梁内仅对横梁施加预应力，也可对整个刚架结构施加预应力，如图3-2-6所示。

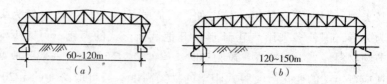

图3-2-5 格构式刚架结构

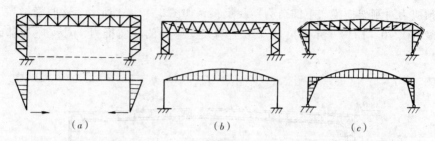

图3-2-6 预应力格构式刚架结构

3.2.3 钢筋混凝土刚架

钢筋混凝土刚架一般适用于跨度不超过18m、檐高不超过10m的无吊车或吊车起重量不超过100kN的建筑中。构件的截面形式一般为矩形，也可采用工字形截面。刚架构件的截面尺寸可根据结构在竖向荷载作用下的弯矩图的大小而改变，一般是截面宽度不变而高度呈线性变化。对于两铰或三铰刚架，立柱上大下小，为楔形构件，横梁为直线变截面，如图3-2-7所示。

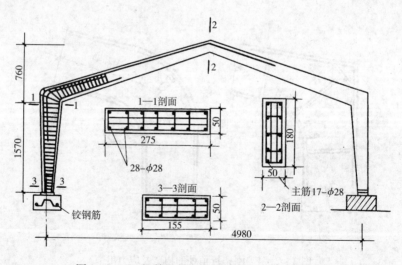

图3-2-7 钢筋混凝土刚架结构——广州体育馆

在构件折角处，由于弯矩较大，且应力集中，可采用加腋梁的形式（图3-2-8a），也可适当地用圆弧过渡（图3-2-8b）。为了减少材料用量，减轻结构自重，也可采用空腹刚架。空腹刚架有两种形式，一种是把

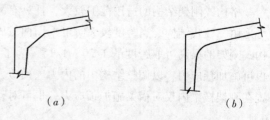

图3-2-8 刚架折角处的处理

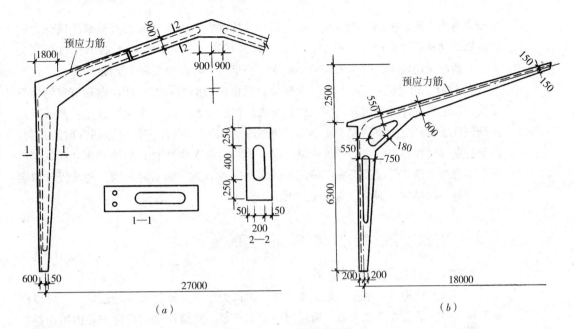

图 3-2-9 空腹式刚架

杆件做成空心截面，如图 3-2-9（a）所示，另一种是在杆件上留洞，如图 3-2-9（b）所示。

3.2.4 预应力混凝土刚架

为了提高结构刚度，减小杆件截面，可采用预应力混凝土刚架。为适应结构中弯矩图的变化，预应力钢筋一般为曲线形布置，采用后张法施工。预应力钢筋的位置，应根据竖向荷载作用下刚架结构的弯矩图，布置在构件的受拉部位。对于常见的单跨或多跨预应力混凝土门式刚架，为便于预制和吊装，可分成倒 L 形构件、Y 形构件及人字梁等基本单元，这时预应力钢筋可为分段交叉布置，也可连续折线状布置。

图 3-2-10（a）、（b）、（c）为分段布置预应力筋的方案，其优点是受力明确，

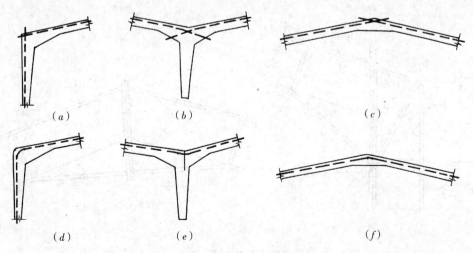

图 3-2-10 预应力筋的布置

穿预应力筋方便。采用一端张拉，施工简单，构件在预加应力阶段及荷载阶段受力性能良好。其缺点是费钢材，所需锚具多，且在转角节点处，预应力筋的孔道相互交叉，对截面削弱较大，当截面尺寸不能满足要求时，常需加大截面宽度。

图 3-2-10 (d)、(e)、(f) 为通长设置预应力筋的方案，其优点是节省钢材与锚具，孔道对构件截面削弱较少，因此所需的构件截面尺寸（厚度）较小。其缺点是穿筋较难，而且更主要的是担心预应力筋张拉时，引起构件在预应力筋方向的开裂，以及折点处因预压力的合力产生裂缝。对于人字梁和 Y 形构件，要注意在外荷载作用下会不会产生钢筋外混凝土蹦出的现象。采用这种方案，施工时一般为两端张拉预应力，若为一端张拉，则预应力损失较大。

3.3 单层刚架结构的构造与布置

3.3.1 单层刚架结构的外形

单层刚架结构可为平顶、坡顶或拱顶，可以为单跨、双跨或多跨连续。它可以根据通风、采光的需要设置天窗、通风屋脊和采光带。刚架横梁的坡度主要由屋面材料及排水要求确定。对于常见中小跨度的双坡门式刚架，其屋面材料一般多用石棉水泥波形瓦、瓦楞铁及其他轻型瓦材，通常用的屋面坡度为1/3。

3.3.2 刚架节点的连接构造

刚架结构的形式较多，其节点构造和连接形式也是多种多样的，但其设计要点基本相同。设计时既要使节点构造与结构计算简图一致，又要使制造、运输、安装方便。这里仅对几个主要连接构造进行介绍。

1）钢刚架节点的连接构造

门式实腹式刚架，一般在梁柱交接处及跨中屋脊处设置安装拼接单元，用螺栓连接。拼接节点处，有加腋与不加腋两种。在加腋的形式中又有梯形加腋与曲线形加腋两种，通常多采用梯形加腋，如图 3-3-1 所示。加腋连接既可使截面的变化符合弯矩图形的要求，又便于连接螺栓的布置。

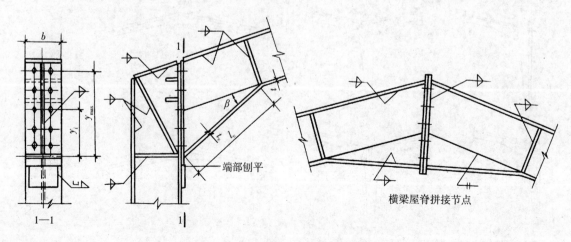

图 3-3-1 实腹式刚架的拼接节点

格构式刚架的安装节点，宜设在转角节点的范围以外接近于弯矩为零处，如图 3-3-2（a）所示。如有可能，在转角范围内做成实腹式并加加劲杆，内侧弦杆做成曲线过渡，则较为可靠，如图 3-3-2（b）所示。

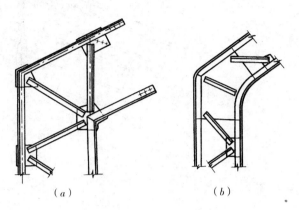

图 3-3-2　格构式刚架梁柱连接构造

2）混凝土刚架节点的连接构造

钢筋混凝土或预应力混凝土刚架结构一般采用预制装配式结构。刚架预制单元的划分应考虑结构受力可靠，制造、运输、安装方便。一般可把接头位置设置在铰接点或弯矩为零的部位，把整个刚架结构划分成倒 L 形、F 形、Y 形拼装单元，如图 3-3-3所示。刚架承受的荷载一般有恒载和活载两种。在恒载作用下弯矩零点的位置是固定的，在活载作用下，对于各种不同的情况，弯矩零点的位置是变化的。因此，在划分结构单元时，接头位置应根据刚架在主要荷载作用下的内力图确定。

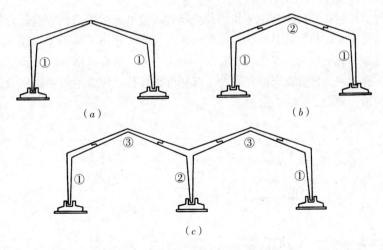

图 3-3-3　刚架拼装单元的划分

虽然接头位置选择在结构中弯矩较小的部位，仍应采取可靠的构造措施使之形成整体。连接的方式一般有通过螺栓连接（图 3-3-4a）、焊接接头（图 3-3-4b）、预埋工字钢接头（图 3-3-4c）等。

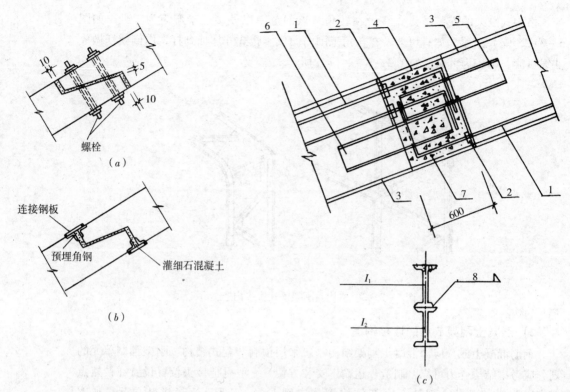

图 3-3-4 接头的连接方式

1—无粘结筋；2—锚具；3—非预应力筋；4—非预应力接头处；5—I130 号 I 字钢；
6—I230 号 I 字钢；7—后浇 C50 混凝土

3.3.3 刚架铰节点的构造

刚架铰节点包括三铰刚架中的顶铰及支座铰。铰节点的构造，应满足力学中的完全铰的受力要求，即应保证节点能传递竖向压力及水平推力，但不能传递弯矩。铰节点既要有足够的转动能力，又要构造简单，施工方便。格构式刚架应把铰附近部分的截面改为实腹式，并设置适当的加劲肋，以便可靠地传递较大的集中作用力。刚架顶铰节点的构造，如图 3-3-5 所示。

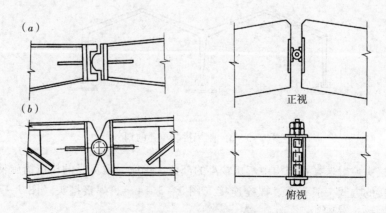

图 3-3-5 顶铰节点的构造

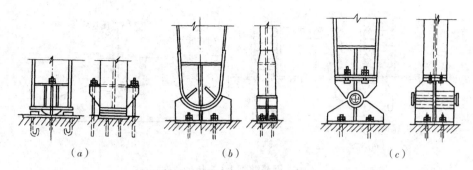

图 3-3-6 钢柱脚铰支座的形式
(a) 板式铰支座；(b) 臼式铰支座；(c) 平衡式铰支座

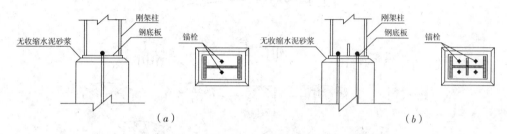

图 3-3-7 钢柱铰接柱脚的构造
(a) 一对锚栓的铰接柱脚；(b) 两对锚栓的铰接柱脚

3.3.4 刚架柱脚支座构造

钢刚架结构的支座铰的形式如图 3-3-6 所示。当支座反力不大时，宜设计成板式铰，当支座反力较大时，应设计成臼式铰或平衡铰。臼式铰和平衡铰的受力性能好，但构造比较复杂，造价较高。对于轻型钢结构工程，也可采用平板式铰接柱脚，图 3-3-7 给出了一对锚栓和两对锚栓的构造示意图。也可采用图 3-3-8 所示的焊接钢板构造方案。

现浇钢筋混凝土柱和基础的铰接通常是用交叉钢筋或垂直钢筋来实现。柱截面在铰的位置处减少 1/2~2/3，并沿柱子及基础间的边缘放置油毛毡、麻刀所做的垫板，如图 3-3-9 (a)、(b) 所示。这种连接不能完全保证柱端的自由转动，因而在支座下部断面可能出现一些嵌固弯矩。预制装配式刚架柱与基础的连接则如图 3-3-9 (c) 所示。在将预制柱插入杯口后，在预制柱与基础杯口之间用沥青麻丝嵌缝。

图 3-3-8 柱脚焊接钢板的铰接构造

3.3.5 单层刚架结构的布置

单层刚架结构的布置是十分灵活的，它可以是平行布置、辐射状布置或其他的方式排列，形成风格多变的建筑造型，如图 3-3-10 所示。

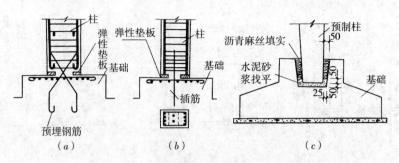

图 3-3-9 钢筋混凝土柱脚铰支座的形式

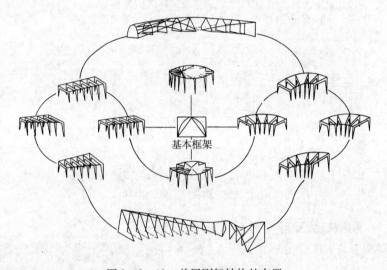

图 3-3-10 单层刚架结构的布置

3.3.6 刚架结构的支撑系统

刚架结构为平面受力体系,当多榀刚架平行布置时,在结构纵向实际上为几何可变的铰接四边形结构。因此,为保证结构的整体稳定性,应在纵向柱间布置联系梁及柱间支撑,同时在横梁的顶面设置上弦横向水平支撑。柱间支撑和横梁上弦横向水平支撑宜设置在同一开间内,如图 3-3-11 所示。

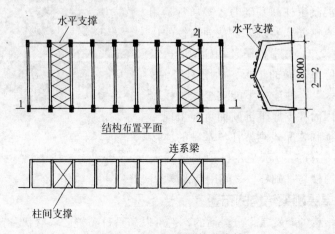

图 3-3-11 刚架结构的支撑

3.4 单层刚架结构的工程实例

1）某飞机维修车间

图 3-4-1 为沈阳某中型民航飞机的维修车间剖面，采用两铰刚架结构，跨度 38m。其特点是建筑形式符合机身的形状尺寸，尾部高，两翼低，建筑空间能够充分利用。构造简单，施工方便。

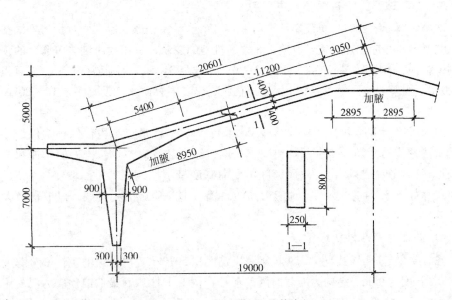

图 3-4-1 沈阳某飞机维修车间

2）武汉体育学院游泳馆

武汉体育学院游泳馆跨度为 28m，纵向柱距 5.7m，采用预应力两铰刚架结构，刚架几何尺寸如图 3-4-2 所示，截面宽度均为 300mm。预应力筋采用后张无粘结钢绞线。

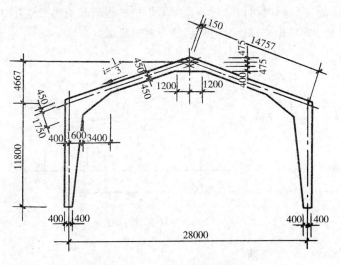

图 3-4-2 武汉体育学院游泳馆

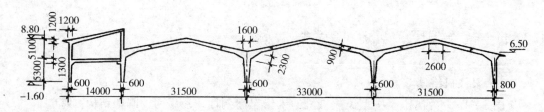

图3-4-3 珠海玻璃纤维有限公司主厂房

3）珠海玻璃纤维有限公司主厂房

珠海玻璃纤维有限公司玻璃纤维厂主厂房系单层和局部二层的联合厂房。根据生产工艺要求，并考虑日后技术改造、布置新机型的要求，采用大跨度多跨联合的预应力刚架结构。跨度为14m（两层）+31.5m+33m+31.5m，柱距为6m，建筑面积达18000m²，刚架上铺预应力混凝土大型屋面板，PVC卷材防水，设有多台10~20kN电葫芦。

因为厂房为多跨联合，构件类型少，整个厂房主体承重结构仅八种构件，并采用后张法预应力配筋，有利于加快施工速度，提高经济效益。各构件的立柱和横梁的外形，按弯矩图形变化，截面宽度不变而高度呈线性改变。屋面坡度为1:5，其几何尺寸如图3-4-3所示。预应力筋的布置力求与弯矩图相协调，以取得最大的经济效果。

4）威海体育基地田径馆

威海体育基地田径馆建于1986年，建筑面积5070m²。田径馆的主体部分跨度为40.8m，长度为96m。结构为变截面倒L形柱，倒L形柱悬臂梁上铺预应力混凝土大型屋面板，三油两毡保温屋面。在悬臂端部加小柱承托27.4m跨钢蜂窝梁三铰拱轻型屋盖，瓦垄铁屋面，屋面坡度为1:3.5。结构剖面如图3-4-4所示。蜂窝梁用36号工字形钢切割、错位、焊接而成，错位焊接后的梁高由原来的360mm增加到540mm，如图3-4-5所示。由于不设拉杆，可以充分利用上部空间。利用悬臂端小柱的高度设置垂直通长天窗，使馆内光线充足，通风良好。因为倒L形柱同时承担三铰拱屋架的推力和压力，所以计算时可以通过调整倒L形柱的悬臂长度和梁端小柱的高度来调整柱顶点和柱下端的弯矩，以使其达到经济合理的要求。

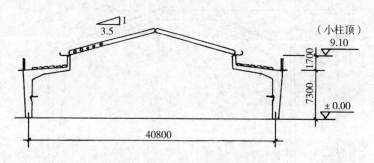

图3-4-4 体育馆结构剖面

5）中国农业大学体育馆

中国农业大学体育馆是2008年北京奥运会摔跤馆，见图3-4-6。建筑平面投影

第3章 单层刚架结构

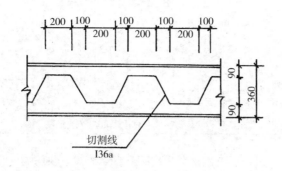

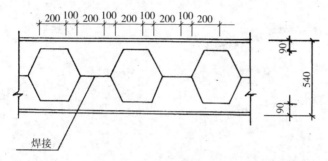

图 3-4-5 蜂窝梁立面

图 3-4-6 中国农业大学体育馆（北京奥运会摔跤馆）

面积约为 8083m²。采用大跨度空间钢管桁架结构的屋盖形式，桁架最大跨度为 76.8m，屋脊最大标高 27.22m。

体育馆如风箱般错落的外墙是由体育馆的门式刚架结构构成。与一般厂房采用相同规格的门式刚架组成不同，农大体育馆采用了 23 榀门式刚架错落有致地搭建起来，组成的 11 组方型截面空间桁架，给人以强烈的层次感，构成了体育馆独特而新颖的造型。体育馆剖面图见图 3-4-7。体育馆的每一榀门式刚架都有一个脊，每一榀框架的脊的位置都是错开的，这些错位的脊连接起来，在体育馆的屋顶组成了一个 "Z" 字形的屋脊，让整个建筑充满活力。这条 "Z" 字形屋脊除了让体育馆更有力量感之外，看上去就好像两个摔跤的人正在角力，不经意间，便呼应了该体育馆作为 2008 年奥运会摔跤馆的主题。

体育馆结构形式为焊接钢管桁架结构体系。由于桁架跨度较大不便运输，施工时桁架先在工厂内整体加工，之后切割为八段，运到现场再焊接成整体，见图 3-4-8。体育馆屋盖结构耗钢量约为 600t。

利用门式刚架大小和高低差布置了 400 多块高低错落的玻璃窗，自然光可以通过

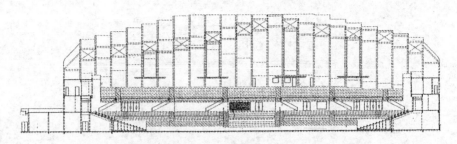

图 3-4-7 中国农业大学体育馆剖面图

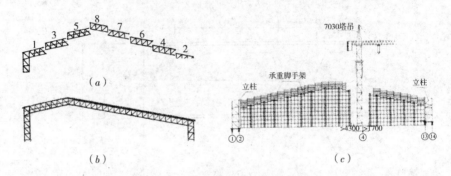

图 3-4-8 屋盖结构安装施工
(a) 刚架分段安装顺序;(b) 焊接后的整体刚架;(c) 刚架安装施工示意图

层次分明的窗户照入馆内,起了很好的采光和通风效果。即使在多云的天气,也完全可以满足一般的训练和娱乐的需要,学生在不开空调的情况下也可正常开展体育活动,这也是该体育馆的亮点之一。

6) 中国国家体育场

国家体育场俗称"鸟巢",是 2008 年北京第 29 届奥运会的主体育场,承担奥运会开、闭幕式与田径比赛。国家体育场建筑屋面呈鞍形,长轴方向最大尺寸为 332.3m,短轴方向最大尺寸为 296.4m,最高点高度为 68.5m,最低点高度为 40.1m,总建筑面积约 258000m²,固定坐席可容纳 8 万人,活动坐席可容纳 1.1 万人。

国家体育场采用了空间刚架结构。格构式刚架的梁、柱、腹板等构件均采用由钢板焊接而成的箱形截面。沿体育场平面周边设置了 24 根刚架柱,柱距为 37.958m。22 榀刚架主结构、屋面及立面的次结构、12 组大楼梯及楼梯柱共同构成了"鸟巢"的形态,见图 3-4-9。体育场看台部分采用钢筋混凝土框架-剪力墙结构体系,与大跨度钢结构完全脱开。

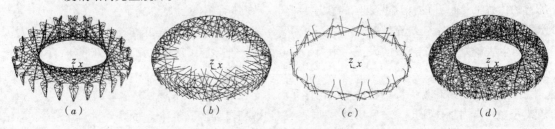

图 3-4-9 国家体育场屋盖结构的组成
(a) 主结构;(b) 次结构;(c) 楼梯与楼梯柱;(d) 整体模型

(1) 空间刚架的布置

体育场屋盖中间开有长轴为 185.3m、短轴为 127.5m 的洞口。22 榀刚架围绕洞口呈放射状布置，刚架梁为直通或接近直通，在洞口边缘形成由分段直线构成的内环桁架。为了避免节点过于复杂，4 榀刚架在内环附近截断。刚架平面布置如图 3-4-10 所示，立面展开图如图 3-4-11 所示。刚架梁上弦杆截面尺寸为 □1000×1000～□1200×1200，下弦杆截面尺寸为 □800×800～□1200×1200，腹杆截面尺寸主要为 □600×600～□750×750。为了减小构件加工制作难度，降低施工的复杂性，刚架弦杆在相邻腹杆之间保持直线，代替空间曲线构件。刚架梁上、下弦的节点尽量对齐，腹杆夹角一般控制在 60°左右，使网格大小比较均匀，具有较好的规律性。当刚架梁上弦节点与顶面次结构距离很近时，将腹杆的位置调整至次结构的位置。

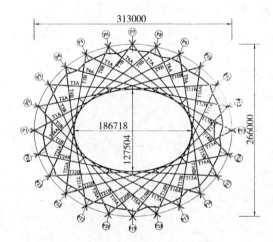

图 3-4-10 国家体育场主桁架平面布置

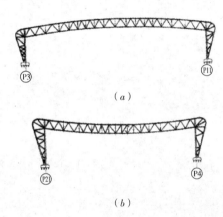

图 3-4-11 国家体育场主桁架立面展开图
(a) T3A-T11B；(b) T4B-T21A

(2) 刚架柱

24 根刚架柱为空间格构式构件，由 1 根垂直的菱形内弦和两根向外倾斜的外弦以及内弦与外弦之间的腹杆组成，如图 3-4-12 所示。刚架柱的外弦顶部连续扭弯逐渐成为刚架梁的上弦。两个外弦柱之间利用次结构对两侧刚架形成侧向约束。菱形内弦柱的对角线尺寸从 P1 轴的 1353×2599 变化到 P7 轴的 1552×1892。外弦柱截面尺寸近似为 □200×1200。腹杆尺寸均为 □1200×1200。

(3) 顶面与立面次结构

在格构式空间刚架结构之间，沿屋顶和外立面布置了次结构体系。次结构的主要作用是增强主结构侧向刚度，减小主结构构件的平面外计算长度，并为屋面膜结构、排水沟、下弦声学吊顶、屋面排水系统等

图 3-4-12 刚架柱立面布置

提供支承条件。屋面次结构布置主要考虑控制屋面膜结构板块面积的大小，立面次结构布置主要考虑有效减小外柱计算长度。

（4）立面楼梯

在立面次结构的内侧设有 12 组大楼梯。每组楼梯均由内楼梯与外楼梯构成，位于相邻的 3 个桁架柱之间，是观众从基座进出较高层看台的通道。外楼梯沿着立面次结构盘旋而上，内、外楼梯交叉布置，支撑条件非常复杂。立面大楼梯主要由楼梯柱、楼梯梁、联系构件、休息平台板和折叠踏步板等组成。立面大楼梯采用梁式结构，楼梯梁截面主要为 □1200×420×16×18，高度为 1200mm，与立面次结构截面尺寸相同，楼梯柱截面尺寸为 □1200×1200×20×20。为了与立面次结构协调一致，大部分楼梯柱继续延伸至主桁架上弦或顶面次结构。

第4章

拱式结构

4.1 拱的受力特点
4.2 拱脚水平推力的平衡
4.3 拱式结构的型式
4.4 拱式结构的选型与布置
4.5 拱式结构的工程实例

拱是一种古老而又现代的结构型式。拱主要承受轴向压力作用，这对于混凝土、砖、石等工程材料是十分适宜的，特别是在没有钢材的年代，它可充分利用这些材料抗压强度高的特点，而避免了它们抗拉强度低的缺点。因而很早以前，拱这种结构形式在桥梁工程和房屋建筑中得到了广泛的应用。我国古代拱式结构的杰出例子是河北省赵县的赵州桥，跨度为37m，建于一千三百多年前，为石拱桥结构，经受历次地震考验，至今仍保存完好。在房屋建筑中也有许多成功的实例。

4.1 拱的受力特点

按结构支承方式分类，拱可分成三铰拱、两铰拱和无铰拱三种，如图4-1-1所示。三铰拱为静定结构，较少采用；两铰拱和无铰拱为超静定结构，目前较为常用。

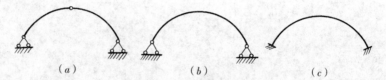

图 4-1-1 拱的结构计算见图
(a) 三铰拱；(b) 两铰拱；(c) 无铰拱

4.1.1 支座反力

为说明拱式结构的基本受力特点，下面以较简单的三铰拱为例进行分析，并与同跨度受同样荷载的简支梁进行比较。设三铰拱受竖向荷载作用如图4-1-2所示。以整个拱结构为脱离体，在支座处分别代之以支座反力 V_A、V_B、H_A、H_B，则

$$V_A = \frac{1}{l}\left[P_1(l-a_1) + P_2(l-a_2)\right] \tag{4-1}$$

$$V_B = \frac{1}{l}(P_1 a_1 + P_2 a_2) \tag{4-2}$$

由上两式可知，拱式结构的竖向反力 V_A、V_B 与相同跨度、承受相同荷载的简支梁所产生的竖向反力 V'_A、V'_B 是相同的。即

$$V_A = V'_A \tag{4-3}$$

$$V_B = V'_B \tag{4-4}$$

再取拱的左半部分 AC 为脱离体，在铰 C 处以相互作用力 X_C、Y_C 等效，则对 C 点取矩，由 $M_C = 0$，得

$$H_A = \frac{1}{f}\left[V_A \frac{l}{2} - P_1\left(\frac{l}{2} - a_1\right)\right] \tag{4-5}$$

若以 M_C^0 表示简支梁在 C 截面处的弯矩，则由简支梁的分析可得

$$M_C^0 = V'_A \frac{l}{2} - P_1\left(\frac{l}{2} - a_1\right) \tag{4-6}$$

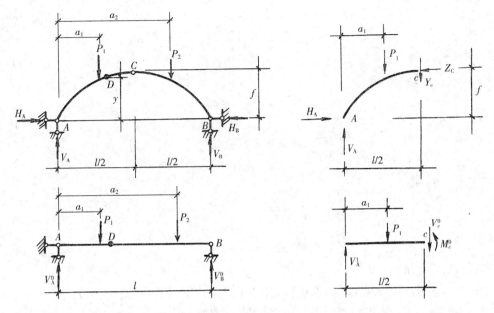

图 4-1-2 三铰拱支座反力的计算

注意到 $V_A = V'_A$,由以上两式可得

$$H_A = \frac{M_C^0}{f} \tag{4-7}$$

由上式可知:

(1) 在竖向荷载作用下,拱脚支座内将产生水平推力。

(2) 在竖向荷载作用下,拱脚水平推力的大小等于相同跨度简支梁在相同竖向荷载作用下所产生的在相应于顶铰 C 截面上的弯矩 M_C^0 除以拱的矢高 f。

(3) 当结构跨度与荷载条件一定时(M_C^0 为定值),拱脚水平推力($H_A = H_B$)与拱的矢高 f 成反比。

4.1.2 拱身截面的内力

为求拱身 D 截面处的内力,取脱离体如图 4-1-3 所示。在切断点代以三个未知力:轴力 N_D、剪力 V_D 和弯矩 M_D。由 $\sum N_D = 0$,得

$$M_D = V_A x_D - P_1(x_D - a_1) - H_A y_D \tag{4-8}$$

注意到同跨度同荷载简支梁在 D 截面所受弯矩为

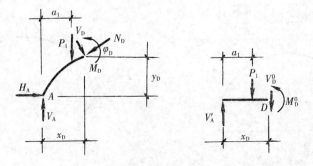

图 4-1-3 拱身内力计算

$$M_D^0 = V_A' x_D - P_1(x_D - a_1) \quad (4-9)$$

并注意到 $V_A = V_A'$，可得

$$M_D = M_D^0 - H_A y_D \quad (4-10)$$

由 $\sum V = 0$，得

$$V_D = V_A \cos\varphi_D - P_1 \cos\varphi_D - H_A \sin\varphi_D$$
$$= (V_A - P_1) \cos\varphi_D - H_A \sin\varphi_D \quad (4-11)$$

注意到 $V_A - P_1$ 即为同跨度同荷载简支梁在 D 截面的剪力 V_D^0，则上式可写成：

$$V_D = V_D^0 \cos\varphi_D - H_A \sin\varphi_D \quad (4-12)$$

由 $\sum N_D = 0$，得

$$N_D = V_A \sin\varphi_D - P_1 \sin\varphi_D + H_A \cos\varphi_D$$
$$= (V_A - P_1) \sin\varphi_D + H_A \cos\varphi_D$$
$$= V_D^0 \sin\varphi_D + H_A \cos\varphi_D \quad (4-13)$$

由以上数式可知：

（1）拱身内的弯矩小于跨度相同荷载作用下简支梁内的弯矩。
（2）拱身截面内的剪力小于相同跨度相同荷载作用下简支梁内的剪力。
（3）拱身截面内存在有较大的轴力，而简支梁中是没有轴力的。

4.1.3 拱的合理轴线

前面已经提到，轴心受力构件截面上应力分布均匀，可以充分利用材料的强度。因此，拱式结构受力最理想的情况应是使拱身内弯矩为零，仅承受轴力。对于三铰拱结构由式可知，当 $M_D = 0$ 时，则

$$y_D = \frac{M_D^0}{H_A} \quad (4-14)$$

由上式可知，只要拱轴线的竖向坐标与相同跨度相同荷载作用下的简支梁弯矩值成比例，即可使拱截面内仅有轴力没有弯矩。满足这一条件的拱轴线称为合理拱轴线。在沿水平方向均布的竖向荷载作用下，简支梁的弯矩图为一抛物线，因此在竖向均布荷载作用下，合理拱轴线应为一抛物线（图 4-1-4a）。对于不同的支座约束条件或荷载形式，其合理拱轴线的形式是不同的。例如对于受径向均布压力作用的无铰拱或三铰拱，其合理拱轴线为圆弧线，见图 4-1-4（b）。

由以上的分析可以看出，拱截面上的弯矩小于相同条件简支梁截面上的弯矩，拱截面上的剪力也小于相同条件简支梁截面上的剪力，这是拱式结构比梁式结构受力合

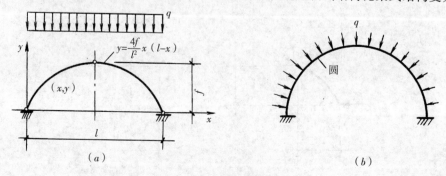

图 4-1-4 合理拱轴线

理的地方。同时,拱式结构中以轴力为主,可以使用廉价的材料,并可充分发挥这类材料的抗压承载力,这也是拱在工程中得到广泛应用的主要原因。但是拱式结构中有较大的支座水平推力,这是设计中必须加以注意的。当拱脚地基反力不能有效地抵抗其水平推力时,拱便成为曲梁,如图4-1-5所示。这时拱截面内将产生与梁截面相同的弯矩。

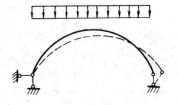

图4-1-5 曲梁结构

4.2 拱脚水平推力的平衡

拱是有推力的结构,所以拱结构的支座应能可靠地承受水平推力,才能保证它发挥拱的受力作用。拱水平推力平衡方式和传力途径的处理,固然是一桩麻烦和耗费材料的事情,不过如果处理得当,可以将结构手段与建筑功能、建筑造型融合起来,通过结构构件的巧妙布置来达到建筑的艺术效果。从结构布置和传力途径来看,拱脚水平推力一般有四种平衡方式。

4.2.1 水平推力直接由拉杆承担

这种结构方案的布置如图4-2-1所示。它既可用于搁置在墙、柱上的屋盖结构,也可用于落地拱结构。水平拉杆所承受的拉力等于拱的推力,两端自相平衡,与外界之间没有水平向的相互作用力。这种构造方式既经济合理,又安全可靠。当作为屋盖结构时,支承拱式屋盖的砖墙或柱子不承受拱的水平推力,整个房屋结构即为一般的排架结构,屋架及柱子用料均较经济。该方案的缺点是室内有拉杆存在,房屋内景欠佳,若设吊顶,则降低了建筑净高,浪费空间。对于落地拱结构,拉杆常做在地坪以下,这可使基础受力简单,节省材料,当地质条件较差时,其优点尤为明显。

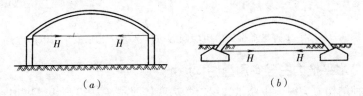

(a) (b)

图4-2-1 拱脚水平推力由拉杆承担
(a) 室内拉杆拱;(b) 地下拉杆拱

水平拉杆可以使用型钢劲性拉杆或圆钢柔性拉杆,也可采用预应力混凝土拉杆。一般推力大时用型钢,推力小时用圆钢。在桥梁结构中,因跨度及荷载较大,也常采用钢绞线。圆钢拉杆的根数不宜超过3根,否则难以保证拉杆的受力均匀。为了避免拉杆在自重作用下严重下垂,通常设置吊杆以维持拉杆的水平位置(图4-2-2),吊杆的数目可以根据不同的跨度,按表4-2-1选用。

吊杆数量的选择				表4-2-1
拱的跨度(m)	12~15	16~20	21~25	26~30
吊杆数目	2	3	4	5

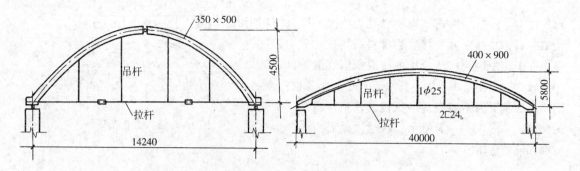

图4-2-2 吊杆的布置

4.2.2 水平推力通过刚性水平结构传递给总拉杆

这种结构方案的布置如图4-2-3所示。它需要有水平刚度很大的、位于拱脚处的天沟板或副跨屋盖结构作为刚性水平构件以传递拱的推力。拱的水平推力首先作用在刚性水平构件上,通过刚性水平构件传给设置在两端山墙内的总拉杆来平衡。因此,天沟板或副跨屋盖可看成是一根水平放置的深梁,该深梁以设置在两端山墙内的总拉杆为支座,承受拱脚水平推力。当该梁在其水平面内的刚度足够大时,则可认为柱子不承担水平推力。这种方案的优点是立柱不承受拱的水平推力,柱内力较小,两端的总拉杆设置在房屋山墙内,建筑室内没有拉杆,可充分利用室内建筑空间,效果较好。

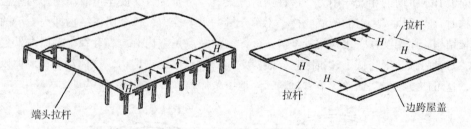

图4-2-3 拱脚水平推力由山墙内的拉杆承担(北京展览馆电影厅)

4.2.3 水平推力由竖向承重结构承担

采用这种结构方案时,中跨拱式屋盖常为两铰拱或三铰拱结构,拱把水平推力和竖向荷载作用于竖向承重结构上。竖向承重结构可为斜柱墩(图4-2-4)或位于两侧副跨的框架结构。其中图4-2-4(b)为西安秦俑博物馆展览厅,三铰拱拱脚支承

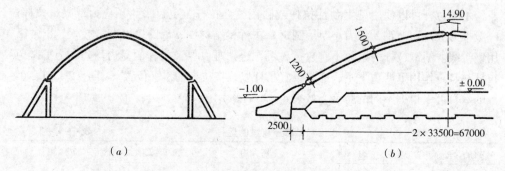

图4-2-4 拱脚水平推力由斜柱墩承担

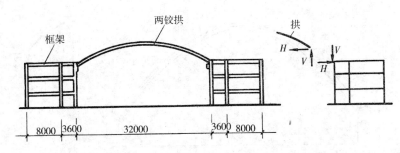

图4-2-5 拱脚水平推力由侧边框架承担（北京崇文门菜市场）

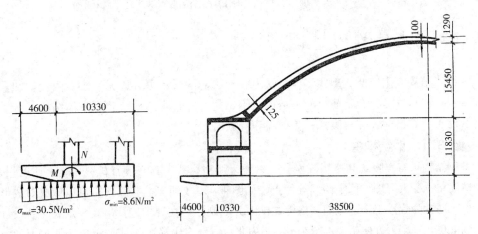

图4-2-6 拱脚水平推力由侧边框架承担（美国敦威尔综合大厅）

于从基础斜挑2.5m的钢筋混凝土斜柱上。当拱脚荷载通过框架传递至地基时，要求两侧的副跨框架必须具有足够的刚度，框架结构在拱脚水平推力作用下的侧移极小，方可保证上部拱屋架的正常工作。同时，框架基础除受到偏心压力外，也将受到水平推力的作用。图4-2-5为北京崇文门菜市场，图4-2-6为美国敦威尔综合大厅，图4-2-7为某体育馆建筑。拱脚水平推力均由两侧副跨的框架结构承受。

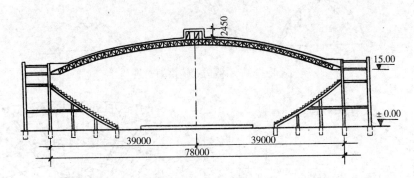

图4-2-7 拱脚水平推力由侧边框架承担（某体育馆）

4.2.4 水平推力直接作用在基础上

对于落地拱，当地质条件较好或拱脚水平推力较小时，拱的水平推力可直接作用在基础上，通过基础传给地基。为了更有效地抵抗水平推力，防止基础滑移，也可将基础底面做成斜坡状，如图4-2-8所示。

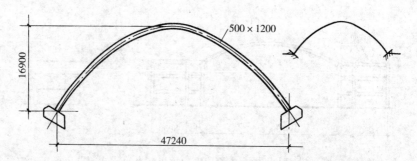

图 4-2-8 拱脚水平推力直接由基础传至地基（北京体育学院田径房）

4.3 拱式结构的型式

拱式结构应用广泛，型式多样。从力学计算简图看，可分成无铰拱、两铰拱和三铰拱；按材料分类，有钢筋混凝土结构、钢结构、胶合木结构、砖石砌体结构；从拱身截面看，有格构式和实腹式，等截面和变截面。

4.3.1 钢结构拱

钢结构拱有实腹式和格构式两种。一般采用格构式，具有节省材料、施工速度快、构造简单、受力合理、稳定性好等优点，如图 4-3-1 所示。实腹式拱可以做成曲线形外形，通常为焊接工字形截面。格构式拱因分段制作后在现场进行吊装和组装，若设计成标准单元，则可方便施工。图 4-3-2 为北京体育馆比赛厅，图 4-3-3 为西安秦俑博物馆展览厅。

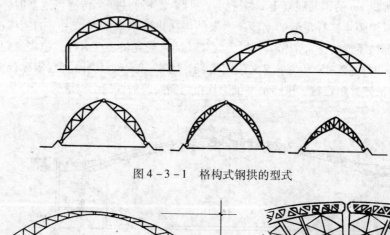

图 4-3-1 格构式钢拱的型式

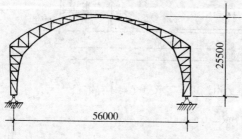

图 4-3-2 北京体育馆比赛厅

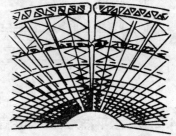

图 4-3-3 西安秦俑博物馆展览厅

4.3.2 钢筋混凝土拱

钢筋混凝土拱一般采用实腹式,以方便施工。拱身截面一般为矩形或工字形,上铺大型预制屋面板。也可做成折板形、波形截面或网状筒拱结构,成为梁板合一的结构,既可进一步节省材料,又可达到较好的室内视觉效果。图4-3-4(a)为湖南省游泳馆,跨度为47.6m,采用装配式折板拱;图4-3-4(b)为无锡体育馆,跨度为60m,采用钢丝网水泥双曲拱。

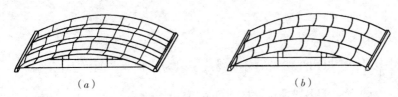

图4-3-4 板架合一的拱式结构
(a)折板拱(湖南省游泳馆);(b)波形拱(无锡体育馆)

4.4 拱式结构的选型与布置

4.4.1 结构支承方式

拱可分成三铰拱、两铰拱和无铰拱。三铰拱为静定结构,由于跨中存在着顶铰,造成拱本身和屋盖结构构造复杂,因而目前较少采用。两铰拱和无铰拱均为超静定结构,两铰拱的优点是受力合理、用料经济、制作和安装比较简单,对温度变化和地基变形的适应性较好,因而目前较为常用。无铰拱受力最为合理,但因对支座要求较高,当地基条件较差时,不宜采用。

4.4.2 拱的矢高

拱的矢高的确定应考虑到建筑空间使用的要求、建筑造型的要求、结构受力的合理性及屋面排水构造等。

(1)矢高应满足建筑使用功能和建筑造型的要求

矢高决定了建筑物的体量、建筑内部空间的大小,特别是对于散料仓库、体育馆等建筑,矢高应满足建筑使用功能上对建筑物容积、建筑物净空、设备布置等要求。同时,拱的矢高直接决定了拱的外部形象,因此矢高应考虑满足建筑造型的要求。

(2)矢高的确定应使结构受力合理

由前面对三铰拱结构受力特点的分析可知,拱脚水平推力的大小与拱的矢高成反比。当地基及基础难以平衡拱脚水平推力时,可通过增加拱的矢高来减小拱脚水平推力,减轻地基负担,节省基础造价。但矢高大,拱身长度增大,拱身及其屋面覆盖材料的用量将增加。

(3)矢高应满足屋面排水构造的要求

矢高的确定应考虑屋面做法和排水方式。对于瓦屋面及构件自防水屋面,要求屋面坡度较大,则矢高较大。对于油毡屋面,为防止夏季高温时引起沥青流淌,坡度不能太大,则相应的矢高较小。

4.4.3 拱轴线方程

从受力合理的角度出发,应选择合理的拱轴线方程,使拱身内只有轴力,没有弯矩。但合理拱轴线的形式不但与结构的支座约束条件有关，还与外荷载的形式有关。而在实际工程中，结构所承受的荷载是变化的。如风荷载可能有不同的方向，竖向活荷载可能有不同的作用位置。因此，要找出一条能适应各种荷载条件的合理拱轴线是不可能的。设计中只能根据主要的荷载组合，确定一个相对较为合理的拱轴线方程，使拱身主要承受轴力，减少弯矩。例如对于大跨度公共建筑的屋盖结构，一般根据恒载来确定合理拱轴线方程，实际工程中常采用抛物线形，其方程为（图4-1-4）：

$$y = \frac{4f}{l^2}x(l-x) \qquad (4-15)$$

式中：f为拱的矢高，l为拱的跨度。

当$f < \frac{l}{4}$时，可以用圆弧线代替抛物线。因为这时两者的内力相差不大，而圆拱结构当分段制作时，因各段曲率一样，可方便施工。

4.4.4 拱身截面高度

拱身截面可以采用等截面也可采用变截面。变截面一般是改变截面的高度而使截面的宽度保持不变。拱身截面的变化应根据结构的约束条件与主要荷载作用下的弯矩图一致，弯矩大处截面高度较大，弯矩小处截面高度可小些。拱身的截面高度，可按表4-4-2取用，表中l为拱的跨度。

拱身的截面高度　　　　表4-4-1

类　型	实体拱	格构式拱
钢　拱	$(1/80 \sim 1/50)\,l$	$(1/60 \sim 1/30)\,l$
钢筋混凝土拱	$(1/40 \sim 1/20)\,l$	

拱是曲线形受压或压弯杆件，需要验算其受压稳定性。在拱轴线平面外的方向，可按轴心受压构件考虑，其稳定性可由屋面结构的支撑系统及檩条或大型屋面板体系保证。在拱轴线平面内的方向，应按压弯共同作用（偏心受压）构件考虑，其稳定性可近似的地按纵向弯曲压杆公式计算。拱身的计算长度l_0，对于钢筋混凝土拱，可取

三铰拱　　$l_0 = 0.58S$

双铰拱　　$l_0 = 0.54S$

无铰拱　　$l_0 = 0.36S$

式中，S为拱轴线的周长。对于钢拱，拱身整体的计算长度l_0的取值，可参考有关的钢结构书籍。

4.4.5 拱式结构的布置

拱式结构可以根据平面的需要而交叉布置，构成圆形平面（图4-4-1）或其他正多边形平面。图4-4-2为法国巴黎工业技术展览中心的结构示意图。大厅平面为边长218m的正三角形，高43.6m，大厅结构可以理解为由三个交叉的宽拱组成，它们在拱顶处相遇。拱的水平推力由布置在地下的预应力拉杆承担，拉杆的平面布置也为正三角形，如图4-4-2（d）所示。图中H为拱

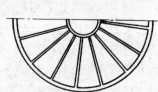

图4-4-1　圆形平面交叉拱

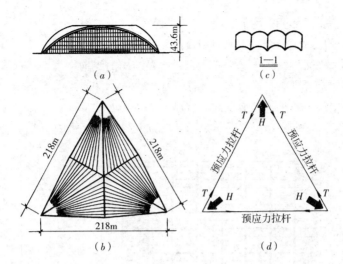

图4-4-2 法国巴黎工业技术展览中心结构示意图

角水平推力，T为拉杆拉力。

当拱从地平面开始时，拱脚处墙体构造极不方便，拱端部的建筑空间高度较小，不利于建筑内部空间利用。为此可把建筑外墙内移、把拱脚暴露在建筑物的外部，如图4-4-3（a）所示；也可在拱脚附近外加一排直墙，把拱包在建筑物内部，如图4-4-3（b）所示；或可把拱脚改成直立柱式，如图4-4-3（c）所示。但图4-4-3（c）所示的做法对结构受力并不好，在折角处会出现较大的弯矩。

图4-4-4为美国蒙哥玛利体育馆，该体育馆平面为椭圆形，而各榀拱架结构的尺寸却是一致的。因此一部分拱脚被包在建筑物内，而另一部分拱脚则暴露在建筑物的外部，且各榀拱脚伸出建筑物的长度是变化的，给人以明朗轻巧的感受。

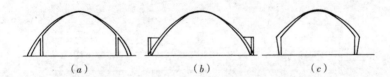

图4-4-3 拱与建筑外墙的布置关系

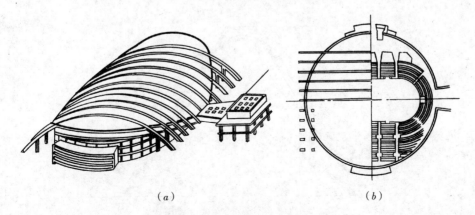

图4-4-4 美国蒙哥玛利体育馆
（a）鸟瞰图；（b）平面图

4.4.6 拱式结构的支撑系统

拱为平面受压或压弯结构,因此必须设置横向支撑并通过檩条或大型屋面板体系来保证拱在轴线平面外的受压稳定性。为了增强结构的纵向刚度,传递作用于山墙上的风荷载,还应设置纵向支撑与横向支撑形成整体,如图4-4-5所示。拱支撑系统的布置原则与单层刚架结构类似,此不赘述。

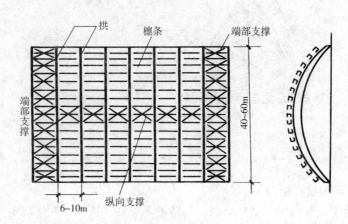

图 4-4-5 拱的支撑系统

4.5 拱式结构的工程实例

1) 意大利都灵展览大厅

图 4-5-1 为意大利都灵展览大厅结构示意图。

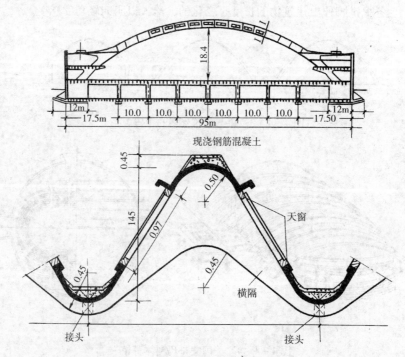

图 4-5-1 意大利都灵展览大厅

2) 湖南某散盐仓库

图 4-5-2 为湖南某散盐仓库室内透视图，图 4-5-3 为该仓库的结构布置图及节点详图。

图 4-5-2 某散盐仓库室内透视图

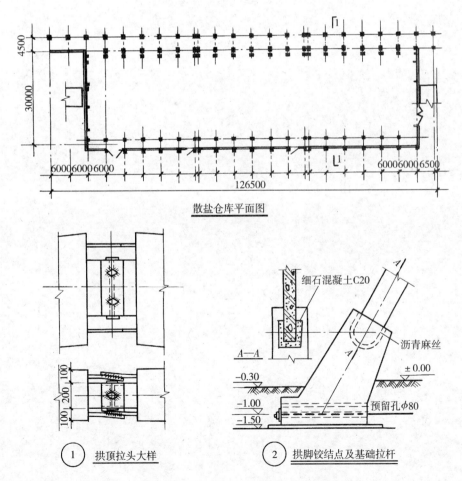

图 4-5-3 某散盐仓库的平面图及节点详图（一）

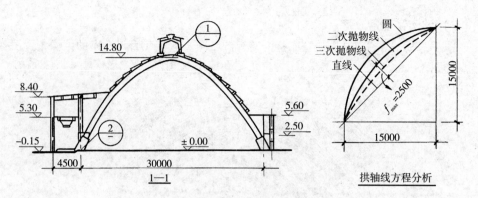

图 4-5-3 某散盐仓库的平面图及节点详图（二）

第5章

钢筋混凝土空间薄壁结构

5.1 概述
5.2 圆顶
5.3 筒壳与锥壳
5.4 双曲扁壳
5.5 双曲抛物面扭壳
5.6 折板
5.7 雁形板
5.8 幕结构

5.1 概述

前几章介绍的梁式结构、桁架结构和拱式结构常常被称为平面受力结构，每一榀桁架、刚架或拱架均在自身平面内受力，承受屋面板传来的自重等竖向荷载。平面外需另设支撑体系以实现结构在另一方向的安全性和稳定性。平面受力结构体系有两个方面的优点，其一是荷载为单向传递，给计算分析带来了方便；其二是桁架、刚架、拱等主体传力结构与屋面板结构是分离的，给施工吊装带来了方便。平面受力结构的缺点是结构内力较大，材料强度得不到充分利用，材料用量增加，空间整体性能减弱，结构安全性降低。随着计算机分析软件的运用和建筑施工技术的进步，空间结构比平面结构的技术经济优势日益凸显。

薄壁结构是指结构的厚度远较长度和宽度为小，一般由金属或钢筋混凝土制成，并布置成空间受力体系。钢筋混凝土大跨度空间薄壁结构主要有两种类型：由曲面形薄板构成的薄壳结构；由平板构成的折板、雁形板、幕结构。

5.1.1 薄壳结构的概念

壳体结构一般是由上下两个几何曲面所构成的薄壁空间结构。这两个曲面之间的距离称为壳体的厚度 δ。当 δ 不随坐标位置的不同而改变时称为等厚度壳，反之称为变厚度壳。当 δ 远小于壳体的最小曲率半径 R ($\delta<<R$) 时，称为薄壳，反之称为厚壳或中厚度壳。一般在建筑工程中所遇到的壳体，常属于薄壳结构的范畴。

我们已经知道，在杆系结构中，梁主要受弯矩和剪力的作用，而拱主要受轴力的作用，因此，拱式结构比梁式结构受力合理、节省材料。在面结构中也有类似的情况，平板主要受力矩的作用（包括双向弯矩及扭矩），而薄壳结构则主要靠曲面内的双向轴力及顺剪力承重。壳体结构的强度和刚度主要是利用了其几何形状的合理性，而不是以增大其结构截面尺寸取得的。这是薄壳结构与拱式结构的相似之处。同时，薄壳结构比拱式结构更具优越性，因为拱式结构只有在某种确定荷载的作用下才有可能找到处于无弯矩状态的合理拱轴线，而薄壳结构由于受两个方向薄膜轴力和薄膜剪力的共同作用，可以在较大的范围内承受多种分布荷载而不致产生弯曲。薄壳结构空间整体工作性能良好，内力比较均匀，是一种强度高、刚度大、材料省、既经济又合理的结构型式。

自然界中有十分丰富的壳体结构实例，如蛋壳、蚌壳、螺蛳壳、蜗牛壳、脑壳及植物的果壳等。在日常生活中也有此类空间薄壁结构的应用，如碗、罐、簸箕、安全帽、轮船、飞机等。它们都是以最少的材料构成特定的使用空间，并具有一定的强度和刚度。

等分壳体各点厚度的几何曲面称为壳体的中曲面。如果已知中曲面的几何性质以及厚度 δ 的变化规律，即可完全确定此壳体的几何形状和全部尺寸。对于薄壳结构，可仅以中曲面的方程描述整个结构的变形及内力。中曲面的几何性质主要取决于曲面上曲线的弧长与曲率。图 5-1-1 表示一几何曲面，通过曲面上的任意点 o_1，作法线 o_1n_1，垂直于 o_1 点的切平面。通过法线 o_1n_1，可以作无数的平面，称为法截面。法截面与曲面相交的曲线，称为法截线。这些法截线在 o_1 点处的曲率称为法曲率。在 o_1 点处的所有法曲率中，有两个极值，称为 o_1 点的两个主曲率；它们之中，一个是最大值，另一个是最小值。对应于每一个主曲率的方向，称为曲面在 o_1 点的主方向，这两个主方向是相互正交的。假定曲面每一点的两个主方向均已求得，并在每点处作出

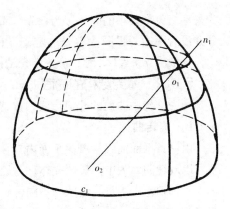

图 5-1-1 曲面的几何性质

在主方向内的两根切线，这些切线围成了两组互成正交的曲线网，称为曲率线，如图 5-1-1 中的实线所示。设曲面上任意点的两个主曲率为 K_1、K_2，其对应的两个主曲率半径为 R_1、R_2（$R_1 = o_1C_1$、$R_2 = o_1C_2$），则主曲率 K_1、K_2 的乘积称为曲面在该点的高斯曲率，以 K 表示：

$$K = K_1 K_2 = \frac{1}{R_1 R_2} \quad (5-1)$$

当两个主方向的曲率半径在曲面的同一侧时，K_1 与 K_2 同号，$K = K_1 K_2 > 0$，为正高斯曲率，见图 5-1-2（a）；当其中一个主方向为直线时，$K = K_1 K_2 = 0$，为零高斯曲率，见图 5-1-2（b）；当两个主方向的曲率半径分别位于曲面的两侧时，K_1 与 K_2 异号，即 $K = K_1 K_2 < 0$，为负高斯曲率，见图 5-1-2（c）。很显然，椭圆抛物面为正高斯曲率曲面，双曲抛物面为负高斯曲率曲面，而圆柱面则为零高斯曲率曲面。

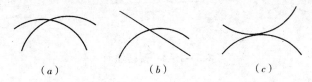

图 5-1-2 曲面的高斯曲率
(a) 正高斯曲率；(b) 零高斯曲率；(c) 负高斯曲率

图 5-1-3 表示一开口壳体的中曲面，被这个曲面所覆盖的底面最短边为 a，在底面以上的中曲面上的最高点 o 称为壳顶。壳顶到底面之间的距离称为矢高 f，f/a 称

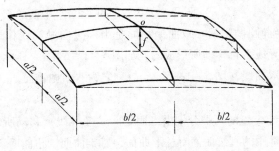

图 5-1-3 壳体的矢率

为矢率。矢率很小的壳体称为扁壳,而矢率较大者则称为陡壳。扁壳与陡壳之间的区分并没有明确的界限,主要决定于在计算上所容许的误差大小。在钢筋混凝土结构中,一般当 $f/a \leqslant 1/5$ 时,可按扁壳结构计算。

5.1.2 薄壳结构的曲面形式

薄壳结构中曲面的几何形式,按其形成的特点可以分为下列几类:

1) 旋转曲面

由一条平面曲线绕着该平面内某一给定的直线旋转一周所形成的曲面称为旋转曲面。以旋转曲面为中曲面的壳体称为旋转壳。那条动曲线称为母线,而那条定直线则称为旋转轴。由于母线形状的不同,旋转壳又可分为球形壳、椭球壳、抛物球壳、双曲球壳、圆柱壳、锥形壳等,如图5-1-4所示。

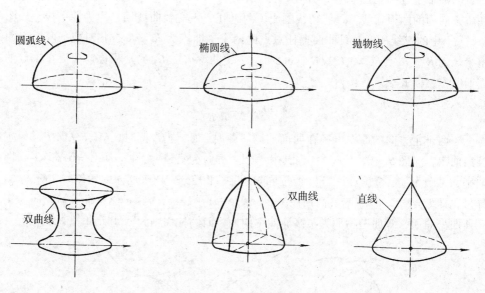

图 5-1-4 旋转曲面

2) 平移曲面

由一条竖向曲线作母线沿着另一条竖向曲线(导线)平行移动所形成的曲面称为平移曲面。在房屋建筑中常见的平移曲面有椭圆抛物面和双曲抛物面,所形成的壳体称为椭圆抛物面壳和双曲抛物面壳。

椭圆抛物面是由一竖向抛物线作母线沿另一凸向与之相同的抛物线作导线平行移动所形成的,如图5-1-5(a)所示。因为这种曲面与水平面的截交线为椭圆线(图5-1-5b),故称为椭圆抛物面。双曲抛物面是由一竖向抛物线作母线沿另一凸向与之相反的抛物线作导线平行移动所形成的,如图5-1-6(a)所示。因为这种曲面与水平面的截交线为双曲线(图5-1-6b),故称之为双曲抛物面。

3) 直纹曲面

由一段直线(母线)的两端分别沿二固定曲线(导线)移动所形成的曲面叫直纹曲面。房屋建筑中常用的直纹曲面有柱形曲面、劈锥曲面、扭曲面等。

柱形面是由一段直线作母线沿着两条相同且平行的曲线(导线)平行移动所形成的

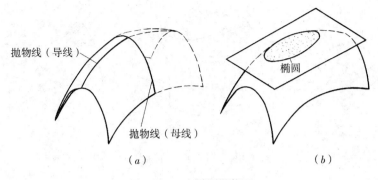

图 5-1-5 椭圆抛物面
(a) 曲面的形成；(b) 曲面与水平面的截交

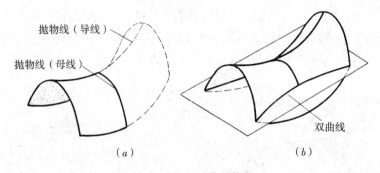

图 5-1-6 双曲抛物面
(a) 曲面的形成；(b) 曲面与水平面的截交

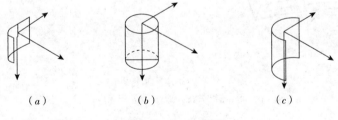

图 5-1-7 柱形面

曲面。根据导线形状的不同，柱形面可分为圆柱面、椭圆柱面、抛物柱面等，如图 5-1-7 所示。劈锥曲面是由一段直线一端沿抛物线（或圆弧）而另一端沿直线并与指向平面平行移动所形成的曲面，如图 5-1-8 所示。扭曲面是由一段直线作母线沿两根相互倾斜但又不相交的直导线平行移动所形成的曲面，如图 5-1-9 (a) 所示。它可以看成是直母线 cd 沿直导线 ad、bc 平行移动所形成。扭曲面也可以看成是双曲抛物面的一部分，因双曲抛物面也是直纹曲面，如图 5-1-9 (b)，从沿直纹方向截取一部分，如图 5-1-9 (c) 中的 $abcd$，即为扭曲面。

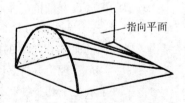

图 5-1-8 劈锥曲面

直纹曲面壳体的特点是施工时模板制作方便，故在工程中应用较多。

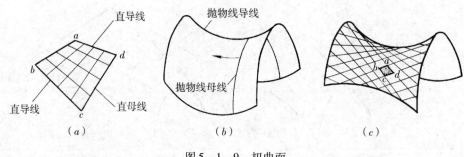

图 5-1-9　扭曲面

5.1.3　薄壳结构的内力

在薄壳理论中，为了方便计算，一般不用应力（单位面积上的内力）作为计算单位，而是以中曲面单位长度上的内力作计算单位。对于一般的壳体结构，这样的内力一共有 8 对，它们是正向力 N_x、N_y；顺剪力 $S_{xy} = S_{yx}$；横剪力 V_x、V_y；弯矩 M_x、M_y 以及扭矩 $M_{xy} = M_{yx}$，见图 5-1-10（a）。

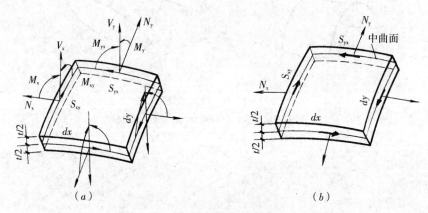

图 5-1-10　壳体结构的内力
(a) 壳体结构的内力；(b) 薄膜内力

上述内力可以分为两类，作用于中曲面内的薄膜内力和作用于中曲面外的弯曲内力。理想的薄膜没有抵抗弯曲和扭曲的能力，在荷载作用下只能产生正向力 N_x、N_y 和顺剪力 $S_{xy} = S_{yx}$，见图 5-1-10（b），因此，这三对内力通称为薄膜内力。弯曲内力是由于中曲面的曲率和扭率的改变而产生的，它包括有弯矩 M_x、M_y 横剪力 V_x、V_y，及扭矩 $M_{xy} = M_{yx}$。理论分析表明：当曲面结构的壁厚 δ 小于其最小主曲率半径 R 的二十分之一并能满足下列条件时，薄膜内力是壳体结构中的主要内力：(1) 壳体具有均匀连续变化的曲面；(2) 壳体上的荷载是均匀连续分布的；(3) 壳体的各边界能够沿着曲面的法线方向自由移动，支座只产生阻止曲面切线方向位移的反力。

5.1.4　薄壳结构的施工

1）薄壳结构的施工方法

施工方法对建筑物的造价有很大的影响，有时甚至会成为确定建筑结构型式的决定因素。薄壳结构的施工主要有以下几种方法：

（1）现浇混凝土壳体

现浇混凝土壳体整体性最好,但支架与模板用量也最大。施工时必须现场满堂搭设脚手架,且曲面模板制作复杂,既费材料又费工时。因壳体太薄,无法用更有效的振捣设备,不易保证混凝土的浇筑质量。现浇壳板的厚度,一般比预制壳板厚、耗料多、自重大。近年来,由于定型钢模板的推广,以及现浇混凝土施工工艺的不断完善,现浇混凝土壳体正得到越来越多的应用。

(2) 预制单元、高空装配成整体壳体

把壳体划分成若干单元预制后在工地吊装、拼合、固定。因只需在接缝处搭脚手架浇筑混凝土,接缝模板量少且为单曲,较易制作,现场高空作业量大为减少,故工期较短,且施工不受季节影响。装配整体式壳体的整体抗震性能,比现浇混凝土壳体差。单元划分时规格不宜过多,堆放、搬运及吊装时需特别注意壳板稳定,因此一般宜增设壳板边肋为宜,这将增加一些材料用量,但同时壳板的厚度可比无肋壳体做得薄些。

(3) 地面现浇壳体或预制单元装配后整体提升

此法的主要优点是可减少壳体的高空作业量及大部分脚手架。但组合装配后吊装,常需采用特殊的钢构件临时加固。整体提升时,所需设备起重量较大。

(4) 装配整体式叠合壳体

利用钢丝网水泥薄板作模板,其上浇筑钢筋混凝土现浇层,由钢丝网水泥薄板和现浇钢筋混凝土层形成整体共同工作。此法的优点是既减少了模板用量,又具有较好的整体性。为保证叠合面的可靠工作,一般应在垂直于接缝方向预留插筋,如图5-1-11所示,或在预制构件上做好结合榫。当叠合面上仅传递压力及不大的剪力时,则只要保证叠合面有一定的粗糙度即可。

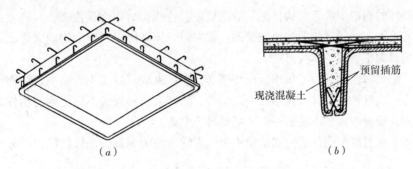

图5-1-11 用钢丝网水泥做模板的装配整体式壳体
(a) 钢丝网水泥构件;(b) 壳体

(5) 采用柔模喷涂成壳

柔模是用棉麻织物(如帆布、麻袋布等)、草苇、簟席、荆竹、藤芭或钢丝网等抗拉性能好的柔韧材料作模板,在其上涂沫或喷射砂浆或混凝土,待其结硬后,柔模同时成为壳体的配筋,以抵抗拉力。棉麻织物也可在砂浆或混凝土达到强度后,揭下洗净重复使用。

2) 预应力结构

预应力能够提高空间结构的刚度及抗裂性,可以连接装配式构件,能够节约钢筋用量,减小侧边构件的尺寸,并可创造更有利的应力分布。

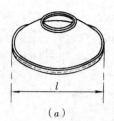 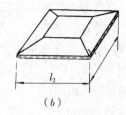 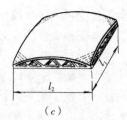

图 5-1-12　预应力钢筋配置图
(a) 在圆顶中；(b) 在幕结构中；(c) 在扁壳中

预应力钢筋布置在横膈、侧边构件及与其衔接的壳板受拉区、旋转壳的支座环、拉杆、结构的支座部分，以及最大剪力作用区（图5-1-12、图5-1-13）。如果预应力钢筋是用来连接装配构件的，则不仅可以布置在受拉区，亦可布置在受压区。对个别的装配构件（横膈、侧边构件、拉杆、支座环、壳板等）可以根据它在装配成整体后的结构工作条件，或根据它的安装受力情况，来决定它们是否单独地施加预应力。

空间薄壳结构施加预应力的方法，可采用先张法也可采用后张法。后张法施工时，钢筋可以布置于预留在混凝土中的管道里，这些管道最后应用水泥砂浆或灰浆灌满；钢筋也可以布置在露

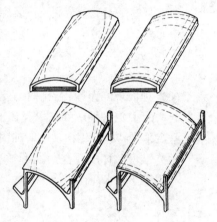

图 5-1-13　柱面壳中预应力钢筋配置图

出结构外面的沟槽中或装配构件之间的接缝中，待张拉后再浇筑混凝土。在布置预应力钢筋的地方，结构通常要加厚或带肋。在空间壳体结构中预应力钢筋宜做成直线形的或者做成曲率不大的曲线形。

为了避免弯曲处的应力集中，曲线钢筋、钢丝束或钢绞线不应该横过结构外形转折的地方，也就是在壳体及幕结构中，钢筋、钢丝束或钢绞线不应由侧边构件穿到壳板中，而在褶板结构中不应从一个棱穿到另一个棱。

此外，在直线母线的装配式结构中采用直线预应力钢筋，能够将结构划分为单个构件。

5.2　圆顶

圆顶是正高斯曲率的旋转曲面壳。根据建筑设计的要求，圆顶的形式可采用球面壳、椭球面壳及旋转抛物面壳等。

圆顶结构是极古老而近代仍在大量应用的一种结构型式。它适用于平面为圆形的建筑，如作为杂技院、剧院、展览馆、天文馆等的屋盖，也可作为圆形水池的顶盖。目前已建成的大跨度钢筋混凝土圆顶，直径已达200多米。圆顶结构穹拱式的造型及四周传力的受力特点，使它既满足了天文馆等建筑功能上的要求，又具有很好的空间工作性能。圆顶的覆盖跨度可以很大而其厚度却很薄，壳身内的应力通常很小，钢筋

配置及壳身厚度常由构造要求及稳定验算来确定，因此，圆顶结构的材料用量很省。如新中国成立后建成的第一座天文馆——北京天文馆（图5-2-1），其顶盖即是直径为25m的半球形圆顶结构，壳体厚度只有60mm，混凝土利用喷射法施工，每平方米结构自重只有200kg左右。

图5-2-1 北京天文馆

5.2.1 圆顶的结构组成及结构型式

圆顶结构由壳身、支座环、下部支承构件三部分所组成。如图5-2-2所示。

1) 壳身结构

按壳面构造不同，圆顶的壳身结构可以分为平滑圆顶、肋形圆顶和多面圆顶等。如图5-2-3所示。一般以平滑圆顶（图5-2-3a）最为常见。当建筑上由于采光要求需将圆顶表面划分成若干区格时，或当壳体承受集中荷载时，或

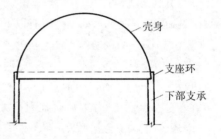

图5-2-2 圆顶结构的组成

当壳身厚度太小、不能保证壳体的稳定性时，或采用装配整体式结构时，可采用肋形圆顶（图5-2-3b）。肋形圆顶由经向及环向肋系与壳面板所组成，当圆顶跨度不大时亦可仅设经向肋。当建筑平面为正多边形时，可采用多面圆顶结构（图5-2-3c）。多面圆顶结构是由数个拱形薄壳相交而成，与平滑圆顶相比，多面圆顶的支座距离较大；与肋形圆顶相比，多面圆顶可节省材料用量，且自重较轻。有时为了建筑造型上的要求，也可将多面圆顶稍作修改（图5-2-3d）。

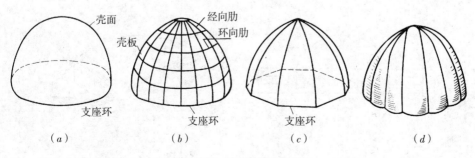

图5-2-3 圆顶的壳身结构

当有通风采光要求时,一般可在圆顶顶部开设圆形孔洞。壳体根据顶部是否开孔,可分为闭口壳和开口壳。

2) 支座环

支座环是圆顶结构中很重要的组成部分。它是圆顶结构保持几何不变的保证,其功能就和拱式结构中的拉杆一样,可有效地阻止圆顶在竖向荷载作用下的裂缝开展及破坏,保证壳体基本上处于受压的工作状态,并实现结构的空间平衡。支座环的截面可采用图5-2-4所示的形式,它可以采用普通钢筋混凝土梁,也可采用预应力混凝土梁,其拉力全部由钢筋或预应力钢筋承担。当圆顶不是支承在墙上而是支承在柱上时,则支座环在承受拉力的同时,还将承受弯矩、剪力及扭矩的共同作用。

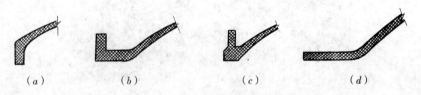

图5-2-4 支座环的截面形式

3) 支承结构

圆顶的下部支承结构一般有以下几种:

(1) 圆顶结构通过支座环支承在房屋的竖向承重构件上(如砖墙、钢筋混凝土柱等),如图5-2-5(a)所示。这时经向推力的水平分力由支座环承担,竖向支承构件仅承受径向推力的竖向分力。这种结构型式的优点是受力明确,构造简单。但当圆顶的跨度较大时,由于径向推力很大,要求支座环的尺寸很大。同时这样的支座环,其表现力也不够丰富活跃。

(2) 圆顶结构支承在斜柱或斜拱上。通过壳体四周沿着切线方向的直线形、Y形或叉形斜柱,把推力传给基础(图5-2-5b);或通过沿壳缘切线方向的单式或复式斜拱,把径向推力集中起来传给基础(图5-2-5c)。在平面上,斜柱、斜拱可按正

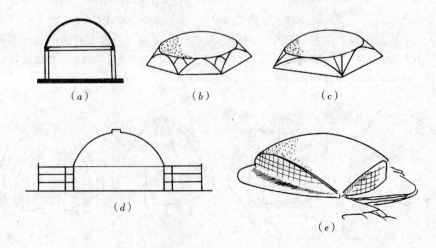

图5-2-5 圆顶的支承结构

多边形布置,以便与建筑平面相协调;在立面上,斜柱、斜拱可与建筑围护及门窗重合布置,也可暴露在建筑物的外面,以取得较好的建筑立面效果。这种结构方案清新、明朗,既表现了结构的力量与作用,又极富装饰性。但倾斜的柱脚或拱脚将使基础受到水平推力的作用。

(3) 圆顶结构支承在框架上(图 5-2-5d)。利用圆顶下四周的围廊或圆顶周围的低层附属建筑的框架结构,把水平推力传给基础。这时,框架结构必须具有足够的刚度,以保证壳身的稳定性。

(4) 圆顶结构直接落地并支承在基础上。落地的圆顶就像落地拱一样,径向推力直接传给基础。若球壳边缘全部落地,则基础同时作为受拉支座环梁。若是割球壳,只有几个脚延伸入地(图 5-2-5e),则基础必须能够承受水平推力,或在各基础之间设拉杆以平衡该水平力。

5.2.2 圆顶的受力特点

1) 圆顶的破坏图形

圆顶的破坏图形如图 5-2-6 所示。球壳在均布竖向荷载作用下,在上部承受环向压力,而在下部承受环向拉力。由于砖砌体或混凝土的抗拉强度极低,故往往在圆顶的下部沿经向出现多条裂缝。壳身开裂后,支座环内的钢筋应力增加,支座环的边框作用日益增强,相当于拉杆对于拱的作用。圆顶内部经过应力重分布后,实现了新的内力平衡。当荷载进一步增大,支座环内钢筋屈服时,圆顶即告破坏。

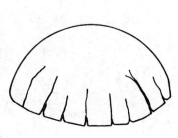

图 5-2-6 圆顶的破坏形式

2) 圆顶的薄膜内力

圆顶上任意一点的位置可以由经线及纬线的交点所决定。经线的坐标可由某基准经线绕旋转轴的旋转角度 ψ 所确定,纬线的坐标可由该点的法线对旋转轴的夹角 φ 所确定。但因为圆顶受力的问题一般均为"轴对称"问题,在同一纬线上的内力均相等,与 ψ 角无关。因此圆顶在自重及雪荷载等竖向分布荷载的作用下,绝大部分范围内只有薄膜内力 N_1 及 N_2 存在,见图 5-2-7(b)。图中 N_1 为作用在单位环向弧长上的经向轴力,N_2 为作用在单位经向弧长上的环向轴力。竖向荷载将通过 N_1 直传到基础(图 5-2-7c),所以经向轴力恒为受压。N_2 的符号与大小则是变化的,在圆顶上部(φ 较小时),N_2 为受压;在圆顶下部(φ 较大时),N_2 可能受拉(图 5-2-7d)。

对于半径为 R 的球形圆顶,设单位壳体的自重为 g,则圆顶在自重作用下的薄膜内力的计算公式为:

$$N_1 = -\frac{gR}{1+\cos\varphi} \tag{5-2}$$

$$N_2 = gR\left[\frac{1}{1+\cos\varphi} - \cos\varphi\right] \tag{5-3}$$

薄膜内力沿经线的变化规律见图 5-2-8。由式(5-3)或图 5-2-8(b)可知,圆顶的环向轴力由顶部受压转入下部受拉的过渡点为 $\varphi = 51°49'$。如果圆顶自球面中截取出来的幅角 $\varphi > 51°49'$,则圆顶下部就有受拉的环向轴力发生。

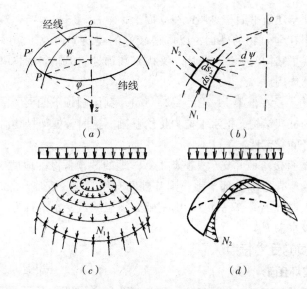

图 5-2-7 圆顶的坐标及薄膜内力

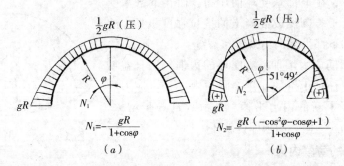

图 5-2-8 球形圆顶在自重作用下薄膜内力沿经线的变化

3）支座环的受力

支座环承受壳身边缘传来的推力，该推力使支座环在水平面内受拉，在竖向平面内受弯。支座环的拉力对圆顶壳身的作用相当于拉杆对于拱式结构的作用。支座环的拉力可根据圆顶内的薄膜内力 N_1 或 N_2 进行计算。

当已知圆顶经向轴力 N_1 时，可按图 5-2-9 计算支座环内的拉力。设圆顶壳身在支座边缘处经向切线的倾角为 φ_0，则 N_1 的竖向分量为 $V = N_1 \sin\varphi_0$，此竖向分力可以经过支座环而直接传到下部支承结构上，也可能在支座环内产生弯矩（图 5-2-9a）；N_1 的水平分量为 $H = N_1 \cos\varphi_0$，在支座环内产生拉力的作用（图 5-2-9b），根据静力平衡条件，支座环内的拉力 T 为：

$$T = R_k H = R_k N_1 \cos\varphi_0 \tag{5-4}$$

式中：R_k 为支座环的半径。

由以上的分析可知，当 $\varphi_0 = 90°$ 时，$V = N_1$，$T = 0$。也就是说，当 $\varphi_0 = 90°$ 时，壳身在支座环处的经向轴力 N_1 将全部往下直接传给下部结构，支座环的拉力为零。

当已知圆顶环向轴力 N_2 时，可按图 5-2-10 计算支座环内的拉力。过旋转轴将圆顶对半剖开，在切口处代之以环向轴力 N_2 及支座环的拉力 T。根据静力平衡条件，

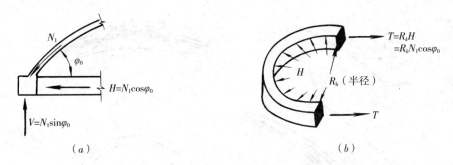

图 5-2-9 根据薄膜力 N_1 计算支座环的拉力

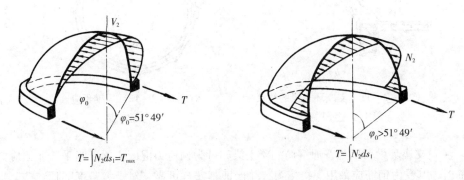

图 5-2-10 根据薄膜力 N_2 计算支座环的拉力

支座环的拉力将等于剖面中环向轴力 N_2 之和，亦即 T 将等于 N_2 沿经线的积分。

$$T = \int N_2 ds_1 \tag{5-5}$$

由图 5-2-8（b）可知，对于球形圆顶，在自重作用下，N_2 在 $\varphi = 51°49'$ 处改变符号。因此，当 $\varphi < 51°49'$ 时，T 随 φ 的增大而增大；当 $\varphi > 51°49'$ 时，T 随 φ 的增大而减小。

5.2.3 圆顶的结构构造

（1）圆顶结构壳板厚度一般由构造要求确定，建议可取圆顶半径的 1/600。对于现浇钢筋混凝土圆顶，壳板厚度不应小于 40mm；对于装配整体式圆顶，壳板厚度不应小于 30mm。

（2）在壳板内的受压区域及主拉应力小于混凝土抗拉强度的受拉区域内，可按不低于 0.20% 的最小配筋率配置构造钢筋，其直径不小于 4mm，间距不超过 250mm。在主拉应力大于混凝土抗拉强度的区域，应按计算配筋，主拉应力应全部由钢筋承担，钢筋间距不大于 150mm。对于厚度不大于 60mm 的壳体，在弯矩较小的区域内，可采用单层配筋，钢筋一般布置在板厚的中间。超过上述厚度或当壳体受有冲击及振动荷载作用时，应采用双层配筋。

（3）由于支座环对壳板边缘变形的约束作用，壳板的边缘附近将会产生经向的局部弯矩，如图 5-2-11（a）所示。设计时应将壳板靠近边缘部分局部加厚，并配置双层钢筋，如图 5-2-11（b）所示。边缘加厚部分须做成曲线过渡。加厚范围一般不小于壳体直径的 1/12～1/10，增加的厚度不小于壳体中间部分的厚度。加厚区域内的钢筋直径为 4～10mm，间距不大于 200mm。须注意上层钢筋受拉，应保证其有足够的锚固长度。

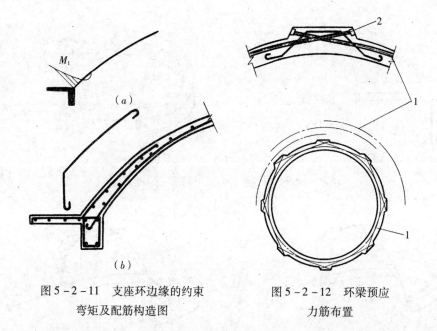

图 5-2-11 支座环边缘的约束
弯矩及配筋构造图

图 5-2-12 环梁预应
力筋布置

(4) 支座环梁可以为普通钢筋混凝土梁亦可为预应力混凝土梁。当采用非预应力配筋时，其受力钢筋应采用焊接接头，并保证其安全可靠。对于大跨度圆顶结构，支座环梁宜配置预应力钢筋，其预应力值以能使环内应力接近于壳体边缘处按薄膜理论算得的环向应力为宜。如无法连续配置预应力钢筋，可将环梁分成若干弧段，分别对称施加预应力，预应力锚头设置在环梁外部突出处。如图 5-2-12 所示。

(5) 当建筑上由于通风采光等要求需在壳体顶部开设孔洞时，应在孔边设圆环加强，此环梁常称内环梁。内环梁与壳板的连接分为三种情形：中心连接（图 5-2-13a）、内环梁向下的偏心连接（图5-2-13b）和内环梁向上的偏心连接（图5-2-13c）。在壳体均布荷载及沿孔边环形均布线荷载作用下，如荷载均向下，则内环梁的轴向力为压力，无须额外配置钢筋。但在孔边的壳板内将产生局部的经向弯矩，应布置双层受弯钢筋。

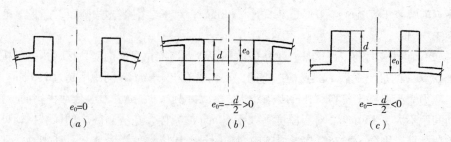

图 5-2-13 内环梁与壳板的连接

(6) 为了方便施工，可采用装配整体式圆顶结构。这时，预制单元的划分一般可以沿经向和环向同时切割，把圆顶划分成若干块梯形带肋曲面板，各单元的边线为弧线（图 5-2-14a）；为方便光单元预制，也可划分成由梯形平板所组成，各单元的边线为直线（图 5-2-14b）；当施工吊装设备起重量较大，而壳体跨度不太大（小于 30m）时，也可仅沿经向切割，把圆顶分割成若干块长扇形带肋板（图 5-2-14c）。在吊装过程中，必要时可在构件下加设安装用临时拉杆。

5.2.4 圆顶的工程实例

1）罗马小体育宫

罗马奥林匹克小体育宫（图 5-2-15），为钢筋混凝土网状扁球壳结构。球壳直径为 59.13m，葵花瓣似的网肋，把力传到斜柱顶，斜柱的倾角与壳底边缘径向切线方向一致，把推力传入基础，结构轻巧且受力合理。从建筑外部看，36 个沿圆周布置的 Y 形支撑承上启下，波浪起伏，结构清新、明朗、欢快、优美，极富表现力。从建筑内部看，结构构件的布置协调而有韵律，形成了一幅绚丽的艺术图案，极富于装饰性。该结构采用装配整体式叠合结构。1620 块预制钢丝网水泥菱形构件

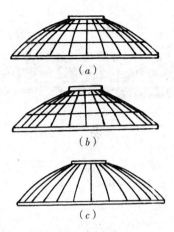

图 5-2-14 预制单元的划分

既作为现浇壳身的模板，又与不超过 100mm 厚的壳身现浇层共同工作。施工时，起重机安装在中央天窗处，十分合理。

2）德国法兰克福市霍希斯特染料厂游艺大厅

德国法兰克福市霍希斯特染料厂游艺大厅主要部分为一个球形建筑物，系正六边形割球壳，见图 5-2-16。它可供 1000 到 4000 名观众使用，可举行音乐会、体育表演、电影放映、工厂集会等各种活动。球壳顶部的孔洞是排气用的，同时也用作烟道。大厅内有很多技术设备，如舞台间、吸声格栅、放映室和广播室等，并有庞大的

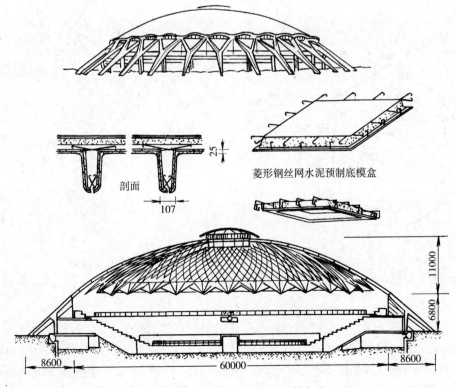

图 5-2-15 罗马奥林匹克小体育宫

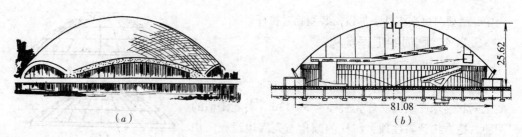

图 5-2-16 霍希斯特染料厂游艺大厅

管道系统进行空气调节,在地下室设有餐厅、厨房、联谊室、化妆室和盥洗室及技术设备用房。

球壳的半径为 50m,矢高为 25m。底平面为正六边形,外接圆直径为 88.6m,如图 5-2-17 所示。该球壳结构支承在六个点上,支承点之间的球壳边缘作成拱券形,有一个边缘桁架作为球壳切口的支承,其跨距为 43.3m。球壳剖面如图 5-2-18 所示。

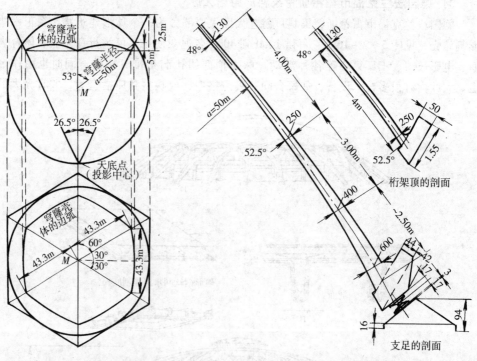

图 5-2-17 游艺大厅穹隆面水平投影和垂直投影的几何图形

图 5-2-18 壳体和边梁的截面

壳体的厚度为 130mm。这是根据在壳体的每一点都能承受 20kN 的集中荷载这一要求得出的。壳体沿着切口边缘不断地加强,在边缘拱券最高点处厚度增加到 250mm,在支座端处厚度增加到 600mm,如图 5-2-19 所示。在支座上部的壳体部分会产生拉应力,沿主拉应力轨迹线方向布置了一些预应力钢筋。如图 5-2-19 所示。

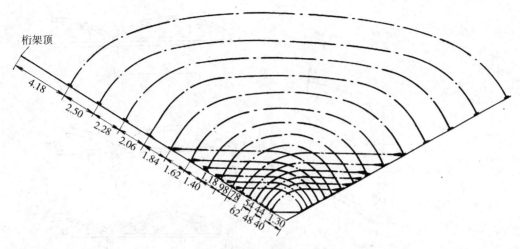

图 5-2-19 穹窿支座上的预应力钢筋

5.3 筒壳与锥壳

筒壳亦称柱面壳。筒壳和锥壳都是单向有曲率的薄壳,是零高斯曲率壳。由于其几何形状简单,模板制作方便,易于施工,因而在工业与民用建筑中得到了广泛的应用。

5.3.1 筒壳的结构组成

筒壳由壳身、侧边构件及横隔三部分所组成(图 5-3-1)。两个横隔之间的距离称为筒壳的跨度,以 l_1 表示;两个侧边构件之间的距离称为筒壳的波长,以 l_2 表示。沿跨度 l_1 方向称为筒壳的纵向,沿波长 l_2 方向则称为筒壳的横向。

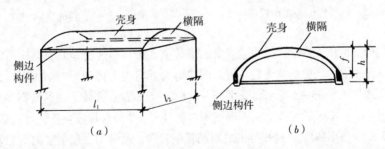

图 5-3-1 筒壳结构的组成

筒壳壳身横截面的边线可为圆弧形、椭圆形、或其他形状的曲线,一般采用圆弧形较多,以方便施工。壳身包括侧边构件在内的高度称为筒壳的截面高度,以 h 表示。不包括侧边构件在内的高度称为筒壳的矢高,以 f 表示。

侧边构件与壳身共同工作、整体受力。它一方面作为壳体的受拉区集中布置纵向受拉钢筋,另一方面可提供较大的刚度,减少壳身的竖向位移及水平位移,并对壳身的内力分布产生影响。常见的侧边构件截面型式如图 5-3-2 所示,其中以图 5-3-2(a) 的方案最为经济,图 5-3-2(d) 所示的方案则适用于边梁支承在墙或圈梁上的情况,图 5-3-2(e) 则适用于小型筒壳。

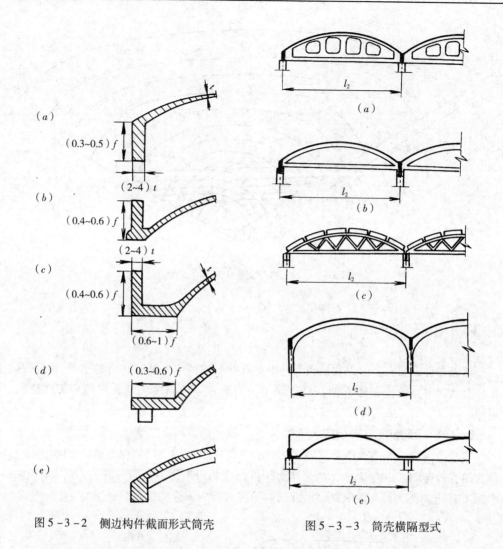

图 5-3-2　侧边构件截面形式筒壳　　图 5-3-3　筒壳横隔型式

横隔是筒壳的横向支承，缺少它壳身的形体就要破坏，这也是筒壳结构与筒拱结构的根本区别。横隔的功能是承受壳身传来的顺剪力并将内力传到下部结构上去。常见的筒壳横隔型式如图5-3-3所示。图5-3-3(a)为布置在壳体下面的变高度梁。这种型式一般用于波长不大的壳体上，否则横隔自重过大。为减轻横隔自重，可在梁内开洞。图5-3-3(b)为拱架。这种横隔的材料消耗量较少，通常用在屋盖竖向荷载基本对称的壳体。图5-3-3(c)为弧形桁架。当波长较大时，采用这种型式的横隔比较经济。它对于装配整体式及装配式壳体较为适宜。图5-3-3(d)为刚架。在波长不大的壳体中及带有能承受水平推力的附属建筑物时采用。它增加了建筑物的内部净空尺寸，但用料较多。图5-3-3(e)为等高度的梁。这种横隔容易积雪，同时排水沟及屋面处理困难，所以施工复杂且使用不利。但当壳身波长与横隔跨度不一致时，采用这种型式较为合理。此外，当横向有墙时，可利用墙上的曲线形圈梁作为横隔，以节省材料。

筒壳可以根据建筑平面及剖面的需要做成单波的或多波的，单跨或多跨的。有时还可做成悬臂的，图5-3-4(a)为纵向悬挑的筒壳屋盖，图5-3-4(b)为横向悬挑的筒壳屋盖。

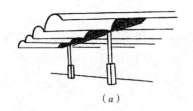 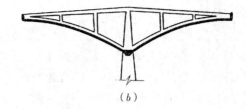

图 5-3-4 悬臂筒壳
(a) 纵向悬挑；(b) 横向悬挑

5.3.2 筒壳的受力特点

筒壳与筒拱的外形均为筒形，极其相似，常为人所混淆。但两者的力学特性却完全不同，对支承结构的要求与构造处理也就不同。从根本上说，筒拱是单向承荷与传力的平面结构，筒拱沿纵向取出单位长度结构的受力状态即可代表整个结构的受力。而筒壳则是双向承荷与传力的空间结构，筒壳在横向的作用与拱相似，在壳身内产生环向的压力，而在纵向则同时发挥着梁的作用，把上部竖向荷载通过纵向梁的作用传给横隔。因此，筒壳结构是横向拱的作用与纵向梁的作用的综合。根据筒壳结构的跨度 l_1 与波长 l_2 之间比例的不同，其受力状态也有所差异，一般按下列三种情况考虑。

(1) 当 $l_1/l_2 \geqslant 3$ 时，称为长壳。

对于较长的壳体，因横隔的间距很大，纵向支承的柔性很大，壳体的变形与梁一致。相对而言，拱圈的刚度相对较大，拱圈可以看成是不变形的，即壳体的截面没有改变，这又与梁的平截面假定一致。所以长壳结构中的应力状态和曲线截面梁的应力状态相似，如图 5-3-5 所示，可以按照材料力学中梁的理论来计算。

(2) 当 $l_1/l_2 \leqslant 1/2$ 时，称为短壳。

对于短壳，其结构布置常如图 5-3-6 所示，因为横隔的间距很小，所以纵向支承的刚度很大，相对而言，拱圈的刚度较小。这时壳体的弯曲内力很小，可以忽略不计，壳体内力主要是薄膜内力，故可按照薄膜理论来计算。

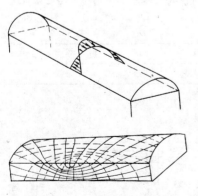 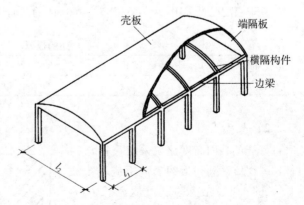

图 5-3-5 长壳的受力特点　　　　图 5-3-6 短壳结构

(3) 当 $1/2 < l_1/l_2 < 3$ 时，称为中长壳。

对于中长壳，壳体的薄膜内力及弯曲内力都应该考虑，应该用薄壳有弯矩理论来分析它的全部内力。为简化计算，也可忽略其中较次要的纵向弯矩及扭矩，用所谓半弯矩理论来计算筒壳内的主要内力。

筒壳结构中的横隔是壳身的支承构件，为了保证筒壳的空间工作性能，横隔在其自身平面内应有足够的刚度。因为壳身很薄，壳面外的刚度相对于横隔的竖向刚度而言是很小的，所以作用在壳身上的荷载主要不是竖向地作用在横隔上（图5-3-7a）而是通过壳面内的顺剪力传到横隔上（图5-3-7b）。

如果横隔是实体梁（图5-3-7c），在顺剪力 S 的作用下，梁内不仅有弯矩 M 和剪力 V，而且还将有轴力 N 发生，因而横隔应该按偏心受拉构件设计（图5-3-7d）。如果横隔是拱或桁架，可以先分段把 S 合成斜向节点荷载，再用结构力学方法进行分析，其计算结果亦与按竖向节点荷载计算有很大区别，这个特点必须加以注意。

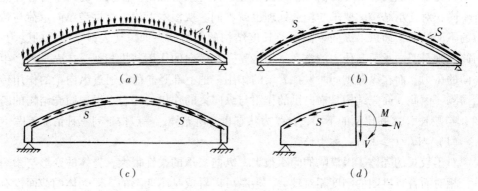

图5-3-7 横隔的受力特点

5.3.3 筒壳的结构构造

1）短壳

短壳的壳板矢高一般不应小于波长的1/8。短壳的空间作用明显，壳体内力以薄膜内力为主，弯矩极小，故壳板厚度与配筋均可按构造确定。当壳体跨度 $l_1 = 6 \sim 12\text{m}$，波长 $l_2 \leqslant 30\text{m}$ 时，在自重、雪荷载、及保温层荷载作用下，壳板厚度可参照表5-3-1取用，壳板内配筋可采用 $\phi 4 \sim \phi 6 @ 100 \sim 160\text{mm}$ 的双向钢筋网，配筋率不应低于0.2%。

短壳的板厚　　　　　　　　　　　　　　　　表5-3-1

横隔的间距（m）	6	7	8	9	10	11	12
壳板的厚度（mm）	50~60	60	70	70~80	80	90	100

2）长壳

长壳的截面高度建议采用跨长 l_1 的 1/10~1/15，其壳板的矢高不应小于波长 l_2 的1/8。壳板厚度可取波长 l_2 的1/300~1/500，但不能小于50mm。长壳的配筋应按计算确定，按梁理论计算所得的纵向受力钢筋应布置在侧边构件内，壳板内局部应配置三层钢筋，其配筋示意图如图5-3-8所示。

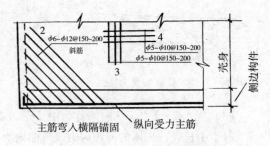

图5-3-8 长壳的配筋示意图

3) 天窗孔的布置

筒壳的天窗孔及其他孔洞建议沿纵向布置于壳体的上部。在横向，洞口尺寸建议不大于（1/4～1/3）l_2；在纵向，洞口尺寸可不受限制，但在孔洞四周应设边梁收口并沿孔洞纵向每隔2～3m设置横撑加强，如图5-3-9所示。当壳体具有较大的不对称荷载时，除设置横撑外，尚需设置斜撑，形成平面桁架系统。在纺织厂及某些为避免阳光直射而需设置北面采光窗的厂房建筑中，筒壳也可以倾斜布置，构成锯齿形屋盖，如图5-3-10所示。锯齿形屋盖采光孔洞的尺寸基本上取决于采光要求。这时筒壳壳体两侧的侧边构件通常采用不同的外形及尺寸，下部侧边构件因需同时作为屋面天沟及天窗底部侧壁，因而比较强大，一般采用图5-3-11所示的截面形式。它的高度可根据天窗的布置确定，但不得小于 $l_1/20$。上部侧边构件通常为矩形截面，且设置在壳体的上面，如图5-3-10所示，其高度也不应小于 $l_1/20$，宽度不应小于高度的1/3。当下部侧边构件与上部侧边构件之间以钢筋混凝土柱作为天窗中梃时，则上部侧边构件的尺寸可以大大减小。因为这时作用于上部侧边构件上的竖向荷载可通过中梃直接传给下部侧边构件，如图5-3-11所示。

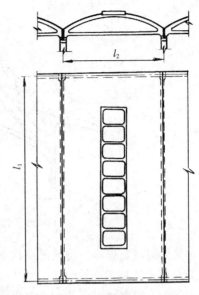

图5-3-9 带有天窗孔的壳体图式

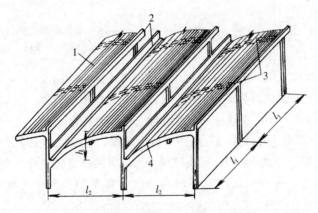

图5-3-10 锯齿形筒壳屋盖
1—壳；2—侧边构件；3—中间横隔；4—端部横隔

当跨度较大时，在天窗立面处布置钢筋混凝土桁架来连接锯齿形屋盖较为合理。如图5-3-12所示。这时桁架的下弦即为天窗底部的侧边构件，桁架的上弦即为天窗上部的侧边构件。

锯齿形筒壳的横隔，当波长在12m以内时，可采用带曲线横梁的刚架的型式，亦可采用布置在壳体下面的变高度梁。当筒壳横向的柱距 L 大于12m时，可

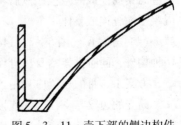

图5-3-11 壳下部的侧边构件

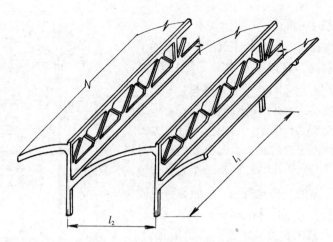

图 5-3-12 在天窗立面处设斜腹杆桁架的锯齿形筒壳屋盖

把筒壳的波宽缩小,将横隔做成钢筋混凝土桁架的型式,如图 5-3-13 所示。这样,一则室内采光均匀,二则每个波谷的雨水排泄量小,三则结构所占的空间小可节约能源,四则柱距可不受波长的限制,五则外形美观。其缺点是屋盖的表面积大且施工复杂。

装配整体式圆柱面筒壳常用的型式如图 5-3-14 所示。

(1) 方案Ⅰ:壳体块体在横向可为整块(图 5-3-14a)或两个半块(图

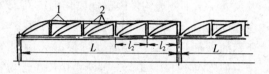

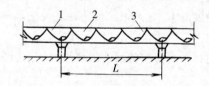

图 5-3-13 锯齿形筒壳的柱距与波长的关系
1—壳体;2—横隔;3—天窗

5-3-14b)。其中图 5-3-14(a)的方案适用于小跨度,图 5-3-14(b)的方案适用于较大跨度。在纵向可分成若干段,每段的长度应根据制作、运输及安装等条件来确定,一般为 1.5~3m。在块体的边缘处均应设有加劲肋。

(2) 方案Ⅱ(图 5-3-14c):适用于较大跨度。整个壳体划分为两根现浇的边梁、两个横隔及若干预制拱形板,每块拱形板均设置两根临时拉杆以防止在起吊时发生过大的弯曲变形。壳板与边缘构件的接头以及各预制拱形板之间的接头应可靠连接。

(3) 方案Ⅲ(图 5-3-14d):适用于大跨度。整个壳体由横隔、边梁段、肋拱及壳板四种平面预制构件拼成。拼装时,先将边梁段、横隔及肋拱通过边梁截面中的预应力钢筋连成一空框,然后将预制壳板搁于肋拱上,再通过板缝的纵向预应力筋及混凝土灌缝连成整体。

(4) 方案Ⅳ(图 5-3-14e):适用于短壳。整个壳体可划分为预制板及预制拱架两种构件,同时拱架本身也可作成装配整体式结构。

方案Ⅰ、Ⅲ的边梁应采用预应力配筋。

筒壳的边梁与支柱间的连接一般可设计为铰接。当边梁施加预应力时,须考虑对柱子的影响或采取相应的构造措施,以减少对支柱的不利影响。

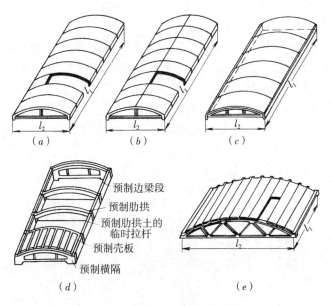

图 5-3-14 装配整体式圆柱面筒壳的型式

5.3.4 筒壳结构的工程实例
1) 同济大学大礼堂

同济大学大礼堂建成于 1962 年，采用钢筋混凝土联方网格型筒网壳结构，图 5-3-15、图 5-3-16。大礼堂平面尺寸为 40m×56m，矢高为 8~8.5m，有近 4000 个座位。采用钢筋混凝土联方网格型筒网壳，施工安装方法为预制杆件高空拼装并现浇节点混凝土。

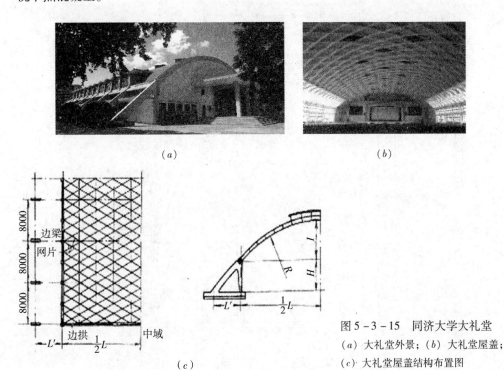

图 5-3-15 同济大学大礼堂
(a) 大礼堂外景；(b) 大礼堂屋盖；
(c) 大礼堂屋盖结构布置图

2）山西省平遥县棉织厂

山西省平遥县棉织厂厂房扩建工程建于1983年，建筑面积1656m²，采用了柱网为36m×12m的锯齿形锥壳屋顶方案。主厂房两侧为各宽5m的平顶附房，如图5-3-16、图5-3-17所示。

壳体为带肋的预制装配式结构。每个预制单元的水平投影为12m×1.8m，肋轴线投影间距为1.8m×1.5m。壳板中部厚40mm，沿周边1.2m宽的条带范围内逐渐加厚

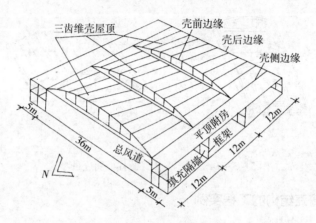

图5-3-16 锯齿形锥壳屋顶

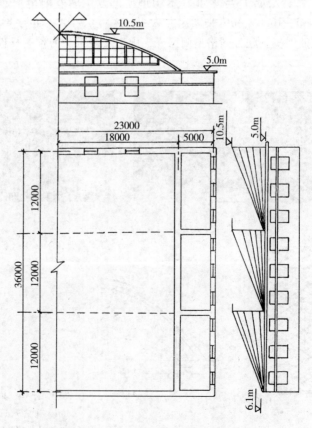

图5-3-17 正视图、平面图和侧视图

至160mm，与其边缘构件固接。肋断面为70m×210mm，壳体的前边缘轴线落在拱架的上弦轴线上，同一榀拱架连接前后两个壳边，见图5-3-18。拱架上下弦由竖杆和斜腹杆连接，如图5-3-19所示。上下弦断面为350mm×300mm，腹杆断面为150mm×200mm。拱架两端落在平顶附房内的双跨双层小框架上，并与之固接。壳板的侧边也与附房平屋盖刚性连接，形成整体。

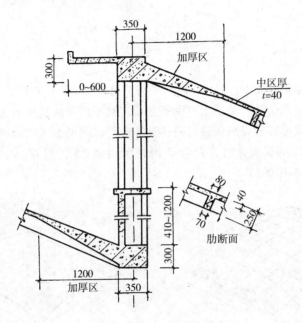

图5-3-18 拱壳横剖面图

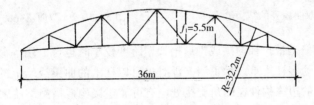

图5-3-19 拱架示意图

5.4 双曲扁壳

所谓扁壳，是指薄壳的矢高 f 与被其所覆盖的底面最短边 a 之间的比值 $f/a \leqslant 1/5$ 的壳体。因为扁壳的矢高比底面尺寸要小得多，所以扁壳又称微弯平板。从几何构图来看，扁壳曲面实际上仅仅是庞大的普通曲面上的一小块，球面壳、柱面壳、椭圆抛物面壳、双曲抛物面壳等都可作成扁壳。

双曲扁壳因为矢高小，结构所占的空间较小，建筑造型美观，结构分析上可以采用一些简化假定，所以得到了较广泛的应用。

5.4.1 双曲扁壳的结构组成

双曲扁壳由壳身及周边竖直的边缘构件所组成，如图5-4-1所示。

壳身可以是光面的、也可以是带肋的。壳身曲面可分为等曲率（$K_1 = K_2 = $ 常数）

与不等曲率（$K_1 \neq K_2$、但均为常数）两种，一般常采用抛物线平移曲面。对于图 5-4-2 所示的坐标系，其曲面方程为

$$z = \frac{4(x^2 - ax)f_a}{a^2} + \frac{4(y^2 - by)f_b}{b^2} \tag{5-6}$$

曲面在 x 方向及 y 方向的曲率可近似地取为

$$K_1 = \frac{\partial^2 z}{\partial x^2} = \frac{8f_a}{a^2} \tag{5-7}$$

$$K_2 = \frac{\partial^2 z}{\partial y^2} = \frac{8f_b}{b^2} \tag{5-8}$$

球面壳虽然也是双曲壳，但用在圆形平面上比较合适，用在矩形平面上时在数学力学计算上比较复杂，几何关系也不利于施工。对于矩形底特别是方形底的扁球壳，在建造时可以用圆弧移动壳来代替，而在计算时可以用椭圆抛物面平移曲面来代替。由此产生的几何上的误差，当 $f/a = 1/5$ 时，仅相差 2%；当 $f/a \leq 1/10$ 时，仅相差 0.5%，可见是足够精确的。

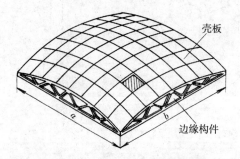

图 5-4-1 双曲扁壳的结构组成

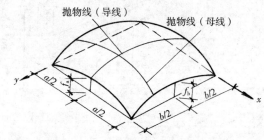

图 5-4-2 双曲扁壳的曲面坐标

边缘构件一般是带拉杆的拱或拱形桁架，跨度较小时也可以用等截面或变截面的薄腹梁，当四周为多柱支承或承重墙支承时也可以柱上的曲梁或墙上的曲线形圈梁作边缘构件。四周的边缘构件在四角交接处应有可靠连接构造措施，使之形成"箍"的作用，以有效地约束壳身的变形。同时边缘构件在其自身平面内应有足够的刚度，否则壳身内将产生很大的附加内力。

双曲扁壳可以是单波的，也可以双波的。

5.4.2 双曲扁壳的受力特点

由于扁平，可以近似地认为双曲扁壳曲面上的正交曲线簇与其投影平面上相对应的曲线簇并无什么区别，因此可将平板理论中的某些公式直接应用到双曲扁壳结构的计算中来，使计算分析大为简化。分析结果表明，双曲扁壳在满跨均布竖向荷载作用下的内力亦以薄膜内力为主，但在壳体边缘附近要考虑曲面外弯矩的作用，如图 5-4-3 所示。其中图 5-4-3（a）为壳身中间板带法向力 N_x、N_y 的分布图，它们都是压力，在壳体边缘处两个方向的法向力均为零；图 5-4-3（b）为壳身中间板带曲面外弯矩的分布图，该弯矩使壳体下表面受拉，弯矩作用区宽度为 ζl，壳体愈高愈薄，则弯矩愈小，弯矩作用区也小；图 5-4-3（c）为壳身沿四周边缘的顺剪力分布图，壳身内的顺剪力在周边最大，而在四角处更大。

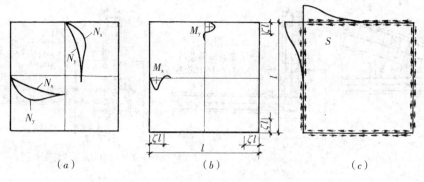

图 5-4-3 双曲扁壳的内力分布
(a) 法向力；(b) 弯矩；(c) 顺剪力

根据以上对薄壳结构应力分布情况的分析，我们可以把壳体结构分为以下三类区域以便分别进行配筋，见图 5-4-4 (a)。Ⅰ区为中央区，该区域弯矩、扭矩、顺剪力都很小，主要内力为压应力。壳体在该区域强度潜力很大，可仅按构造要求配置钢筋。该区域内还可以开洞供采光通风之用。Ⅱ区为边缘区，该区域正弯矩较大，需要配置抗弯钢筋。Ⅲ区为角隅区，该区域扭矩及顺剪力均较大，因此具有较大的主拉应力和主压应力。该区域是壳体的关键部位，不允许开洞。上述分区范围 ζl 可根据图 5-4-4 (b) 确定。当为满布均布荷载时，$\lambda = 1.17\sqrt{\dfrac{f}{\delta}}$；当为反对称荷载时，$\lambda = 0.585\sqrt{\dfrac{f}{\delta}}$。

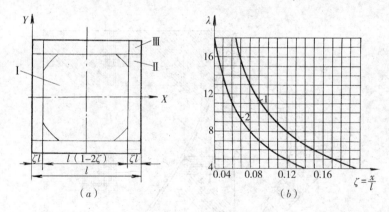

图 5-4-4 双曲扁壳的配筋

双曲扁壳边缘构件上的主要荷载是由壳边传来的顺剪力 S，设计及施工应保证壳板与边缘构件有可靠的结合。边缘构件的布置、计算及构造与筒壳结构相同。

5.4.3 双曲扁壳的结构构造

双曲扁壳的矢高与底面短边之比不能大于 1/5。但是扁壳在结构上也不能做得过于扁平，要是壳体太扁而壳身又不太薄的话，壳身边缘处的剪应力和弯曲应力均较大，扁壳向平板转化，承载能力下降，材料用量要增加。

当双曲扁壳双向曲率不等时，较大曲率与较小曲率之比以及底面长边与短边之比均不宜超过 2。双曲扁壳允许倾斜放置，但壳体底平面的最大倾角不宜超过 10°。此时应将壳体上的荷载分成与底平面垂直和平行的两个分量。

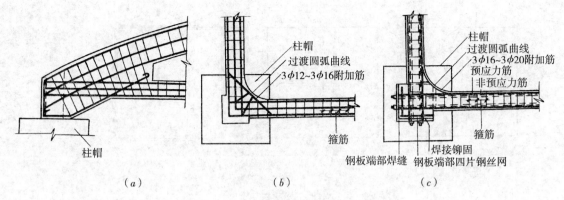

图 5-4-5 双曲扁壳边缘构件的构造
（a）边拱节点构造；（b）整体式非预应力边拱；（c）整体式预应力边拱

现浇整体式双曲扁壳的边缘构件常为拱式结构，应保证其端部的可靠连接，以形成整体作用。节点构造可如图5-4-5所示。

壳体结构的配筋形式如图5-4-6所示。壳体中的配筋可分为四类，图中钢筋1为受压区构造钢筋，钢筋2为壳体边缘区底部的受压钢筋，承受边缘区的弯矩，钢筋3为壳体边缘区底部的构造钢筋，钢筋4为角偶区承受主拉应力的斜向钢筋或钢筋网。为了便于布置钢筋或承受较大的主压应力，壳体角部的壳板厚度可以局部加大，即图5-4-6中5所示的范围。图中6为主拉应力图形。

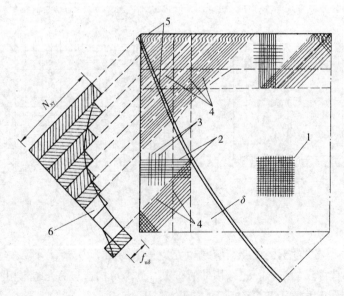

图 5-4-6 扁壳配筋示意图

双曲扁壳的其他构造要求与其他薄壳结构相同。

5.4.4 双曲扁壳的工程实例

双曲扁壳是近代常用的一种薄壳结构，在工业建筑与民用建筑中都有所应用。

1）北京火车站

北京火车站（图5-4-7）中央大厅的顶盖和检票口通廊的顶盖就是采用双曲扁

壳。中央大厅顶盖薄壳的平面为 35m×35m，矢高为 7m，壳身厚度仅 80mm。它中央微微隆起，四周有拱形高窗，采光充分，素雅大方，宽敞宜人。检票口通廊上也一连间隔地用了 5 个双曲扁壳，中间的平面为 21.5m×21.5m，两侧的四个平面为 16.5m×16.5m，矢高为 3.3m，壳身厚度为 60mm。边缘构件为两铰拱。因为扁壳是间隔放置的，各个顶盖均可四面采光，使整个通廊显得宽敞明亮。

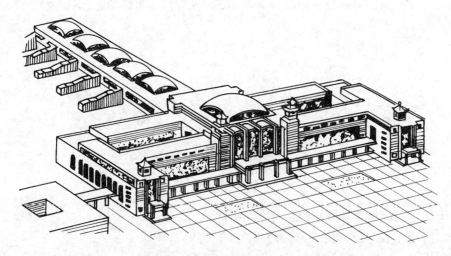

图 5-4-7　北京火车站的双曲扁壳

2）北京网球馆

北京网球馆（图 5-4-8）也是用双曲扁壳作顶盖，跨度为 42m×42m，壳身厚度为 90mm。扁壳在中央隆起的结构空间，正好适应网球在空中往返时弧形轨迹的需要，因而整个建筑的空间利用是很充分的。

图 5-4-8　北京网球馆

5.5　双曲抛物面扭壳

双曲抛物面属负高斯曲面，它是由凸向相反的两条抛物线，一条沿着另一条平移而成，如图 5-5-1（a）所示。双曲抛物面扭壳一般是从双曲抛物面中沿直纹方向截取出来的一块壳面，如图 5-5-1（b）所示。因壳面下凹的方向犹如"拉索"，而上凸的方向又如同"薄拱",当上凸方向的"薄拱"屈曲时,下凹方向的"拉索"就会进一步发挥作用,这样可避免整个屋盖结构发生失稳破坏,提高了结构的稳定性。因此,双曲抛物面扭壳的壳板可以做得很薄。同时,双曲抛物面是直纹曲面,壳板的配筋和模板制作都很简单,也便于应用预应力技术施加预应力,因此,这类屋面可节省三材,经济技术指标较好。但在施工时需要注意的是,尽管每根受力筋或预应力筋都为直线,其空间位置却是变化的,应采取措施防止钢筋水平移动,以确保钢筋在板厚方向的位置。

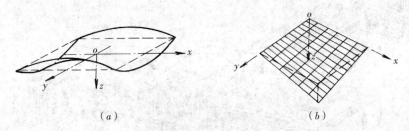

图 5-5-1 双曲抛物面

5.5.1 双曲抛物面扭壳的结构组成和型式

双曲抛物面扭壳结构由壳板和边缘构件所组成。

屋盖结构中常用的扭壳的形式如图 5-5-2 所示。图中 a、b 为扭壳水平投影的边长,f 为矢高。其中图 5-5-2 (a) 为双倾单块扭壳,两角落水,四边采光;图 5-5-2 (b)、(c) 为单倾单块扭壳,两边落水,两边采光;图 5-5-2 (d) 为组合型扭壳,它是由四块相同的单倾单块扭壳对称组合而成的四坡顶屋盖,有两条相互垂直的屋脊线,屋顶四边采光,排水方便。

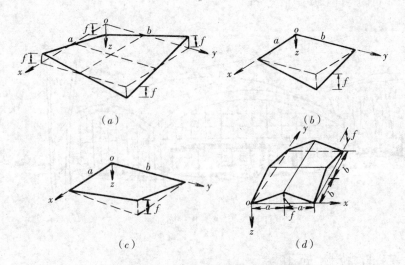

图 5-5-2 双曲抛物面扭壳的形式

扭壳结构的边缘构件布置较为简单,因为扭壳对支座仅作用有顺剪力。因此,单块扭壳屋盖的边缘构件可采用较为简单的三角形桁架,组合型扭壳屋盖的边缘构件可采用拉杆人字架或等腰三角形桁架。如图 5-5-3 所示。

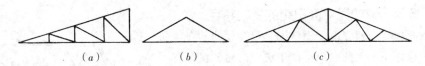

图 5-5-3 扭壳结构的边缘构件

扭壳屋盖式样新颖，它可以以单块的形式作为屋盖，也可以多块组合形成屋盖，如图 5-5-4 所示。图 5-5-4（a）是由单倾单块扭壳组合而成的屋盖，图 5-5-4（b）是由双倾单块扭壳组合而成的屋盖，图 5-5-4（c）是由组合型扭壳组合而成的屋盖。

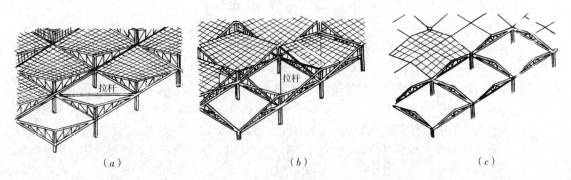

图 5-5-4 双曲抛物面扭壳屋盖的组合型式

另外还有一种平面为长条形的预制预应力双曲抛物面马鞍形薄壳构件，其平面尺寸、剖面及预应力筋布置如图 5-5-5 所示。其曲面方程为

$$z = f_x \frac{x^2}{a^2} - f_y \frac{y^2}{b^2} \tag{5-9}$$

这是一种板架合一的屋面构件，同时具有承重、围护、防水等多种功能。预应力筋呈直线形布置，受力性能好、自重轻、材料省，且可在预制厂批量生产，造价低，易于推广。它可广泛应用于食堂、礼堂、仓库、车站等工业与民用建筑中，也可用于有吊车的工业厂房屋盖，最大跨度已达 28m，我国已编制了标准图集可供选用。

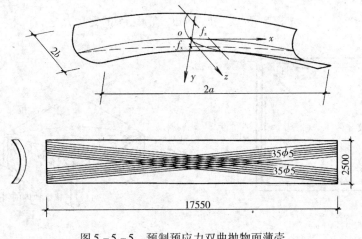

图 5-5-5 预制预应力双曲抛物面薄壳

5.5.2 双曲抛物面扭壳的受力特点

双曲抛物面扭壳的受力状态是很理想的。在竖向均布荷载作用下，曲面内不产生法向内力，仅存在顺剪力。顺剪力平行于直纹方向，且在壳体内为常数，故壳体内各点的配筋均匀一致。顺剪力所产生的主拉应力或主压应力，作用在与剪力成45°的方向上，且下凹的方向受拉，相当于索的作用，上凸的方向受压，相当于拱的作用。因此，整个扭壳也可看成是由一系列受拉索与一系列受压拱所组成的曲面组合结构。如图5-5-6所示。

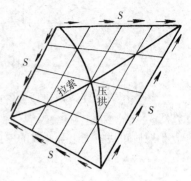

图5-5-6 扭壳的受力状态

扭壳的边缘构件为轴心受拉或轴心受压构件。对于四坡屋顶，边缘构件为等腰三角形桁架，由于壳边传给桁架上弦的顺剪力为常数，故桁架上弦杆内轴向压力呈三角形分布，它在屋脊处为零，在支座处为最大。桁架下弦杆则受拉。如图5-5-7所示。对于单块扭壳屋盖的边缘构件，在壳边传来的顺剪力S作用下，将在拱的方向的支座处产生对角线方向的推力H（图5-5-8a），此推力H可由于设置在对角线方向的水平拉杆来承担，也可由设置在该支座附近的两对锚于地下的斜拉杆（图5-5-8b）来承担。

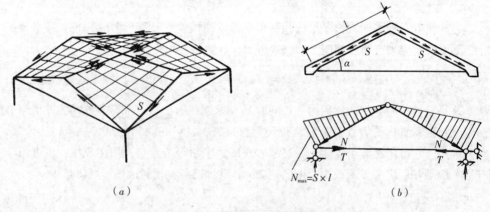

图5-5-7 扭壳侧边三角形桁架的受力

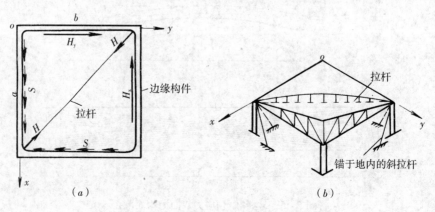

图5-5-8 扭壳屋盖水平推力的平衡

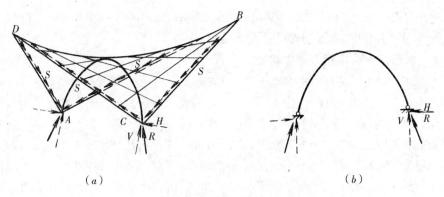

图 5-5-9 落地扭壳屋盖边框推力的平衡

对于图 5-5-9 所示的落地单块式扭壳屋盖，顺剪力经过边缘构件以合力 R 的形式作用于 A、C 的基础上。这时，R 的水平分力 H 对基础有推移作用。当地基抗侧移能力不足时，应在两基础之间设置拉杆，以保证壳体体形不变。

5.5.3 双曲抛物面扭壳的结构构造

矩形底单块扭壳屋盖底边边长之比 a/b（$a \geqslant b$），一般以在 $1 \sim 2$ 之间为宜。单倾单块扭壳之矢高 f 与短边 b 之比，一般以在 $1/2 \sim 1/4$ 之间为宜；双倾单块扭壳中矢高 $2f$ 与短边 b 之比，一般以在 $1/2 \sim 1/8$ 之间为宜；组合型扭壳的矢高 f 与短边 $2b$ 之比，一般以在 $1/4 \sim 1/8$ 之间为宜。在上述范围内，扭壳结构可近似地按扁壳理论计算。

扭壳壳体的配筋可根据内力值采取单层或双层平行于边缘的直线方向的方格钢筋网，此时所有钢筋均为直线形。在壳体角隅的加厚范围内，需设置与边缘成 $45°$ 角的斜向钢筋，斜钢筋的直径为 $\phi 6 \sim \phi 10$，间距不大于 200mm。当壳内主应力较大时，可沿对角线方向配筋。此时钢筋根据受力性质配置，在两个方向可以不同。

组合型扭壳，除沿边缘区不小于 $b/10$ 的区域内应予以局部加厚外，在屋脊十字形交接缝附近的局部区域亦应逐渐加厚到 $(3 \sim 4) \delta$，加厚的范围需满足该处弯矩及内力的要求，且不小于短边边长 $2b$ 的 $1/10$，同时应使折线表面比较圆滑地过渡。加厚范围内，在垂直于屋脊交接缝方向应按计算配置足够的负弯矩钢筋，且不小于 $\phi 6@200$；在沿交接缝方向应附加配置不少于 $4\phi 10$ 的纵向构造钢筋，如图 5-5-10（a）所示。当采用装配

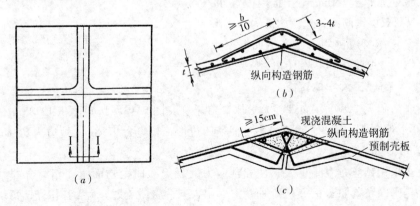

图 5-5-10 扭壳屋脊处的配筋

（a）组合型扭壳平面；（b）现浇壳体构造；（c）装配整体式壳体构造

整体式扭壳时,屋脊接缝处的局部现浇混凝土及配筋构造如图5-5-10（b）所示。

5.5.4 双曲抛物面扭壳的工程实例

1) 北京市丰台电话分局主机楼

北京市丰台电话分局主机楼建于1981年,为二层装配整体式框架结构,一层柱网为横向9m三跨,纵向为6m五跨,并附3.6m一跨,二层为大空间。屋盖采用钢筋混凝土组合型双曲抛物面扭壳结构,见图5-5-11。扭壳平面尺寸为27.0m×33.6m,壳体矢高与短边之比为1:5.4。壳体最薄处70mm,十字脊线处加厚为240mm,四周边缘处加厚为180mm,壳体上下面各配双向钢筋网,混凝土强度为300号。扭壳的边缘构件采用多拉杆三角形人字架（见图5-5-12）,扭壳边缘剪力的水平分力由边缘构件的三道水平拉杆分段平衡,避免了采用预应力混凝土拉杆,简化了施工。

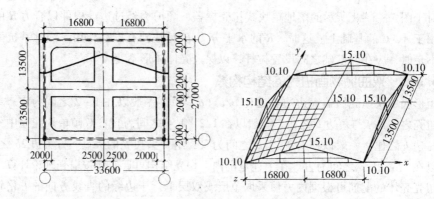

图5-5-11 北京市丰台电话分局主机楼扭壳屋盖

2) 大连海港转运仓库

大连海港转运仓库建于1971年,仓库柱距为23m×23.5m（24m）,采用钢筋混凝土组合型双曲抛物面扭壳屋盖,见图5-5-13。每个扭壳平面尺寸为23m×23m,壳厚为60mm,十字脊线处加厚至200mm,四周边缘处加厚至150mm。壳板内配置Φ8@150双向双层钢筋网,边缘构件为人字形拉杆拱,壳体及边拱均为现浇钢筋混凝土结构。混凝土强度为300号（相当于现C30）。

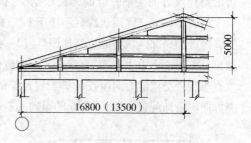

图5-5-12 三角形人字架边缘构件

3) 华南理工大学体育馆

位于广州大学城的华南理工大学体育馆建筑（图5-5-14）面积12783m²,可容纳5000个观众席。其平面水平投影近似呈四边形,长边为97.8m,短边为67.9m,建筑高度32.05m。

屋盖采用预应力混凝土大斜柱和预应力混凝土双曲抛物面扭壳相结合的结构体系,结构平面布置如图5-5-15所示。四组大斜柱将屋盖划分为4片扭壳,每块扭壳水平投影均为平行四边形。壳板厚度为130mm,在距离边缘构件3m的范围内逐渐增厚至200mm。4块扭壳的水平投影均为平行四边形,左右对称。左上角壳板（I区）

第5章 钢筋混凝土空间薄壁结构

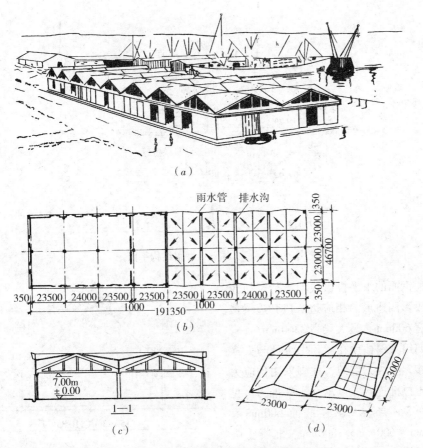

图 5-5-13 大连海港转运仓库组合型扭壳屋盖

图 5-5-14 华南理工大学体育馆

的水平投影尺寸为 32.94m×44.10m，左下角板（Ⅳ区）的水平投影尺寸为 25.41m×44.10m；右上角壳板（Ⅱ区）与右下角壳板（Ⅲ区）的尺寸同左侧壳板，壳板的四脚标高见图 5-5-15 所示。壳板厚度为 130mm，在距离边缘构件 3m 范围内的壳板厚度渐变至 200mm。壳板钢筋为 HRB400 级 ⌀10@150mm，双层双向；距离边缘构件 3m 范围内另加 HRB400 级 ⌀10@150mm。无粘结预应力筋采用 φˢ15.2 钢绞线，在壳板内双向均匀布置，水平投影间距为 600mm，其线形为直线，位于壳板的中间。预应力筋

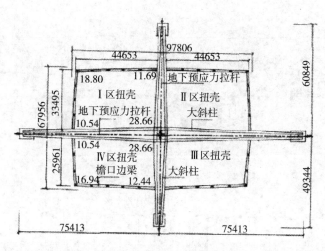

图 5-5-15 体育馆屋盖结构平面图

和普通钢筋的水平投影线均平行于扭壳水平投影四边形的相应边。扭壳边梁最大梁宽600mm，最大梁高2300mm。

四组大斜柱顶在屋顶中央处与大横梁连接，组成人字架，柱脚采用预应力混凝土拉杆连接，以承受水平推力，见图 5-5-16。大斜柱截面 600mm×1200mm～600mm×1800mm。混凝土强度等级均为C45。

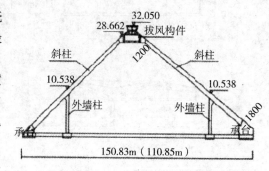

图 5-5-16 体育馆屋盖斜柱布置图

5.6 折板

折板结构是把若干块薄板以一定的角度连接成整体的空间结构体系。从几何形成上来说，折板结构和筒壳没有本质上的区别，因为任意形状的筒壳都能足够精确地用一个内接多边形的折板来代替（图 5-6-1），因此，折板结构具有筒壳结构受力性能好的优点。同时折板结构截面构造简单、施工方便、模板消耗量少，因而在工程中得到了广泛的应用。

图 5-6-1 筒壳与折板

5.6.1 折板结构的组成

折板结构一般由折板、边梁和横隔三部分所组成，如图 5-6-2 所示。两个横隔之间的间距 l_1 称为跨度，两个边梁之间的间距 l_2 称为波长。

折板结构的型式可分为有边梁的和无边梁的两种。无边梁的折板结构由若干等厚度的平板和横隔构件所组成，如预制 V 形折板即是，平板的宽度可以相同也可以不同。有边梁的折板结构的截面型式如图 5-6-3 所示。折板结构在横向可以是单波的或多波的，在纵向可以是单跨的、多跨连续的、或是悬挑的。

折板结构中的折板一般为等厚度的薄板。现浇折板的倾角不宜大于30°，坡度太大，浇筑混凝土时须上下双面支模或采用喷射法施工。边梁一般为矩形截面梁，梁宽宜取折板厚度的2～4倍，以便于布置纵向受拉钢筋。横隔的结构型式与筒壳结构中横隔的型式相同。因折板结构的波长大都在12m以内，横隔结构的跨度较小，故工程中常采用折板下梁或三角形框架梁的型式。

根据施工方法的不同，折板结构可分成现浇整体式、预制装配式及装配整体式。现浇整体式折板结构必须采用满堂脚手架，费事费料。因此，近年来我国较多地采

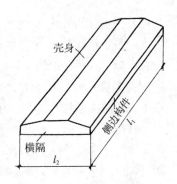

图 5-6-2 折板结构的组成

用折叠式预制V型折板。它可以是预应力的，也可以是非预应力的。折叠式预制V形折板是把相邻板块的结合部位设计成可转折的，在长线张拉台座上平卧制作，并可叠层生产、堆放和运输。吊装就位后，在折板转折处将板边伸出的钢筋连接好，再用细石混凝土灌缝便形成整体V形折板屋盖结构。这就省掉了脚手架和大量的模板，同现浇式折板结构或梁板结构相比，具有节省三材、制作简单、施工速度快等优点。

5.6.2 折板结构的受力特点及计算要点

根据结构受力特点的不同，折板结构可分为长折板和短折板两类。当 $l_1/l_2 \geqslant 1$ 时，

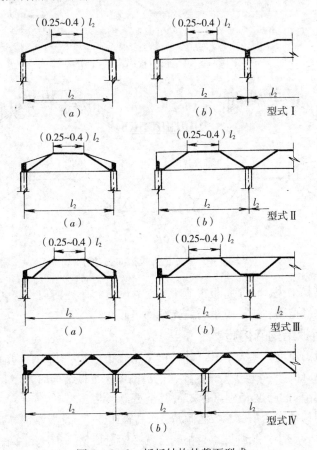

图 5-6-3 折板结构的截面型式

称为长折板;当 $l_1/l_2 \leq 1$ 时,称为短折板。

短折板结构的受力性能与短筒壳相似,双向受力作用明显,计算分析较为复杂。但在实际工程中,因为折板结构 l_2 一般不宜太大,故短折板并不多见。一般折板结构跨度 l_1 经常是波长 l_2 的好几倍,即为长折板结构,其受力性能与长筒壳相似。对于边梁下无中间支承且 $l_1/l_2 \geq 3$ 的长折板,可沿纵横方向分别按梁理论计算。

在折板的纵向,可取一个波长作为计算单元,把折板看成以横隔为支座的梁,如图 5-6-4(a) 所示。折板的截面可以折算成 T 形截面(图 5-6-4b)或工字形截面(图 5-6-4c)。在折板的横向,可取 1m 板带按多跨连续板计算,折板的转折处及边梁处可视为连续板的支座,如图 5-6-5(a) 所示。其弯矩图如图 5-6-5(b) 所示。但对于装配整体式 V 形折板,由于后浇折缝的刚性不如整体现浇的折板结构好,因此也有人认为折缝处不能看成是连续刚性结构,而应视为铰接。

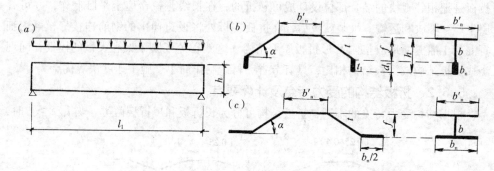

图 5-6-4 长折板纵向的计算

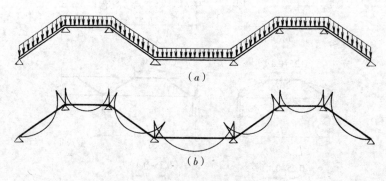

图 5-6-5 长折板横向的计算

对于横隔结构来说,由于折板很薄,平面外刚度很小,所以折板传给横隔的只是沿折板平面内的顺剪力,这一点也与筒壳结构相似。

5.6.3 折板结构的构造

为了使折板的厚度 δ 不大于 100mm,板宽不宜大于 3~3.5m,同时考虑到顶部水平段板宽一般取 $(0.25 \sim 0.4) l_2$,因此,现浇整体式折板结构的波长 l_2 一般不应大于 10~12m。折板结构的跨度 l_1 则可达 27m 甚至更大。

影响折板结构型式的主要参数有倾角 α、高跨比 f/l_1、及板厚 δ 与板宽 b 之比 δ/b。折板屋盖的倾角 α 越小,其刚度也越小,这就必然造成增大板厚和多配置钢筋,经济上是不合理的,因此,折板屋盖的倾角 α 不宜小于 25°。高跨比 f/l_1 也是影响结构刚度的主要因素之一，跨度越大，要求折板屋盖的矢高越大，以保证足够的刚度。长折板的矢高 f 一般不宜小于 $(1/15 \sim 1/10) l_1$；短折板的矢高 f_1 一般不宜小于 $(1/10 \sim 1/8) l_2$。板厚与板宽之比，则是影响折板屋盖结构稳定的重要因素，板厚与板宽之比过小，折板结构容易产生平面外失稳破坏。折板的厚度 δ 一般可取 $(1/50 \sim 1/40) b$，且不宜小于 30mm。

现浇整体式折板的配筋如图 5-6-6 所示。当折板的板厚 $\delta \leq 60$mm，且各板之间的夹角不大于 20°时，在板内可设置单层钢筋网（图 5-6-6a），但在各折缝附近板面需增设足够数量的钢筋，以承受该处负弯矩所产生的拉力，钢筋直径不小于 $\phi 6$，间距不大于 250mm。当折板的板厚 $\delta > 60$mm 或各板之间的夹角大于 20°时，则板内应设置双层钢筋网，同时在各折缝的底部应设置间距不大于 250mm 的 $\phi 6 \sim \phi 8$ 构造钢筋（图 5-6-6b）。

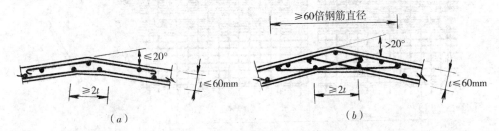

图 5-6-6 现浇整体式折板折角缝的配筋

装配整体式 V 形折板的几何参数如图 5-6-7 及表 5-6-1 所示。配筋构造如图 5-6-8 及表 5-6-2 所示。V 形折板屋盖的折缝构造，上折缝应将 V 形折板外露的横向钢筋弯折 180°，并钩住折缝中附加的纵向通长钢筋 $\phi 8$ 后浇筑混凝土（图 5-6-9a）；非卷材屋面上折缝灌缝混凝土应覆盖 V 折板上缘上表面，覆盖长度应大于 80mm，以防止接缝处渗漏（图 5-6-9b）。下折缝将连接横向钢筋弯折后，与附加的纵向通长钢筋 $\phi 12$ 绑扎后浇筑混凝土。下折缝的底部模板应做成尖角，下折缝内侧的混凝土和 V 形折板板面的压接长度应不小于 100mm（图 5-6-9c）；非卷材屋面，宜在下折缝上面增设钢筋网片（图 5-6-9d）。

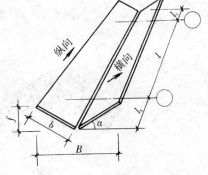

图 5-6-7 装配整体式 V 形折板的几何参数

V 形折板几何参数　　　表 5-6-1

折板类别	跨度 l（m）	倾角 α	高跨比		板厚与板宽之比 t/b	跨度与波宽之比 l/B
			简支 f/l	悬臂 f/l_t		
钢筋混凝土 V 形折板	≤ 21	$\geq 25°$	$> \dfrac{1}{15}$	$> \dfrac{1}{5}$	$> \dfrac{1}{35}$	$3 \sim 7.5$
预应力混凝土 V 形折板	≤ 27	$\geq 25°$	$> \dfrac{1}{20}$	$> \dfrac{1}{7}$	$> \dfrac{1}{40}$	$3 \sim 10.5$

V形折板钢筋配置　　　　　　　表5-6-2

折板类型	钢筋类型	钢筋根数	直径(mm)	间距(mm)	折板类型	钢筋类型	钢筋根数	直径(mm)	间距(mm)
钢筋混凝土V形折板	纵向主钢筋	≥2	10~18	$25 \leq a_1 \leq 35$	预应力混凝土V形折板	纵向主钢筋	≥3	4~5	$25 \leq a_1 \leq 30$
	板面纵向分布筋	≥4	4~8	$100 \leq a_2 \leq 250$		板面纵向分布筋	≥6	4~5	$100 \leq a_2 \leq 200$
	横向钢筋		4~6	$a_3 \leq 200$		横向钢筋		4~5	$a_3 \leq 150$

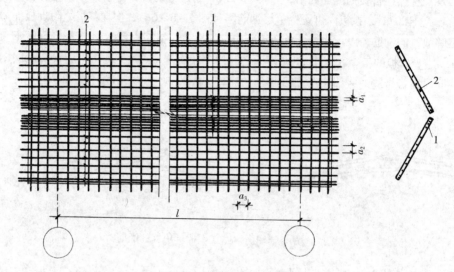

图5-6-8　装配整体式V形折板的构造要求
1—主筋；2—分布筋

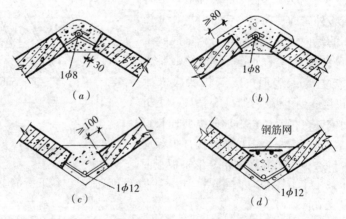

图5-6-9　装配整体式V形折板的折缝构造

5.6.4　折板结构的工程实例

折板结构既可作为梁板合一的构件，又可作为墙柱合一的构件，即做成折板截面的刚架，也可做成折板截面的拱式结构。造型十分丰富。

1）巴黎联合国教科文组织总部会议大厅

位于巴黎的联合国教科文组织总部会议大厅采用两跨连续的折板刚架结构。大厅两边支座为折板墙，中间支座为支承于6根柱子上的大梁。如图5-6-10所示。

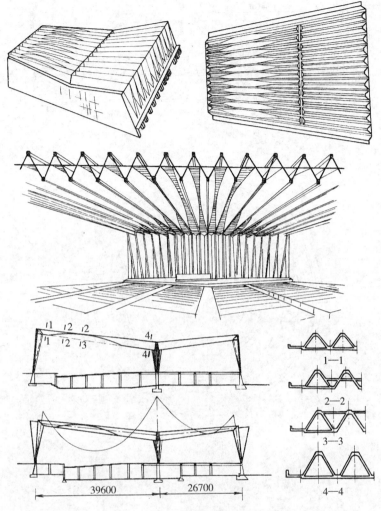

图 5-6-10 巴黎联合国教科文组织总部会议大厅

2) 美国伊利诺大学会堂

美国伊利诺大学会堂平面呈圆形,直径132m,屋顶为预应力钢筋混凝土折板组成的圆顶,由48块同样形状的膨胀页岩轻混凝土折板拼装而成,形成24对折板拱。拱脚水平推力由预应力圈梁承受。见图5-6-11。

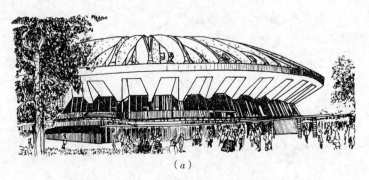

(a)

图 5-6-11 美国伊利诺大学会堂(一)

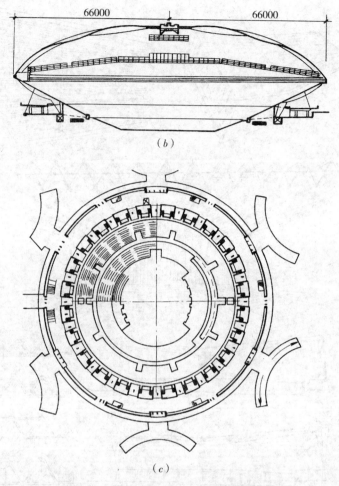

图 5-6-11 美国伊利诺大学会堂（二）

5.7 雁形板

5.7.1 雁形板的截面形式

雁形板是一种梁板合一的结构，它是以 T 形板和 V 形板为基础而形成的一种新的结构型式，以其形似飞行的雁而命名为雁形板，如图 5-7-1 所示。雁形板从整体上看与 V 形折板相似，但雁形板的波谷为整体现浇，拼装缝位于波峰，有利于结构防水。从单体上看，雁形板与 T 形截面相似。

雁形板可分成普通型、加肋型、拉杆型三类。如图 5-7-2 所示。普通型雁形板（图 5-7-2a）上下板面均为平滑面，具有施工方便，使用过程中不易积灰积水的优

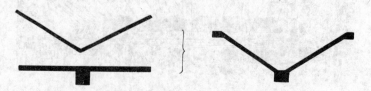

图 5-7-1 雁形板的形成

点，但当板宽较宽时（如 $b \geqslant 3m$），材料用量较大。横向加肋（图 5-7-2b）则可有效地控制悬挑板的厚度。这种肋可加在板的上表面，也可加在板的下表面。这种板型与平面板型比较可降低材料消耗，但给板的制作成型及防水处理带来较大困难，使用中易积灰积水（上板面加肋）、室内观感较差（下板面加肋）。另一种办法是在截面设计时，只考虑形成屋盖后的永久内力状态，而施工阶段的内力状态则采用临时构造措施予以解决。这样的措施可以是多种多样的。工程上普遍采用的拉杆型雁形板就是按这种思路设计而成（图 5-7-2c）。这种板在制作、运输及吊装过程中采用工具式拉杆将上边缘水平拉接起来，待形成屋盖后即可卸去拉杆，供周转使用。但位于边跨的板则需设置永久性拉杆。

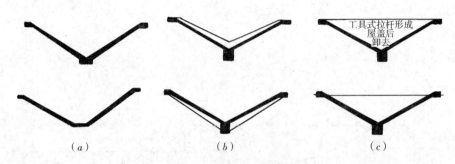

图 5-7-2 雁形板的截面形式

5.7.2 雁形板的结构型式

雁形板可像 V 形折板或 T 形板一样进行结构布置，形成各种结构方案。此外，利用雁形板也可创造一些新的结构型式，以满足多功能、大跨度及丰富建筑造型的要求。例如，将雁形板弯曲成拱，加预应力拉杆即可形成拉杆雁形截面拱。拉杆上可以装设预制的具有各种功能的吊顶板，或可直接浇制兼作拉杆的整体吊顶板（图 5-7-3a），这种结构特别适用于粮库及各类无桥式吊车的库房及厂房。将两雁形板斜置，用顶铰及拉杆（一般设于地面以下）构成直线形或曲线形落地三铰拱。这种内空呈三角形断面的结构很适合于散料堆场，如粮食、煤炭、矿石及化工原料仓库等（图 5-7-3b）。此外，用雁形板还可构成其他各种造型美观的大跨度拱及斜张结构，以

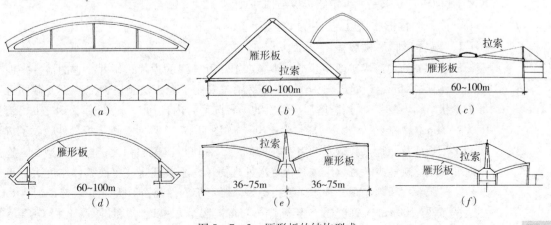

图 5-7-3 雁形板的结构型式

满足各种功能的大跨度结构的要求（图5-7-3c, d, e, f）。

5.7.3 雁形板的受力特点

雁形板纵向相当于V形截面梁，受力较为简单。横向受力则较为复杂，它在施工阶段（制作、运输、吊装）及使用阶段（形成屋盖后）的内力状态完全不同。形成屋盖前，雁形板单体构件呈V型截面，翼板横向处于悬臂状态，在竖向荷载作用下其内力图如图5-7-4（a）所示。形成屋盖后，板与板相互支承，板横向的结构计算简图及内力图如图5-7-4（b）所示。由上述两个内力状态的比较可见，虽然在两种状态下的翼板根部均为负弯矩，但两者的弯矩值相差4~5倍。很显然，雁形板的内力与配筋将由施工阶段所控制。在施工阶段设置临时拉杆，使板在施工阶段的内力状态接近于使用阶段的内力状态，则可达到经济的目的。

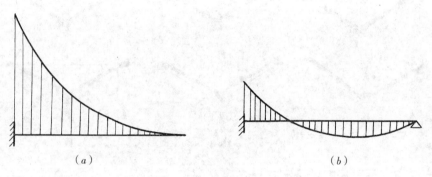

图5-7-4 雁形板翼板的受力特点

5.7.4 雁形板结构的构造

为控制板厚，雁形板翼板宽度b一般宜控制在4m以下，当跨度$L \leq 12m$时，可取$b=2m$，$t=50mm$，$12m<L \leq 21m$时，可取$b=2~3m$，$t=50~80mm$，当$21m<L \leq 27m$时，可取$b=3m$，$t=80mm$，当$27<L \leq 36m$时，可取$b=4m$，$t=80~100mm$。当板宽较大时，板厚可从翼缘端部最小处至翼缘根部最大处逐渐变化，也可采用加横肋的方式。

雁形板的截面高度，可按高跨比$h/L=1/25~1/20$设计。翼板倾度可取1:2至1:1.5。其他构造要求一般可参照折板结构处理。

5.7.5 雁形板的工程实例

1）某圆形雁形板屋盖

徐州矿务局夹河煤矿新副井是一座年产120万吨煤的现代化矿井。它的浴室平面呈圆形，直径35m，建筑面积970m^2。浴室屋盖采用了先张法预应力混凝土变截面雁形板伞状结构。由40块预制雁形板组成的伞状圆环，内径为12m，外径为38.2m，跨度为11.4m，悬挑1.6m，支座高差为2.8m，如图5-7-5所示。雁形板构件吸收了折板和T形板的优点而又克服了两者存在的问题，每块板覆盖面积大，构件类型少，施工简便。屋盖接缝少，且位于波峰，防水处理简单，不会漏水，屋面整体刚度大，工期短，建筑造型新颖美观，技术经济指标好。雁形板构件截面形状如图5-7-5所示，小梁截面为200mm×200mm，腹板厚60mm。整个屋盖结构的混凝土折算厚度为98mm。

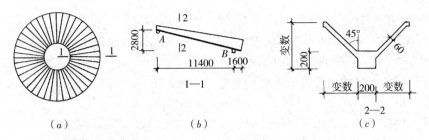

图 5-7-5 雁形板屋盖结构实例

2）某水电站厂房雁形板屋盖

沙坡头水利枢纽位于宁夏回族自治区中卫县境内的黄河干流上，布置有主安装场、北干电站、河床电站、副安装场等建筑，主厂房跨度24m。经过方案比较，最终采用雁形板结构，截面尺寸见图5-7-6。雁形板截面高度1250mm，板折算厚度90mm，而同样的钢屋架和网架屋盖结构高度要2500mm。雁形板屋盖高度和重量均约为钢屋架或钢网架屋盖的一半，对厂房结构的抗震设计极为有利。

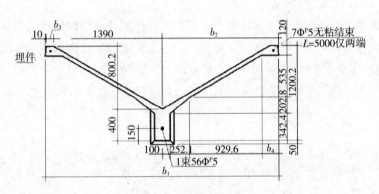

图 5-7-6 雁形板断面图

考虑到此工程设计地震烈度为8度，为了使上部结构受力明确，相邻坝段之间都设沉陷缝，并做温度缝之用。各个坝段宽度及雁形板控制尺寸见表5-7-1。

各坝段宽度及控制尺寸表（宽度单位以 mm 计） 表 5-7-1

位置	坝段宽度	标志宽度	b_1	b_2	b_3	b_4	件数
主安装场	25000	3095	3060	1530	130	248.3	8
北干电站	18000	3000	2970	1485	85	203.3	6
河床电站	25700×4	3212.5	3180	1590	190	308.3	32
副安装场	21500	3037.14	3000	1500	100	218.3	7

雁形板制作时纵向起拱$L/500$。混凝土强度等级C40，底梁和上部肋梁纵向钢筋用热轧 HRB335 级，直径 10 mm，底梁的顶部和底部各 3 根，肋梁 4 根；翼板的钢筋用冷轧带肋钢筋 LL650 级，主筋直径4mm，间距 100 mm，为防止板面裂缝，顶面和底面均设分布筋，间距200mm，由于构件薄，顶面和底面分布筋错开布置。主筋保护层，肋梁保护层20mm，翼板15mm，翼板制作厚度误差在+3mm、-2mm之间。预应力钢

筋为 56 根 Φ^P5 钢丝束，在底梁中部距梁底 150mm 高处留设直径 60mm 的预应力孔道，拆模前在翼缘上端沿跨度方向每隔 3 m 设临时拉杆。每根拉杆张紧力约 4.6 kN。直至吊装就位。

板缝连接：相邻板间预埋铁件焊接连牢，再用细石混凝土将相邻肋间隙灌满，使各块雁形板连成整体（见图 5-7-7）。按设计要求处理好板缝后，方可卸去临时拉杆。厂房端部及变形缝两边各一块板设间距3m的永久性混凝土拉杆。

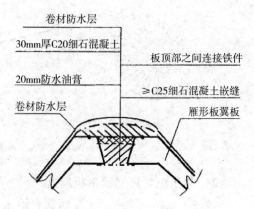

图 5-7-7 相邻雁形板屋面嵌缝及防水处理

5.8 幕结构

5.8.1 幕结构的组成

幕结构是由若干块三角形或梯形薄板连接成整体的薄壁空间结构。它具有锥台的外形，覆盖着正方形或矩形的底面，如图 5-8-1 所示。幕结构具有与双曲薄壳结构相似的性能，但制作方便，适用于中小跨度的建筑。幕结构可以是单跨的，也可以是多跨的。它既可作为多层建筑物的层间楼盖结构，也可作为单层建筑物的屋盖结构。

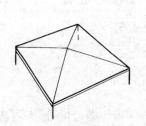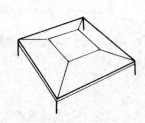

图 5-8-1 幕结构的形式

幕结构由折板、侧边构件和下部支承构件所组成，如图 5-8-2 所示。幕结构中的折板为双向曲折，因而具有双曲薄壳的性能，比普通折板结构受力更为合理。当跨度在 7~9m 以上且板厚受到限制时，折板也可设计成带肋的。幕结构可以沿四边或两对边支承，也可在四角支承；可支承于承重墙上，也可支承于单独的立柱上。当为柱支承时，为改善支承点的局部承压条件，可在柱顶设柱帽，柱帽宽度可取 $c = (0.2 \sim 0.3) l$。当荷载及跨度均较小时也可以不设柱帽。对于现浇钢筋混凝土结构则宜设计成与柱帽同宽的柱上板带（图5-8-2a）；为节省材料减小柱上板带的宽度，当荷载及跨度均较小时，也可取消柱帽并把幕结构的斜棱加宽成三角形边梁支承于柱子上（图 5-8-2b）。幕结构的侧边构件一般采用矩形或 L 形截面梁，当幕结构支承于承重墙上时，则应该设水平板状的边梁（图 5-8-3a）；当幕结构支承于柱子上时，则应设倒 L 形的边梁（图 5-8-3b）。

幕结构可以是整体现浇钢筋混凝土结构，也可采用装配式或装配整体式的混凝土结构。在多跨幕结构中，也可在侧边梁内布置多跨连续的预应力钢筋。

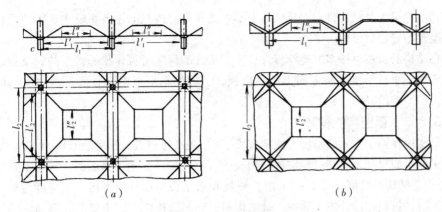

图 5-8-2 幕结构的组成

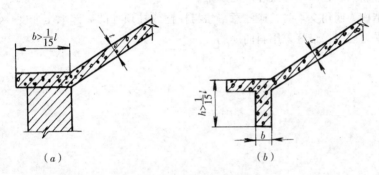

图 5-8-3 幕结构的侧边构件
(a) 支承在墙上；(b) 支承在柱上

5.8.2 幕结构的受力特点及计算

根据试验结果分析，多跨幕结构可不考虑其连续性，仍按单个空间结构考虑，即可假定相邻幕结构之间为铰接。

幕结构的整体受力和破坏形态与支承条件有关。当幕结构在四角支承于可动的铰支座上时，其破坏形态是沿跨中断裂，如图 5-8-4 (a) 所示。当幕结构沿四边支承时，幕结构在破坏时自角部向上开裂，分为五个刚性板，如图 5-8-4 (b) 所示。当幕结构沿着两个对边支承时，则上述两种破坏形态都有可能。由上述破坏形态可见，

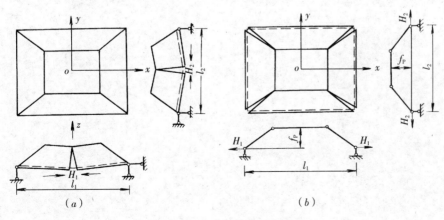

图 5-8-4 幕结构的破坏形态

幕结构的边梁为受拉构件，而折扳的上部为受压区。按照上述破坏模式求得的受拉钢筋应全部布置在边梁内。

幕结构的折扳可按多跨连续板计算，折角处的棱线可视作相邻折扳的铰支座，斜板可看成是垂直于水平棱方向上的单向板，上面的水平板则可看成是四边支承的双向板。

5.8.3 幕结构的构造

幕结构在两个方向的跨度之比不宜大于2。矢高可取较大跨度的 1/8～1/12。幕结构顶板的平面尺寸不宜超过相应底边边长的（0.4～0.6）倍，侧板的倾斜角不宜大于35°。当幕结构的跨度小于 6～7m 时，斜板和水平板可设计成平板；当跨度达 7～9m 或更大时，折板宜设计成带肋的。幕结构布置在侧边构件内的主要受拉钢筋应延伸到支座，并可靠锚固，以便形成环形的圈梁。

当幕结构为四角支承时，应注意幕角与柱帽或柱顶处的局部承压强度。为了改善幕角处的受力性能，最好采用斜向配筋。

第6章

平板网架结构

6.1 概述
6.2 平板网架的结构体系及其形式
6.3 网架结构的支承方式
6.4 网架结构的受力特点及其选型
6.5 网架结构主要几何尺寸的确定
6.6 网架结构的构造
6.7 组合网架结构
6.8 网架结构的工程实例

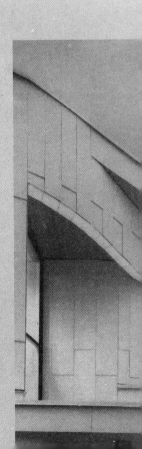

本章和下一章将介绍空间网格结构。空间网格结构是由许多杆件根据建筑形体要求，按照一定的规律进行布置，通过节点连接组成的一种网状的三维杆系结构。它具有各向受力的性能，各杆件之间相互支撑，具有较好的空间整体性，是一种高次超静定的空间结构。在节点荷载作用下，各杆件主要承受轴力，因而能够充分发挥材料强度，结构的技术经济指标较好。

空间网格结构的外形可以为平板状，也可以呈曲面状。前者称为平板网架结构，常简称为网架；后者称为曲面网架或壳形网架结构，常简称为网壳。本章介绍平板网架结构，下一章则介绍网壳结构。

6.1 概述

网架结构在最近三十年来得到了很大的发展，在国内外都得到了广泛的应用。网架结构平面布置灵活，空间造型美观，便于建筑造型处理和装饰装修，能适应不同跨度、不同平面形状、不同支承条件、不同功能需要的建筑物。特别是在大、中跨度的屋盖结构中，网架结构更显示出其优越性，被大量应用于大型体育建筑（如体育馆、练习馆、体育场看台雨篷等）、公共建筑（如展览馆、影剧院、车站、码头、候机楼等）、工业建筑（如仓库、厂房、飞机库等）中。

近年来，随着电子计算机的广泛应用和计算技术的发展，使网架结构的设计效率大大提高。网架结构的施工安装和质量检测技术日益提高，出现了许多专业生产厂家和公司，并可进行设计、制作、安装一条龙服务，为网架结构的推广普及提供了物质上和技术上的保证。

平板网架是一种铰接杆系结构，具有受力合理、计算简便、刚度大、材料省、制作安装方便等优点，是我国历来空间结构中最普遍的一种形式，也是我国最成熟的一种空间结构，大中小跨度均适用，应用极为广泛。平板网架结构具有以下优点：

（1）平板网架为多向受力的空间结构，比单向受力的平面桁架适用跨度更大，一般可达 30～60m，甚至达 60m 以上。在用料方面，它可以比桁架结构节省钢材 30%。

（2）网架结构整体刚度大、稳定性好，能有效地承受各种非对称荷载、集中荷载、动荷载的作用，对局部超载、施工时不同步提升和地基不均匀沉降等有较强的适应能力，并有良好的抗震整体性。通过适当的连接构造，还能承受悬挂吊车及由于柱上吊车引起的水平纵横向的刹车力作用。

（3）平板网架是一种无水平推力或拉力的空间结构，一般简支在支座上，这能使边梁大为简化，也便于下部承重结构的布置，构造简单，节省材料。

（4）网架结构应用范围广泛，平面布置灵活，对于各种跨度的工业建筑、体育建筑、公共建筑，平面上不论是方形、矩形、多边形、圆形、扇形等都能进行合理的布置。近年来厂房建筑中较多地考虑工艺布置灵活，便于产品更新、设备调整，因而大柱网、大面积的工业厂房采用网架结构的日益增多。

（5）网架结构易于实现制作安装的工厂化、标准化。若采用螺栓连接，网架的杆件和节点都可以在工厂生产，现场仅需进行简单的拼装，技术简单，工作量小。且网架可拆、可装，便于建筑物的扩建改造或移动搬迁。

（6）网架结构占有的空间小，并可利用网架上下弦之间的空间布置各种设备及管道等，能更有效地利用空间，使用方便，经济合理。

（7）网架的建筑造型新型、壮观、轻巧、大方，并能直接利用网架上下弦杆件及腹杆的布置形成一些美丽的顶棚图案，因而乐于为建筑师和业主所采用。

尽管网架结构具有上述优点，但是就目前而言，网架结构还存在节点用钢量较大、加工制作费用相比于平面桁架还较高等问题。

6.2 平板网架的结构体系及其形式

平板网架结构一般为双层的，有时也为三层的。按照杆件的布置规律及网格的构成原理分类，平板网架结构可分成交叉桁架体系和角锥体系两类。交叉桁架体系由两向或三向相互交叉的平面桁架所组成；角锥体系则分别由四角锥、三角锥、六角锥等组成。在网架结构应用的早期，交叉桁架体系网架在制作与安装方面比角锥体系网架易于推广，因为交叉桁架体系网架可先拼装成平面桁架，然后进行总拼，而平面桁架的制作是施工单位所熟悉的。但在网架构件制造越来越专业化的时候，角锥体系因其良好的受力性能而更具竞争力。

为了便于说明网架结构各构件的布置，本节插图（图6-2-2~图6-2-17）中网架平面杆件的表示方法如图6-2-1所示。平面图中分为四个区，左上角为平面总图；右上角为上弦杆的布置；左下角为下弦杆的布置；右下角为腹杆及上下弦节点的布置。

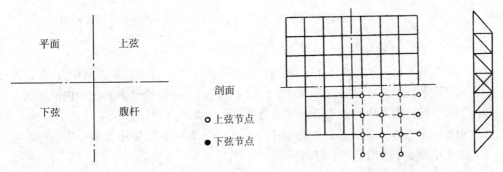

图6-2-1　网架结构布置的图例　　图6-2-2　两向正交正放网架

6.2.1 交叉桁架体系网架

交叉桁架体系网架是由一片片平面桁架相互交叉组合而成。网架中每片桁架的上下弦杆及腹杆位于同一垂直平面内。根据网架的平面形状和跨度大小，整个网架可由两向或三向的平面桁架交叉而成。两向相交的桁架的夹角，可以成90°，也可以成任意角度;三向交叉的桁架的夹角一般为60°。因此交叉桁架体系网架的型式有下列四种。

(1) 两向正交正放网架

这种网架由两个方向的平面桁架交叉而成,其交角为90°,故称为正交。两个方向的桁架分别平行于建筑平面的边线,因而称为正放,如图6-2-2所示。

(2) 两向正交斜放网架

这种网架也是由两组相互交叉成90°的平面桁架组成,但每片桁架与建筑平面边线的交角为45°,故称为两向正交斜放网架,如图6-2-3所示。

两向正交斜放网架中的各片桁架长短不一,而网架常常设计成等高度的,因而四角处的短桁架刚度较大,对长桁架有一定嵌固作用,使长桁架在其端部产生负弯矩,使其跨中弯矩减小,并在网架四角隅处的支座产生上拔力,故应按拉力支座进行设计。

(3) 两向斜交斜放网架

由于建筑物的使用功能或建筑立面要求,有时建筑平面中两相邻边的柱距不等,因而相互交叉桁架的交角不能保持90°,而成其他某一角度,而且两个方向的桁架与建筑平面边线的交角也不相同。这种网架称为两向斜交斜放网架,如图6-2-4所示。

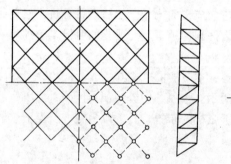
图6-2-3 两向正交斜放网架

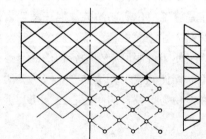
图6-2-4 两向斜交斜放网架

(4) 三向交叉网架

三向交叉网架一般是由三个方向的平面桁架相互交叉而成,其交角互为60°,故上下弦杆在平面中组成正三角形,如图6-2-5所示。三向交叉网架比两向网架的空间刚度大、杆件内力均匀,故适合在大跨度工程中采用,特别适用于三角形、梯形、正六边形、多边形及圆形平面的建筑中。但三向交叉网架杆件种类多,节点构造复杂,在中小跨度中应用是不经济的。

(5) 单向折线形网架

单向折线形网架是由一系列相互平行的平面桁架相互斜交成V字形而形成,如图6-2-6所示。也可看成是将正放四角锥网架取消了纵向的上下弦杆,仅有沿跨度方向的上下弦杆。因此,呈单向受力状态。但它比单纯的平面桁架刚度大,不需要布置支撑系统,各杆件内力均匀,对于较小跨度特别是狭长的建筑平面较为适宜。为加强结构的整体刚度,一般需沿建筑平面周边增设部分上弦杆件。

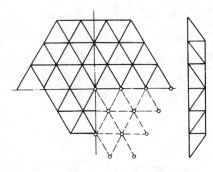
图6-2-5 三向交叉网架

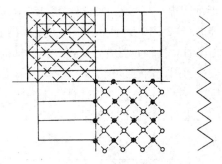
图6-2-6 单向折线形网架

6.2.2 角锥体系网架

角锥体系网架是由四角锥单元、或三角锥单元、或六角锥单元所组成的空间网架结构，分别被称作为四角锥体网架、三角锥体网架、六角锥体网架。角锥体系网架比交叉桁架体系网架刚度大，受力性能好。若由工厂预制标准锥体单元，则堆放、运输、安装都很方便。角锥可并列布置，也可抽空挑格布置，以降低用钢量。

1）四角锥体网架

四角锥体由四根弦杆四根腹杆所组成，如图6-2-7所示。将各个四角锥体按一定规律连接起来，即可组成四角锥体网架。根据锥体的连接方式不同，四角锥体网架有下列五种形式。

（1）正放四角锥网架

四角锥底边及连接锥尖的连杆均与建筑平面边线相平行，称为正放四角锥网架。正放四角锥网架一般为锥尖向下布置，将锥的底边相连成为网架的上弦杆，锥尖的连杆为网架的下弦杆，如图6-2-8所示。也可锥尖向上布置，这时由锥尖的连杆作为网架的上弦杆，由锥的底边相连成为网架的下弦杆。正放四角锥网架的上下弦杆长度相等，并相互错开半个网格，锥体的棱角杆件为网架结构的斜腹杆。

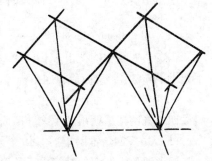
图6-2-7 四角锥体单元

（2）正放抽空四角锥网架

并列满格布置的正放四角锥网架的刚度较大，但由于杆件数量多，当跨度较小时网架的用钢量指标较高。为了降低用钢量，简化构造，以及便于屋面设置采光通风天窗，根据网架的支承条件

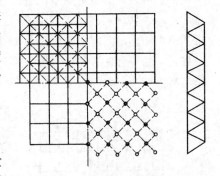
图6-2-8 正放四角锥网架

和内力分布情况，可适当抽掉一些四角锥体，成为正放抽空四角锥网架，如图6-2-9所示。

（3）斜放四角锥网架

斜放四角锥网架由锥尖向下的四角锥体所组成。与正放四角锥网架不同的是，各个锥体不再是锥底的边与边相连，而是锥底的角与角相接。所谓斜放，是指网架的上弦（即锥底边）与建筑平面边线成 45°角，而连接各锥顶的下弦杆则仍平行于建筑边线，如图 6-2-10 所示。由于网架受压的上弦杆长度小于受拉的下弦杆，从钢杆件受力性能来看，这种布置方式比正放四角锥网架更为合理，而且每个节点交汇的杆件数量也较少，因此用钢量较少。其缺点是屋面板种类较多（三种），屋面排水坡的形成也较困难，因而给屋面构造设计带来一定的不便。同时，当为点支承时，要在周边布置封闭的边桁架以保证网架的稳定性。

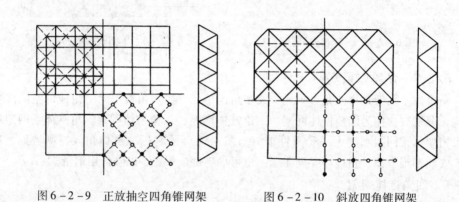

图 6-2-9　正放抽空四角锥网架　　　　　图 6-2-10　斜放四角锥网架

（4）棋盘形四角锥网架

棋盘形四角锥网架由于其形状与国际象棋的棋盘相似而得名。它是将斜放四角锥网架水平转动 45°角而成，四角锥体的连接方式不变，如图 6-2-11 所示。它使网架的上弦杆与建筑平面的边线相平行，下弦杆与建筑平面边线成 45°交角，从而克服了斜放四角锥网架屋面板种类多、屋面排水坡形成困难的缺点。

（5）星形四角锥网架

星形四角锥网架的网格单元的形状就如一个星体，与前面所述的四角锥单元完全不同。它可以看成是由两个倒置的三角形小桁架正交形成，在交点处共用一根竖杆，见图 6-2-12。将各星形四角锥单元的上弦连接起来即为网架的上弦，将各星形四角锥的锥尖相连即为网架的下弦，如图 6-2-13 所示。星形四角锥网架的上弦杆短，下弦杆长，受力合理。竖杆受压，其内力等于上弦节点荷载。这种型式一般适用于中小跨度且为周边支承的屋盖。

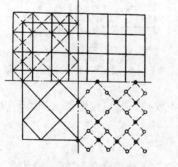
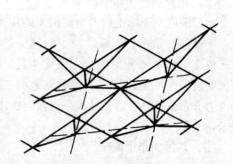

图 6-2-11　棋盘形四角锥网架　　　　　图 6-2-12　星形四角锥单元

2) 三角锥体网架

组成三角锥体网架的基本单元是倒置的三角锥。三角锥体的底面呈正三角形，锥顶向下，顶点位于正三角形底面的重心线上。由底面正三角形的三个角向锥顶连接3根腹杆，即构成一个三角锥单元体，如图6-2-14所示。三角锥体的底边形成网架的上弦平面，连接三角锥顶点的杆件，形成网架的下弦平面。三角锥体网架上、下弦杆构成的平面网格均为正三角形或六边形图案。

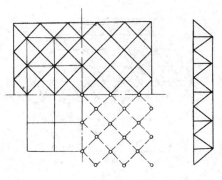

图6-2-13 星形四角锥网架

三角锥网架的刚度较好，适用于大跨度工程。对梯形、六边形和圆形建筑平面的工程易于布置。根据锥体单元布置和连接方式的不同，常见的三角锥网架有下列三种型式。

（1）三角锥网架

三角锥网架是由倒置的三角锥排列而成，其上下弦杆形成的网格图案均为正三角形，如图6-2-15所示。三角锥体的连接方式是锥体的角与角相连。三角锥网架受力比较均匀，整体刚度也较好，一般适用于大中跨度及重屋盖的建筑物。如果网架的高度 $h = \sqrt{\frac{2}{3}} s$（s 为弦杆长度），则网架的全部杆件均为等长杆。

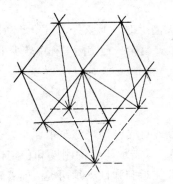 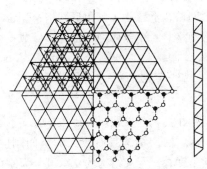

图6-2-14 三角锥单元体　　图6-2-15 三角锥网架

（2）抽空三角锥网架

抽空三角锥网架是在三角锥网架的基础上，有规律地抽掉部分锥体而成。这种网架的上弦杆仍呈正三角形，下弦杆组成的图形，则因抽锥方式的不同而呈三角形、六边形等多种图案。图6-2-16为其中的一种抽锥方式。抽空三角锥网架的杆件数与节点数都比三角锥网架少，所以用钢量也较少。但其刚度较差，适用于屋盖荷载较轻、跨度较小的情况。

（3）蜂窝形三角锥网架

蜂窝形三角锥体网架因其排列图案与蜂巢相似而得名，它是由各倒置的三角锥体底面的角与角相接而形成，故上弦杆组成的图案呈三角形和六边形，下弦杆的几何图

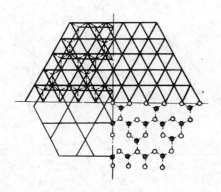
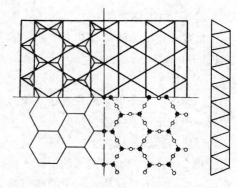

图 6-2-16 抽空三角锥网架　　　　图 6-2-17 蜂窝形三角锥网架

案呈六边形,而且下弦杆与腹杆位于同一垂直平面内,如图 6-2-17 所示。每个节点均有6根杆件交汇,是常见的几种网架中节点汇集杆件最少的一种。蜂窝形三角锥网架上弦杆短,下弦杆长,节点和杆件数均较少,受力比较合理,因而其用钢量较少,适用于轻型的中小跨度的屋盖。

3) 六角锥体网架

六角锥体网架由六角锥单元所组成,如图 6-2-18 所示。当锥尖向下时,上弦

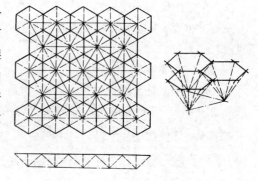

图 6-2-18 六角锥体网架

为正六边形网格,下弦为正三角形网格;当锥尖向上时,上弦为正三角形网格,下弦为正六边形网格。六角锥体网架杆件多,节点构造复杂,在实际工程中较少采用。

6.3 网架结构的支承方式

网架结构作为大跨度建筑的屋盖,其支承方式首先应满足建筑平面布置及建筑使用功能的要求。网架结构具有较大的空间刚度,对支承构件的刚度和稳定性较为敏感。从力学角度看,网架结构的支承可分为刚性支承和弹性支承两类。前者是指在荷载作用下没有竖向位移,可以有水平位移,也可以没有水平位移,一般适用于网架直接搁置在柱上、墙上、或具有较大刚度的钢筋混凝土梁上;后者一般是指三边支承网架中的自由边设反梁支承、桁架支承、拉索支承等情况。

6.3.1 周边支承网架

这种网架的所有周边节点均设计成支座节点,搁置在下部的支承结构上,如图 6-3-1 所示。其中图 6-3-1 (a) 为网架支承在周边柱子上,每个支座节点下对应地设一个边柱,传力直接,受力均匀,适用于大跨度及中等跨度的网架。图 6-3-1 (b) 为网架支承在柱顶连系梁上,这种支承方式的柱子间距比较灵活,网格的分割不受柱距限制,便于建筑平面和立面的灵活变化,网架受力也较均匀。图 6-3-1 (c) 为砖墙承重的方案,网架支承在承重墙顶部的圈梁上,这种承重方式较为经济,对于中小跨度的网架是比较合适的。

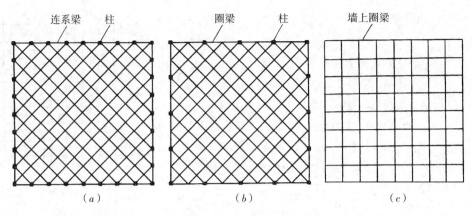

图 6-3-1 周边支承

周边支承的网架结构应用最为广泛,其优点是受力均匀,空间刚度大,可以不设置边桁架,因此用钢量较少。我国目前已建成的网架多数采用这种支承方式。

6.3.2 三边支承网架

当矩形建筑物的一个边轴线上因生产的需要必须设计成开敞的大门和通道,或者因建筑功能的要求某一边不宜布置承重构件时,四边形网架只有三个边上可设置支座节点,另一个边则为自由边,如图 6-3-2 所示。这种支承方式的网架在飞机制造厂或造船厂等的装配修理车间、飞机库、影剧院观众厅及有扩建可能的建筑物中常被采用。对于四边支承但由于平面尺寸较长而设有变形缝的厂房屋盖,亦常为三边支承或两对边支承。

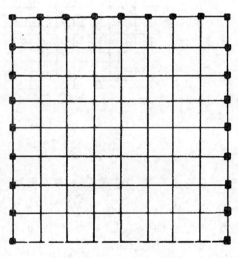

图 6-3-2 三边支承网架

三边支承网架自由边的处理,无非是两种,设支撑系统或不设支撑系统。设支撑系统也称为加反梁,如在自由边专门设一根托梁或边桁架,或在其开口边局部增加网格层数,以增强开口边的刚度,如图 6-3-3 所示。如不设支撑系统,可将整个网架的高度适当提高,或将开口边局部杆件的截面加

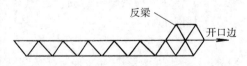

图 6-3-3 三边支承网架自由边加反梁

大,使网架的整体刚度得到改善;或在开口边悬挑部分网架以平衡部分内力。分析结果表明,对于中小跨度的网架,设与不设支撑系统两种方法的用钢量及挠度都差不多。当跨度较大时,则宜在开口边加反梁较为合理,设计时应注意在开口边形成边桁架以加强反梁的整体性,改善网架的受力性能。

6.3.3 两边支承网架

四边形的网架只有其相对两边上的节点设计成支座节点,其余两边为自由边,如图 6-3-4 所示。这种网架支承方式应用极少。但如将平行于支座边的上下弦杆去掉,

可形成单向网架（或称为折板形网架），目前在工程中也有应用。

6.3.4 点支承网架

点支承网架的支座可布置在四个或多个支承柱上，如图6-3-5所示。前者为四点支承网架（图6-3-5a），后者为多点支承网架（图6-3-5b）。支承点多对称布置，并在周边设置悬臂段，以平衡一部分跨中弯矩，减少跨中挠度。点支承网架主要适用于体育馆、展览厅等大跨度公共建筑中。

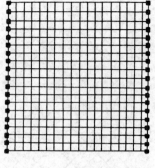

图6-3-4 两边支承网架

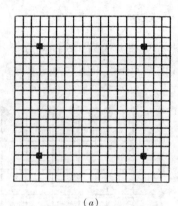
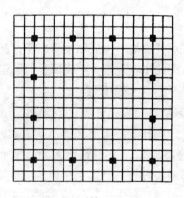

(a)   (b)

图6-3-5 点支承网架
(a) 四点支承网架；(b) 多点支承网架

6.3.5 周边支承与点支承相结合的网架

周边支承与点支承相结合的网架支承方式如图6-3-6所示。它是在周边支承的基础上，在建筑物内部增设中间支承点。这样便缩短了网架的跨度，可有效地减小网架杆件的内力和网架的挠度，并达到节约钢材的目的。这种支承方式适用于大柱网工业厂房、仓库、展览厅等建筑。

6.4 网架结构的受力特点及其选型

网架结构的形式很多，各种形式又有不同的支承条件，对结构的制作、安装、施工进度、造

图6-3-6 周边支承与点支承相结合

价等有直接的影响。因此，网架结构的选型是一个十分复杂的问题。

网架结构选型的影响因素很多，如建筑造型、建筑平面形状、跨度、支承方式、荷载的形式及大小、屋面构造和材料以及网架的制作安装方法等。网架结构的受力特点是空间工作，网架的空间工作性能既与结构的支承条件有关，又与杆件的布置有

关,下面按照不同的支承条件,对网架结构的受力特点及其选型作以简要说明。

6.4.1 周边支承网架

1) 周边支承网架结构的受力特点

以交叉桁架体系网架为例,在周边支承的条件下,网架结构的传力路线犹如双向板结构或交叉梁系结构。网架上的节点荷载,可看成是由两个方向的桁架共同承担(荷载平衡条件),同时两个方向的桁架在各个交点处的竖向位移应分别相等(位移协调条件)。因此,空间工作的网架结构可以看成是两个方向的平面桁架结构的组合,荷载沿桁架方向向周边支座传递,如图6-4-1所示。

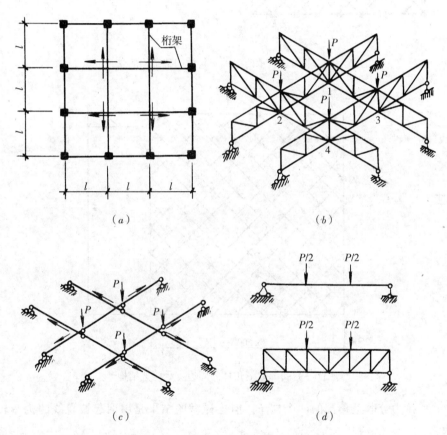

图6-4-1 周边支承网架结构的受力特点

对于正交斜放交叉桁架体系的网架,其荷载仍为沿着桁架方向向周边支座传递,但其受力性能却有所不同。如图6-4-2所示,由于两向正交斜放网架中的各片桁架长短不一,而网架常常设计成等高度的,因而四角处的短桁架 $C-D$、$E-F$ 等的刚度相对较大,对与其垂直的长桁架 $A-H$、$B-G$ 等起弹性支承作用。若没有角柱 A、H,则长桁架 $A-H$ 在弹性支座支承作用下将发生图6-4-2(b)所示的变形。但角柱 A、H 的存在不允许长桁架的两端自由翘起,因此实际的长桁架将发生图6-4-2(c)所示的变形。长桁架在其端部将产生负弯矩,这可减少跨中正弯矩、改善网架的受力状态。但同时角部的柱子内将产生拉力。因此,采用这种网架时,要特别注意对四角的拉锚,把角支座设计成拉力支座。为了不使拉力过大,可把角柱去掉,如图6-4-3

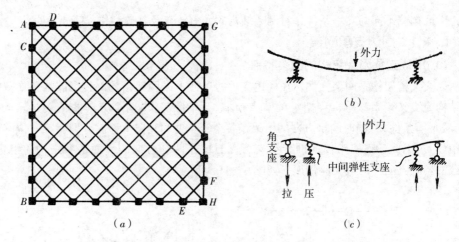

图 6-4-2 周边支承两向正交斜放网架结构的受力特点

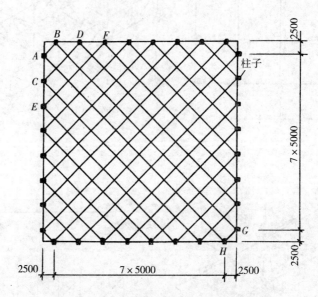

图 6-4-3 取消角柱的周边支承网架结构

所示，使拉力分散至角部的两个柱子。但这样做的结果是屋面起坡脊线的构造较为复杂。

2）周边支承网架结构的选型

通过对周边支承的方形或矩形平面的两向正交正放、两向正交斜放、正放四角锥、正放抽空四角锥、斜放四角锥、棋盘形四角锥和星形四角锥网架等七种网架结构的受力性能和用钢量指标进行的分析结果表明，在荷载、网格尺寸和网架的高度（上弦和下弦间距离）都相同的条件下，上述七种网架的单位建筑面积用钢量以斜放四角锥网架最少，其次是棋盘形四角锥和星形四角锥网架。正放四角锥网架的用钢量最高。

网架是一种空间结构体系，其刚度一般都比较大。从上述七种网架的挠度计算结果可以看出，各种网架的挠度值差别不大，但相对来说，斜放四角锥、星形四角锥和正放四角锥三种网架的刚度为最好。

斜放四角锥、星形四角锥和棋盘形四角锥三种网架的用钢量指标和刚度都比较好的原因，是因为它们的空间作用好、杆件受力合理。由于其单元锥体的独特布置方式，形成了上弦杆短、下弦杆长即压杆短、拉杆长的特点，能充分发挥杆件的承载能力。这三种网架每个节点交汇的杆件也比较少，使节点构造简单，在同样跨度的条件下它们的节点及杆件总数也比较少。因此正方形或接近正方形的周边支承网架应优先考虑上述三种网架结构方案。

对于周边支承的圆形、正六边形、正八边形等多边形网架，可以归纳为正六边形网架的选型问题。圆形也是由圆内接正六边形再加上六个弧形部分所组成的。弧形部分的杆件则是由内接正六边形部分的杆件延长到圆形的周边而形成的。因此，周边支承的圆形及多边形网架的选型，可以归纳为正六边形网架的选型问题。圆形及多边形网架，由于其几何图形的特殊性质，一般适合选用三向网架、三角锥网架，抽空三角锥网架和蜂窝形三角锥网架等四种型式。上述四种网架在其网格大小、荷载种类和支承方式都相同的条件下，用钢量最少的是蜂窝形三角锥网架，其次是抽空三角锥网架。其原因是这两种网架的杆件数量和节点数量均比三角锥网架和三向网架少，而大多数中小跨度的这类网架有部分杆件内力不大，往往由构造要求确定，因而不能充分发挥杆件材料的作用，所以对一般中小跨度的圆形及多边形网架应优先选用蜂窝形三角锥或抽空三角锥网架。但是，三向网架和三角锥网架的刚度较好，很多实际工程的计算结果表明，对大跨度建筑上述四种网架的单位面积用钢量趋于接近。跨度近百米的网架，由于刚度的要求，三向网架和三角锥网架的用钢量反而较前两种网架的用钢量小些。因此，对于大跨度或荷载较大的网架应选用刚度较好的三向网架或三角锥网架。

6.4.2 四点支承及多点支承网架

1) 四点支承网架结构的受力特点

当为四点支承时，正交正放网架比正交斜放网架受力合理。根据国家建委建筑科学研究院研究结果表明：四点支承的两向正交正放网架与两向正交斜放网架相比，弯矩大小为6:7，挠度大小为5:7。我国援助巴基斯坦的体育馆及深圳体育馆的屋盖结构即采用了四点支承的两向正交正放网架。它比两向正交斜放网架有利的原因是：正放网架中位于柱上的桁架（见图6-4-4a）起到了主桁架的作用，它缩短了与其相垂直的次桁架（如图中桁架$A-B$）的荷载传递路线。而斜放网架的主桁架是柱上的悬臂桁架（见图6-4-4b中的CD）和边桁架，其刚度较差；对角线方向的各桁架成了次桁架，它的荷载传递路线较长。因此，正交斜放网架刚度较差，内力较大。这个例子说明，在实际工程中网架型式的选择与其支承情况有很大关系。

四点支承的网架，从平面图形看是几何可变的。为了保证网架的几何不变性和有效地传递水平力，必须适当地设置水平支撑。

2) 四点支承网架结构的选型

从受力性能来看，四点支承的情况下，正放网格的网架比斜放网格的要好些。从节点构造来看，两向正交正放网架简单一些，起拱或起排水坡度均比较方便。因此，四点支承及多点支承的网架，宜选用正放网格类型的网架，如两向正交正放、正放四角锥和正放抽空四角锥网架。其中正放抽空四角锥网架更可根据网架的内力分布情况，适当增减一些四角锥体，因而其技术经济效果更佳。

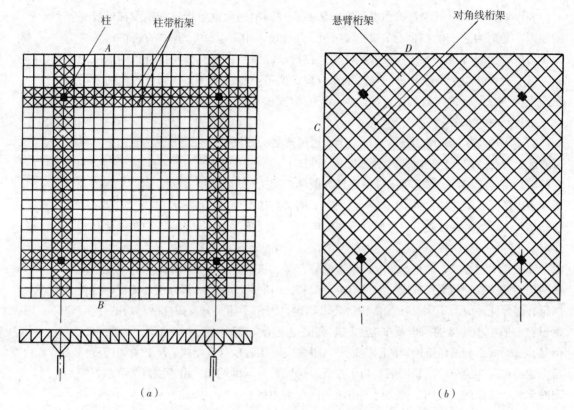

图 6-4-4 四点支承网架受力特点
(a) 正交正放方案；(b) 正交斜放方案

6.4.3 三边支承的网架

对于三边支承的矩形平面网架，通过计算已表明，其用钢量和刚度两项指标的对比情况与周边支承网架基本一致，因此可参照上述周边支承的分析结果进行选型。

6.5 网架结构主要几何尺寸的确定

网架结构的几何尺寸一般是指网格的尺寸、网架的高度及腹杆的布置等。网架几何尺寸应根据建筑功能、建筑平面形状、网架的跨度、支承布置情况、屋面材料及屋面荷载等因素确定。

6.5.1 网架的网格尺寸

网格尺寸，主要是指上弦杆网格的几何尺寸。网格尺寸的确定与网架的跨度、柱距、屋面构造和杆件材料等有关，还跟网架的结构型式有关。一般情况下，上弦网格尺寸与网架短向跨度 L_2 之间的关系可按表 6-5-1 取值。在可能条件下，网格尺寸宜取大些，使节点总数减少一些，并使杆件截面能更有效地发挥作用，以节省用钢量。当屋面材料为钢筋混凝土板时，网格尺寸不宜超过 3m，否则板的吊装困难，配筋增大。当采用轻型屋面材料时，网格尺寸可为檩条间距的倍数。当杆件为钢管时，网格尺寸可大些；当采用角钢杆件或只有小规格的钢材时，网格尺寸应小些。

网架上弦网格尺寸及网架高度		表6-5-1
网架的短向跨度（L_2）	上弦网格尺寸	网架高度
<30m	$(1/12 \sim 1/6)L_2$	$(1/14 \sim 1/10)L_2$
30~60m	$(1/16 \sim 1/10)L_2$	$(1/16 \sim 1/12)L_2$
>60m	$(1/20 \sim 1/12)L_2$	$(1/20 \sim 1/14)L_2$

在实际设计中，往往不是先确定网格尺寸，而是先确定网架两个方向的网格数。网格数确定后，网格尺寸自然也就确定了。

6.5.2 网架的高度

网架的高度与网架各杆件的内力以及网架的刚度有很大关系，因而对网架的技术经济指标有很大影响。网架高度大，可以提高网架的刚度，减小上下弦杆的内力，但相应的腹杆长度增加，围护结构加高。网架的高度主要取决于网架的跨度，此外还与荷载大小、节点形式、平面形状、支承条件及起拱等因素有关，同时也要考虑建筑功能及建筑造型的要求。网架高度与网架短向跨度之比可按表6-5-1取用。当屋面荷载较大或当有悬挂式吊车时，网架高度可取高一些；如采用螺栓球节点，则希望网架高一些，使弦杆内力相对小一些；当平面形状接近正方形时，网架高跨比可小一些；当平面为长条形时，网架高跨比宜大一些；当为点支承时，支承点外的悬挑产生的负弯矩可以平衡一部分跨中正弯矩，并使跨中挠度变小，其受力与变形与周边支承网架不同，有柱帽的点支承网架，其高跨比可取得小一些。

6.5.3 网架弦杆的层数

当屋盖跨度在100m以上时，采用普遍上下弦的两层网架难以满足要求，因为这时网架的高度较大，网格较大，在很大的内力作用下杆件必然很粗，钢球直径很大。杆件长，对于受长细比控制的压杆，钢材的高强性能难以发挥作用。同时由于网架的整体刚度较弱，变形难以满足要求，特别是对于有悬挂吊车的工业厂房，会使吊车行走困难。这时宜采用多层网架。多层网架结构的缺点是杆件和节点的数量增多，增加了施工安装的工作量，同时由于汇交于节点的杆件数增加，如杆系布置不妥，往往会造成上下弦杆与腹杆的交角太小，钢球直径加大。但若对网架的局部单元抽空布置，加大中层弦杆间距，则增加的杆件和节点数量并不很多，相反由于杆件单元变小变轻，也给制造安装带来方便。

多层网架结构刚度好，内力均匀，内力峰值远小于双层网架，通常要下降25%~40%，适用于大跨度及复杂荷载的情况。多层网架网格小，杆件短，钢材的高强性能可以得到充分发挥。另外由于杆件较细，钢球直径减小，故多层网架耗钢量少。一般认为，当网架跨度大于50m时，三层网架的用钢量比两层网架小，且跨度越大，上述优点就越明显。因此在大跨度网架结构中，多层网架得到了广泛的应用。如英国空间结构中心设计的波音747机库（平面尺寸218m×91.44m）、美国克拉拉多展览厅（平面尺寸205m×72m）、德国兰曼拜德机场机库（平面尺寸92.5m×85m）、瑞士克劳顿航空港（平面尺寸128m×129m）、我国首都机场波音747机库（平面尺寸306m×90m）等均采用多层网架。

6.5.4 腹杆体系

当网格尺寸及网架高度确定以后，腹杆长度及倾角也就随之而定了。一般来讲，腹杆与上下弦平面的夹角以45°左右为宜，对节点构造有利，倾角过大或过小都不太合理。

对于角锥体系网架，腹杆布置方式是固定的，既有受拉腹杆，也有受压腹杆。对于交叉桁架体系网架，其腹杆布置有多种方式，一般应将腹杆布置成受拉杆，这样受力比较合理，如图6-5-1所示。

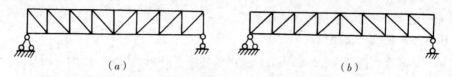

图6-5-1 交叉桁架体系网架腹杆的布置
(a) 斜腹杆受拉；(b) 斜腹杆受压

当上弦网格尺寸较大、腹杆过长或上弦节间有集中荷载作用时，为减少压杆的计算长度或跨中弯矩，可采用再分式腹杆，其布置方式如图6-5-2所示。设置再分式腹杆应注意保证上弦杆在再分式腹杆平面外的稳定性。例如图6-5-2(a)所示的平面桁架，其再分杆只能保证桁架平面内的稳定性，而在出平面方向，就要依靠檩条或另设水平支撑来保证其稳定性。再如图6-5-2(b)所示的四角锥网架，在中间部分的网格，再分式腹杆可在空间相互约束，而在周围网格，靠端部的再分式腹杆就不起约束作用，需另外采取措施来保证上弦杆的稳定。

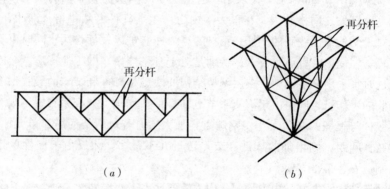

图6-5-2 再分式腹杆的布置
(a) 用于平面桁架系网架；(b) 用于四角锥网架

6.5.5 悬臂长度

由网架结构受力特点的分析可知，四点及多点支承的网架宜设计悬臂段，这样可减少网架的跨中弯矩，使网架杆件的内力较为均匀。悬臂段长度一般取跨度的1/4～1/3。单跨网架宜取跨度的1/3左右，多跨网架宜取跨度的1/4左右，如图6-5-3所示。

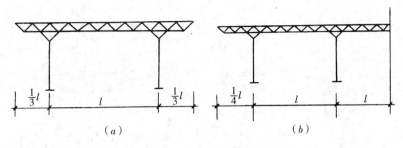

图 6-5-3 点支承的网架的悬臂

6.6 网架结构的构造

6.6.1 杆件截面

网架杆件可采用普通型钢和薄壁型钢。管材可采用高频电焊钢管或无缝钢管。当有条件时应采用薄壁管形截面。杆件的截面应根据承载力计算和稳定性验算确定。杆件截面的最小尺寸,普通角钢不宜小于 $L50\times3mm$,钢管不宜小于 $\phi 48\times2mm$。在设计中网架杆件应尽量采用高频电焊钢管,因它比无缝钢管造价便宜且管壁较薄,壁厚一般在 5mm 以下,而无缝钢管多为壁厚在 5mm 以上的厚壁管。网架杆件也可采用角钢,在中小跨度时,可采用双角钢截面,在大跨度时可将角钢拼成十字形或箱形。此外,也有采用方形钢管、槽钢、工字钢等截面的杆件。在上述这些截面中,圆形钢管比其他形式合理,因为它各向同性,回转半径大,对受压受扭均有利。钢管的端部封闭后,内部不易锈蚀,表面不易积灰积水,有利于防腐。

6.6.2 节点

平板网架节点交汇的杆件多,且呈立体几何关系,因此,节点的型式和构造对结构的受力性能、制作安装、用钢量及工程造价有较大影响。节点设计应安全可靠、构造简单、节约钢材,并使各杆件的形心线同时交汇于节点,以避免在杆件内引起附加的偏心力矩。目前网架结构中常用的节点形式有焊接钢板节点、焊接空心球节点、螺栓球节点。

1) 焊接钢板节点

焊接钢板节点由十字节点板和盖板所组成,如图 6-6-1 (a)、(b) 所示。有时为增强节点的强度和刚度,也可在节点中心加设一段圆钢管,将十字节点板直接焊于中心钢管,从而形成一个有中心钢管加强的焊接钢板节点,如图 6-6-1 (c) 所示。这种节点型式特别适用于连接型钢杆件,可用于交叉桁架体系的网架,也可用于由四角锥体组成的网架,如图 6-6-2 所示。必要时也可用于钢管杆件的四角锥网架,如图 6-6-3 所示。这种节点具有刚度大、用钢量少、造价低的优点,同时构造简单,制作时不需大量机械加工,便于就地制作。其缺点是现场焊接工作量大,在连接焊缝中仰焊、立焊占有一定比例,需要采取相应的技术措施才能保证焊接质量。且难以适应建筑构件工厂化生产、商品化销售的要求。

2) 焊接空心球节点

焊接空心球节点由两个半球对焊而成,分为不加肋(图 6-6-4a)和加肋(图 6-6-4b)两种。加肋的空心球可提高球体承载力 10%~40%。肋板厚度可取球体壁

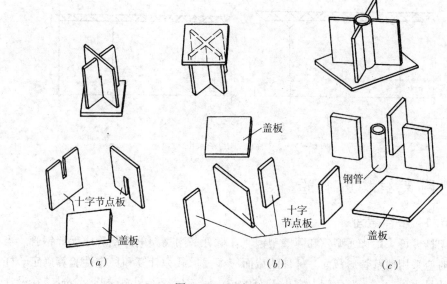

图 6-6-1 焊接钢板节点

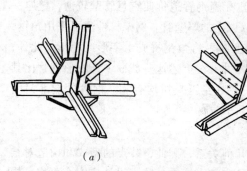

图 6-6-2 用于型钢杆件的焊接钢板节点

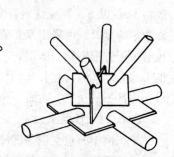

图 6-6-3 用于钢管杆件的焊接钢板节点

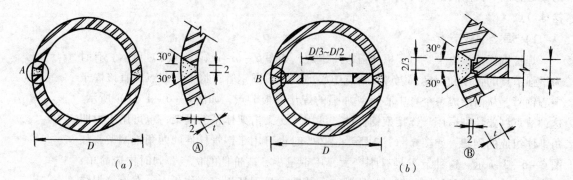

图 6-6-4 焊接空心球节点
(a) 不加肋；(b) 加肋

厚，肋板本身中部挖去直径的 1/3 ~ 1/2 以减轻自重并节省钢材。焊接空心球节点构造简单、受力明确、连接方便。对于圆管只要切割面垂直于杆轴线，杆件就能在空心球上自然对中而不产生节点偏心。因此，这种节点型式特别适用于连接钢管杆件。同时，因球体无方向性，可与任意方向的杆件连接。

3) 螺栓球节点

螺栓球节点由螺栓、钢球、销子（或螺钉）、套筒和锥头（或封板）等零件所组成，如图6-6-5所示。适用于连接钢管杆件。螺栓球节点适应性强，标准化程度高，安装运输方便。它既可用于一般网架结构，也可用于其他空间结构如空间桁架、网壳、塔架等。它有利于网架的标准化设计和工厂化生产，提高生产效率，保证产品质量。甚至可以用一种杆件和一种螺栓球组合成一个网架结构，例如正放四角锥网架，当腹杆与下弦杆平面夹角为45°时，所有杆件都一样长。它的运输、安装也十分方便，没有现场焊接，不会产生焊接变形和焊接应力，节点没有偏心，受力状态好。

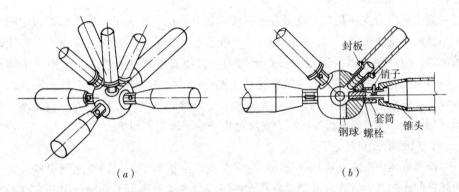

图6-6-5 螺栓球节点

6.6.3 支座形式

支座节点应采用传力可靠、连接简单的构造形式。支座节点是联系网架结构与下部支承结构的纽带，因此其构造的合理性对整个结构的受力合理性都有直接影响，并将影响到网架的制作安装及造价。网架结构的支座一般采用铰支座，支座节点的构造应该符合这一力学假定，即既能承受压力或拉力，又能允许节点处的转动和滑动。若支座节点构造不能实现结构计算所假定的约束条件，则网架实际的内力、变形和支座反力就可能与计算值有较大的出入，有时甚至会造成杆件内力的变化，容易造成事故。

但是，要使实际工程中的支座节点完全符合计算简图的约束要求，在构造上是相当困难的。为了兼顾经济合理的原则，可根据网架结构的跨度和支承方式选择不同的支座形式，如平板支座、弧形支座、球铰支座和橡胶支座等。根据支承反力的不同，支座又可分为压力支座和拉力支座两大类。

1) 压力支座

压力支座的型式有平板压力支座、单面弧形压力支座、双面弧形压力支座、球铰压力支座、板式橡胶支座等。

(1) 平板压力支座

平板压力支座如图6-6-6所示。其中图6-6-6(a)适用于焊接钢板节点的网架，它是将有下盖板的焊接钢板节点直接安置于下部结构的支承面上；图6-6-6(b)适用于焊接空心球节点或螺栓球节点网架，它是在球节点与结构支承面之间增设了具有底板的十字节点板。为便于网架安装时正确就位和承受意外的侧向荷载,可在下部支承结构上预埋定位锚栓,同时将支座底板上的螺孔直径放大或做成椭圆形,使支座节点与下部支承结构既相连接,又可有相对的微量移动。平板压力支座构造简单、制作方便、用钢量省,但支座不能转动或移动,支座节点底板与下部结构支承面之间的反力分布不均匀,与计算假定相差较大,一般只适用于小跨度的网架。

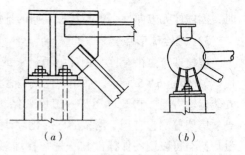

图 6-6-6 平板压力支座

(2) 单面弧形压力支座

单面弧形压力支座是在平板压力支座的基础上,在支座底板与支承面顶板之间加设一呈弧形的支座垫块而成,如图6-6-7所示。它改进了平板压力支座节点不能转动的缺陷,使柱顶支承面反力分布趋于均匀。为使支座转动灵活,当采用两个锚栓时,可将它们置于弧形支座板的中心线上(图6-6-7a),当支座反力较大需设四个锚栓时,可将它们置于底板的四角,并在锚栓上部加设弹簧,以调节支座在弧面上的转动(图6-6-7b)。单面弧形压力支座适用于中小跨度的网架。

(3) 双面弧形压力支座

双面弧形压力支座又称摇摆支座,它是在支座底板与支承面顶板之间设置一块两面为弧形的铸钢块,并在其两侧设有从支座底板与支承面顶板上分别焊出开有椭圆形孔的梯形钢板,然后用螺栓将它们连成一体,如图6-6-8所示。双面弧形压力支座的优点是节点可沿铸钢块转动并能沿上弧面作一定侧移。其缺点是构造复杂、造价较高、只能在一个方向转动,且不利于抗震。双面弧形压力支座适用于跨度大且下部支承结构刚度较大、或温度变化较大、要求支座节点既能转动又能滑移的网架。

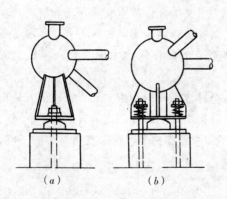

图 6-6-7 单面弧形压力支座
(a) 二个螺栓连接;(b) 四个螺栓连接

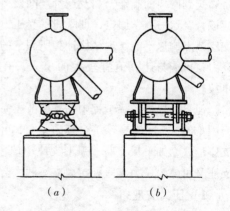

图 6-6-8 双面弧形压力支座
(a) 侧视图;(b) 正视图

(4) 球铰压力支座

球铰压力支座是由一个置于支承面上的凸形实心半球与一个连于节点支承底板上的凹形半球相互嵌合,并以锚栓相连而成,如图6-6-9所示。锚栓螺母下设有弹簧,以适应节点的转动。这种构造与理想的不动铰支座吻合较好，它在各个方向均可自由转动而无水平位移，且有利于抗震。其缺点是构造复杂。球铰压力支座适用于四点支承及多点支承的网架。

(5) 板式橡胶支座

板式橡胶支座是在平板压力支座中增设一块由多层橡胶片与薄钢片粘合、压制而成的橡胶垫板，如图6-6-10所示，并以锚栓相连。由于橡胶垫板具有足够的竖向刚度以承受垂直荷载，有良好的弹性以适应支座的转动，并能产生一定的剪切变形以适应上部结构的水平位移，因此它既能满足网架支座节点有转动要求，又能适应网架支座由于温度变化、地震作用所产生的水平变位，且具有构造简单、安装方便、节省钢材、造价较低等优点。其缺点是橡胶易老化，节点构造中应考虑今后更换的可能性。且橡胶垫块必须由专业工厂生产制作。板式橡胶支座适应于具有水平位移及转动要求的大中跨度网架。

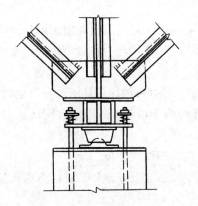

图6-6-9 球铰压力支座

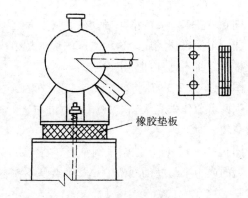

图6-6-10 板式橡胶支座

2) 拉力支座

拉力支座主要有平板拉力支座和单面弧形拉力支座。其共同特点都是利用连接支座节点与下部支承结构的锚栓来传递拉力。因此，在支承结构顶部的预埋钢板应有足够的厚度，锚固钢筋应保证有足够的锚固长度。

(1) 平板拉力支座

平板拉力支座的构造形式与平板压力支座相似，见图6-6-6，不同之处是此时锚栓承受拉力。它适用于跨度较小，支座拉力较小的网架。

(2) 单面弧形拉力支座

单面弧形拉力支座是在单面弧形压力支座的基础

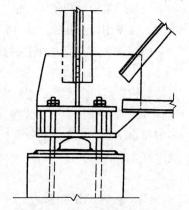

图6-6-11 单面弧形拉力支座

上，加设适当的水平钢板和竖向加劲肋而成，如图6-6-11所示，拉力也是靠受拉锚栓传递。弧形支座板可满足节点的转动要求，故适用于大中跨度的网架。

6.6.4 柱帽

四点或多点支承的网架，其支承点处由于反力集中，杆件内力很大，给节点设计带来一定的困难。因此，柱顶处宜设置柱帽以使反力扩散。柱帽形式可根据建筑功能的要求或结合建筑造型要求进行设计，如图6-6-12所示。

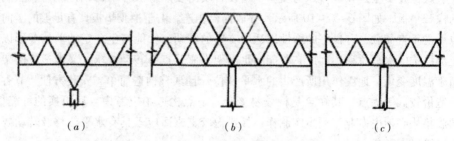

图6-6-12 点支承网架柱帽设计
(a) 下弦斜支承；(b) 上弦平支承；(c) 下弦平支承

图6-6-12 (a) 将柱帽设在下弦平面之下，有时为了建筑造型需要也可延伸数层形成一个倒锥形支座。这种支座的优点是很快能将柱顶集中反力扩散。缺点是由于加设柱帽，将占据一部分室内空间。

图6-6-12 (b) 将柱帽设置在上弦平面之上，这种柱帽的优点是不占室内空间，柱帽上凸可兼作采光天窗，柱帽中还可布置灯光及音响等设备。适用于柱网尺寸大，且荷载较大时。

图6-6-12 (c) 柱帽呈倒伞形，将上弦节点直接搁置在柱顶。这种形式多用于较轻型的或中小跨度的网架中。其优点是不占室内空间，屋面处理和节点构造都比较简单。

6.6.5 屋面

1）屋面排水坡度的形成

网架屋盖的面积较大，很小的坡度也会造成较大的起坡高度。为了形成屋面排水坡度，可采用以下几种办法（图6-6-13）。

(1) 上弦节点上加小立柱找坡

在上弦节点上加小立柱形成排水坡的方法如图6-6-13 (a) 所示。该方法比较灵活，构造简单，尤其适用于空心球节点或螺栓球节点的网架，只要按设计高度把小立柱（钢管）焊接或螺栓连接在球体上，即可形成双坡排水、四坡排水或其他复杂的多坡排水屋面。小立柱的长度根据排水坡度的要求确定。对于大跨度网架，当小立柱高度较大时，应验算小立柱自身的受压稳定性。另外要注意，小立柱找坡于结构抗震不利。

(2) 网架变高度找坡

为了形成屋面排水坡度，可采用变高度网架，使上弦节点按排水坡的要求布置于不同标高，网架下弦仍位于同一水平面内，如图6-6-13 (b) 所示。由于在跨中网架高度增加，降低了网架上下弦内力的峰值，使网架内力趋于均匀。但变高度网架使腹杆及上弦杆种类增多，给网架制作与安装带来不便。

(3) 整个网架起坡

整个网架起坡的方法如图 6-6-13（c）所示。网架在跨中起坡呈折板状或扁壳状。起拱高度根据屋面排水坡度的要求确定。

(4) 支承柱变高度

网架的上下弦仍保持平行，改变网架支承点的高度，形成屋面坡度。网架弦杆与水平面的夹角根据屋面排水坡度的要求来确定，如图 6-6-13（d）所示。

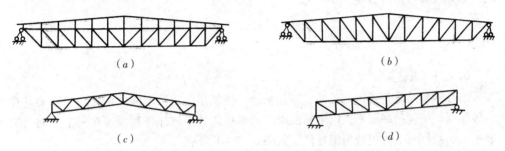

图 6-6-13 网架屋面排水坡度的形成
(a) 上弦节点上加小立柱找坡；(b) 网架变高度找坡；
(c) 整个网架起坡；(d) 支承柱变高度

2) 天窗架

网架的天窗架可做成锥体，局部形成三层网架，天窗杆内力较小，截面多为按构造确定。为节省材料，可将天窗架设计成平面结构，可省去大量锥杆，仅需局部布置支撑即可，如图 6-6-14 所示。这时在网架结构计算时不计天窗架结构整体作用。对于有北向采光要求的厂房，网架结构上的锯齿形天窗架可如图 6-6-15 所示布置。

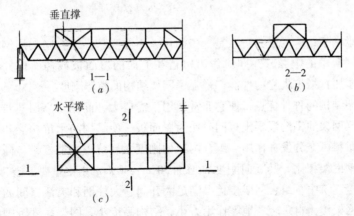

图 6-6-14 天窗架按平面结构布置
(a) 天窗架纵剖面；(b) 天窗架横剖面；(c) 天窗架结构平面布置

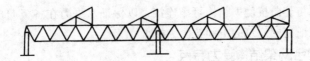

图 6-6-15 网架结构锯齿形天窗架结构布置

3）屋面构造

网架结构的设计荷载主要为屋面板、保温隔热层、防水材料及网架结构的自重，因此屋面构造方案对网架结构的内力和用钢量指标有很大的影响。屋面承重层一般可分为无檩屋面和有檩屋面。无檩屋面通常采用角点支承的钢丝网水泥板、钢筋混凝土肋形板等，其缺点是自重较大。有檩屋面是在网格上布置薄壁型钢檩条和木椽上铺木望板，再铺保温材料及铝板或铁皮防水，目前常采用压型钢板。当然也可采用其他形式，如充气膜结构（详见第9章）。

6.7 组合网架结构

6.7.1 概述

组合网架结构是近十几年来发展起来的一种新型的三维空间结构。这种网架是在一般钢网架结构的基础上，以钢筋混凝土肋形板代替上弦杆件和覆盖在网架上面的屋面板，而腹杆与下弦仍然为钢杆件，如图6-7-1所示。

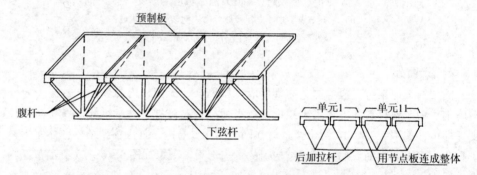

图6-7-1 组合网架结构

周边支承网架结构的受力特点是上弦受压，下弦受拉。组合网架用钢筋混凝土肋形板置换钢网架中的上弦，并同时作为覆盖在上面的屋面板或楼面板，既节约了钢材，又提高了压杆抵抗失稳的性能，增强了网架结构的整体刚度。

组合网架结构的种种优点，使它非常适用于需要大开间的多高层建筑。在大跨度建筑中，组合网架的钢筋混凝土板同时作为屋面板，使结构的承重功能和围护功能合二为一，使材料可充分发挥作用。组合网架的刚度大，抗震性能好，与同等跨度采用重型屋面的钢网架相比，其竖向刚度要增加30%~50%，用钢量要节省15%~25%。在多层或高层建筑中，组合网架楼盖可满足大开间、大柱网和灵活空间的多功能使用要求。组合网架楼盖自重轻、地震作用力小、结构高度小，网架高度范围内可同时作为设备层，可任意布置水、电、空调管网，安装维修均很方便。组合网架结构的缺点是上弦节点的构造比较复杂，给制作安装带来一些不便。在高层建筑中，应将网架边缘的所有节点均与竖向抗侧力结构可靠连接，以保证水平力在各竖向抗侧力结构之间的可靠传递，保证高层建筑的空间抗侧力能力。

6.7.2 组合网架结构受力特点

组合网架的下弦杆、腹杆及下弦节点的受力状态与一般钢网架结构完全相同，而上弦节点的受力状态则与一般钢网架有较大差别。

作用在组合网架上弦板上的竖向荷载是通过上弦板及其肋的弯矩和横剪力传至上弦节点的，可见上弦板与肋要产生局部弯曲变形。其次，从总体上来说，上弦板与肋可看做组合网架结构的上表层，在竖向荷载作用下，使肋中产生轴力、板中产生平面内力。因此，组合网架结构上弦板的工作状态是既有平面内力、又有弯曲内力；而肋的工作状态是既有轴力、又有弯矩及扭矩。

由于组合网架结构的上弦板具有上述受力特点，上弦节点要求既能传递轴力，又能传递弯矩。因此，组合网架上弦节点在上弦平面内为刚接，在上弦平面外可为铰接，即组合网架上弦节点为半刚半铰节点。

组合网架结构作为一种受力比较复杂的三维空间结构，一般采用简化的计算方法。大致分为：①有限元法。即采用杆元、梁元、板壳元等组合结构的有限元法来分析。将组合网架的上弦板离散为梁元与板壳元，将腹杆和下弦杆仍作为只能承受轴力的杆元。②拟夹层板法。把组合网架的上弦板作为夹层板的上表层，把腹杆和下弦杆折算成夹层板的夹心层和下表层，使组合网架连续化成一块构造上的夹层板。然后运用微分方程求解。③空间桁架位移法。采用离散化的计算模型来分析。根据能量原理，把上弦板等代为四组或三组上弦平面内的平面交叉杆系，使组合网架转化为一个等代的空间铰接杆系结构。

6.7.3 组合网架结构型式

组合网架结构是从一般钢网架发展而来的，对于某种形式的钢网架便有相应的组合网架。因此，可采用一般网架的分类方法进行组合网架结构的分类。如分成平面桁架体系组合网架、四角锥体组合网架、三角锥体组合网架等。

组合网架结构也可根据上弦预制板的形式及搁置方向来分类。通常上弦预制板有四种主要形式，即正放正方形板、斜放正方形板、正三角形板、正三角形与六角形相间的板，见图6-7-2。为此，组合网架结构可相应地分成以下四类。

图6-7-2 上弦板的形式

（1）两向正放类组合网架，包括两向正交正放组合网架、正放四角锥组合网架、正放抽空四角锥组合网架及棋盘形四角锥组合网架。

（2）两向斜放类组合网架，包括两向正交斜放组合网架、斜放四角锥组合网架及星形四角锥组合网架。

（3）三向类组合网架，包括三向组合网架、三角锥组合网架及抽空三角锥组合网架。

（4）蜂窝形三角锥组合网架，此种形式的组合网架只有一种。

6.7.4 组合网架结构的施工方法

组合网架的钢筋混凝土肋形板及钢杆件均可在工厂预制，现场的施工方法主要有以下三种：

（1）高空散装法。此种方法需设满堂支承架，组合网架的各元件在高空定位，逐一安装。

（2）高空滑移法。组合网架在地面组装成条状，吊装后在高空滑移到位。

（3）整体提升法。这种方法把组合网架在地面组装成形再整体提升，但起重量较大，主要适合于多层及高层建筑楼盖层结构。

6.7.5 组合网架结构的构造

要使组合网架能够协同工作，关键在于上弦节点的连接构造。根据工程实践经验和试验研究成果，组合网架的上弦节点主要有下列几种：

（1）焊接十字板节点，主要用于角钢组合网架，其节点构造见图6-7-3。板肋底部预埋钢板应与十字节点板的盖板焊接牢固以连接内力。必要时盖板上可焊接U形短钢筋，埋入灌缝中的后浇细石混凝土。缝中宜配置通长钢筋。当组合网架用于楼层时，宜采用配筋后浇细石混凝土面层。新乡百货大楼扩建工程、长沙纺织大厦等都采用了类似构造的这种焊接十字板节点的组合网架。

（2）焊接球缺节点，这是由冲压成型的球缺（一般不足半球）与钢盖板焊接而成。它具有刚度大、加工制作简单、腹杆连接方向性强的特点。预制钢筋混凝土上弦板可直接搁置在球缺节点的支承盖板上，并将预埋件与盖板焊接牢固，灌缝后将上弦板四角顶部的埋件再用一盖板连接（图6-7-4）。天津大学曾选用这种焊接球缺节点，进行了6m跨度单向折线性组合网架的实物模型试验，效果良好。

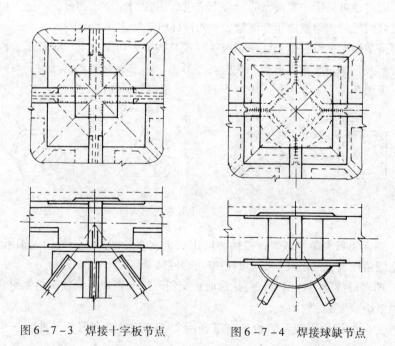

图6-7-3 焊接十字板节点　　图6-7-4 焊接球缺节点

（3）螺栓盘节点，这是德国MERO-Massiv正放抽空四角锥组合网架体系所采用的节点（图6-7-5）。螺栓盘与网格中心的埋件采用对穿高强螺栓连接，腹杆与螺栓盘的连接方式与一般螺旋球节点相同。预制上弦板之间采用螺栓将角钢锚件连接定位，并在槽形截面灌缝中后浇细石混凝土。

（4）对锚直焊式节点，主要用于蜂窝形三角锥组合网架。三角形的上弦节点板在对角处通过一根螺栓锚接（图6-7-6），使上弦构成六角形与三角形相间的网格。腹杆是与三角形板的埋件直接相连焊接。徐州夹河煤矿食堂的组合网架采用了这种节点。

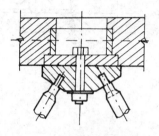 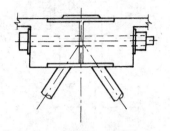

图6-7-5　螺栓盘节点　　　　图6-7-6　对锚直焊式节点

6.7.6　组合网架结构的工程实例

组合网架结构自重小，空间受力合理，能够满足大跨度、大柱网和灵活空间的多功能使用要求。因此近年来被广泛应用于大跨度建筑和多高层建筑。

1）山东金乡影视中心

山东金乡影视中心观众厅屋盖采用螺栓球节点组合网架结构，网架平面尺寸为36m×27m，网格采用3m×3m分格。网架高度2.196m，意在使斜腹杆与弦杆的倾角接近45°，以便于工厂加工时控制。网架高跨比约为1/12.5。上弦采用2970mm×2970mm的钢筋混凝土肋形板，板厚为30mm，肋间距750mm，边肋截面为90mm×200mm，中肋截面为60mm×190mm。组合网架平面如图6-7-7所示。

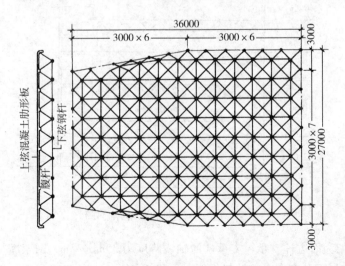

图6-7-7　山东金乡影视中心组合网架平面图

上弦板肋间有30mm宽的板缝，节点处每块板均做切角以利焊接施工。上弦节点的螺栓截球与钢筋混凝土板肋的连接，依靠板肋中预埋件侧边与截球的上面用贴角焊

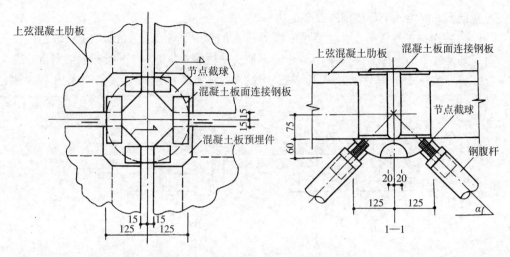

图6-7-8 上弦节点

缝焊接。为了确保联接可靠,在板肋上面还加焊了联接盖板,见图6-7-8。

2)新乡百货大楼

新乡百货大楼原为两层内框架结构,平面尺寸为30m×30m,建于1952年。由于营业规模发展的需要,同时为保持原百货大楼的营业利润,业主要求在不停业、不拆迁的情况下加层扩建。故对加层部分采用四层35m×35m的组合网架结构,将原建筑物覆盖其下。剖面见图6-7-9。

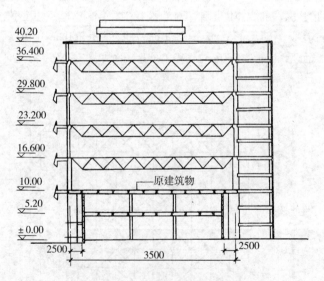

图6-7-9 新乡百货大楼剖面图

组合网架为周边柱支承,支承柱的轴线跨度为35m×35m,网架净尺寸为34m×34m。由于加层部分在东南角处与相邻五层建筑物相碰,所以必须将角部切掉,成为八边形平面。网架型式采用斜放四角锥网架,上弦网格尺寸为3m×3m,下弦网格尺寸为4.25m×4.25m,高度为2.5m。上弦采用钢筋混凝土预制板,有正方形和三角形两种形式,下弦及腹杆均采用角钢,焊接钢板节点。上弦板缝间用C40细石混凝土灌缝，内掺万分之一膨胀剂，再做40mm厚C20细石混凝土现浇层，内配$\phi6@200$双向钢筋网。

组合网架结构具有刚度大、承载力高、节约材料等优点，且可提供宽敞开阔的建筑空间，取得良好的建筑使用效果。通过对本工程组合网架结构和全钢网架结构两种方案的计算分析发现，组合网架的主要下弦和腹杆内力比全钢网架小5%～10%，最大挠度比全钢网架小30%～40%，而上弦的最大压力则要大10%～20%。两种结构方案的材料消耗指标如表6-7-1所示。可见组合网架更能充分利用混凝土的受压性能，减小下弦杆、腹杆内力，省去上弦杆用钢，且具有更大的刚度。

组合网架与全钢网架的材料消耗指标　　　表6-7-1

网架形式	用钢量（kg/m²）	混凝土折算厚度（mm）	网架形式	用钢量（kg/m²）	混凝土折算厚度（mm）
全钢网架	66.34	70	组合网架	46.77	90

6.8　网架结构的工程实例

1）上海体育馆

上海体育馆比赛馆是一个圆形的建筑，直径为110m，能容纳18000多人；屋盖挑出7.5m，整个屋盖的直径为125m。屋盖采用平板型三向网架结构，网格尺寸取直径的1/18即6.11m，高度取为6.0m。上弦设置了再分式腹杆，以减少上弦压杆的计算长度，节省上弦的用钢量，并且由于上弦的杆断面减小，使得节点钢球的直径也可以减少，因此也减少了节点的用钢量。网架屋盖结构平面及剖面如图6-8-1所示。网

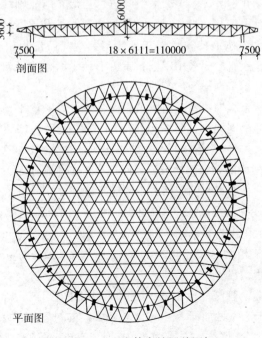

图6-8-1　上海体育馆屋盖网架

架的杆件采用直径为 48~159mm、壁厚 4~12mm 的钢管，焊接空心球节点，钢球直径为 400mm、壁厚为 14mm，檐口钢球改为直径 300mm、壁厚 10mm。网架与柱子之间采用双面弧形压力支座，见图 6-8-2，在满足支座转动的前提下，又能使网架有适量的自由伸缩，以适应温差引起的变形要求。

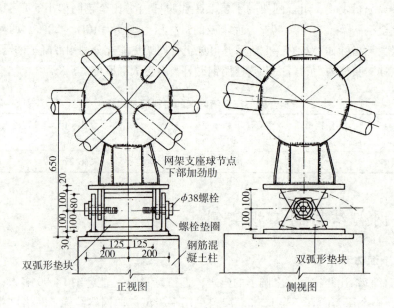

图 6-8-2 上海体育馆屋盖支座

2）上海游泳馆

上海游泳馆位于上海体育馆东南，是一座现代化的大型室内温水游泳馆。游泳馆建筑平面和剖面见图 6-8-3。建筑呈不等边六角形，南北轴线长 90m，东西二尖角距离 93.5m，占地面积 6117m^2。游泳馆比赛厅内跳水池和比赛池呈一字形排列，看台设在游泳池东西两侧，按最佳视觉要求，使多数观众席位集中在中间，以取得视距近、方位好的效果，建筑屋面采用双坡，屋盖下弦平面也略倾斜，中间低，东西两侧随观众席升高，以减少室内空间，节约能源。

屋盖为网架结构，根据建筑立面要求屋面为双坡，室内平顶要中间低、两边高的设计方案，采用了变高网架，见图 6-8-4。与等高度平板网架相比，变高网架具有以下优点：

（1）变高度网架中间高、两边低，而网架在均布荷载作用下弯矩和变形都是中间大、两边小，因此这种变形与网架的力学性能比较符合。

（2）采用变高度网架可以按建筑要求选择上下弦的倾斜度，较好地满足建筑立面设计要求，又能最大限度地显示结构的造型。

（3）与平板网架相比，在相同的尺寸、杆件截面积及支撑条件下，变高度网架比平面网架刚度大，用钢量省。

网架构件为无缝钢管与冲压钢球，采用了焊接的施工方法。钢球与钢管焊接时，钢管均作 30°剖口，管内另加厚为 3mm、长 40mm 的衬管，以保证钢球与钢管焊透。为保证焊缝强度，钢管顶端与钢球表面在焊接时留有 6mm 距离。网架的支座采用摇摆支

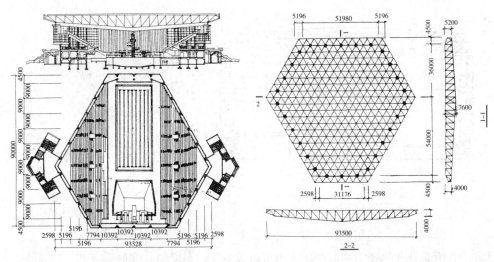

图6-8-3 上海游泳馆平面及剖面图   图6-8-4 上海游泳馆屋盖网架

座。考虑到六角形网架在温度荷载等影响下，支座变形方向是以长六角形形心为中心向外伸长，摇摆支座多针对形心设置。

网架为周边柱支承，沿六角形周边设28根柱子，柱间距为10m。看台结构为装配式钢筋混凝土框架。游泳馆地处软土地基，为控制沉降，采用预置钢筋混凝土桩基础，桩的截面尺寸为45cm×45cm，长17m。

3) 江南造船厂某车间

江南造船厂西区焊装车间全长为254.5m，纵向设高低跨，低跨长108m，网架下弦标高18m，高跨长144m，网架下弦标高26.9m，高低跨间设温度伸缩缝，伸缩缝间距为2.5m，如图6-8-5所示。车间跨度为60m，柱距为18m，有三层吊车。上层为起重量1000kN的双小桥吊车，轨高为21m，吊车台数为2台，吊车跨度为56m。中层起重量为200kN，轨高为14m，吊车台数为4台，吊车跨度为54.4m。下层为起重量50kN的倒L型吊车，轨高为3m，吊车台数为10台，吊车跨度为13.5m。车间剖面如图6-8-6所示。

图6-8-5 某焊装车间的全长

网架结构单元的几何尺度必须考虑同建筑物平面尺寸、柱距、墙架系统、屋面有檩体系、排水方向等模数相互协调。本工程柱网为18m，因此，网架网格在柱距方向取3.6m，在跨度方向取4.0m。网架结构的高度，一是取决于网架结构上作用的荷载

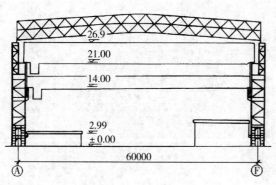
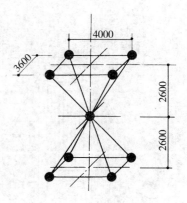

图6-8-6 某焊装车间的平面图　　图6-8-7 网格结构的单元杆件尺寸图

大小，二是取决于网架结构的跨度。作用荷载愈大，则网架高度取大一些，以减少网架跨中挠度；当跨度较大时，在满足相对挠度要求的前提下，高跨比尽可能取小一些。本工程网架高度，近似按1/12取用，为5.2m。由于本工程网架跨度为60m，属大跨度结构，若采用双层网架，对压杆不利，且每单元构件重量增加，给生产、运输、安装带来不便。经过分析比较，采用三层抽空正交四角锥网架，其网格单元杆件尺寸如图6-8-7所示，采用矩形四角锥实心螺栓球钢管网架方案，在柱网单元内的网格布置如图6-8-8所示，其中图6-8-8(a)为网架上、下层网格尺寸图，图6-8-7(b)为网架中层网格尺寸图，图6-8-8(c)为网架剖面示意图。网架节点采用实心螺栓球节点，杆件之间通过高强螺栓连接汇交于球节点上，全部加工制造可在专业工厂内进行，具有加工拆装方便、耗钢量较省、受力合理、造型美观及综合技术经济指标较好等优点。同时，本工程还对三层不抽空方案与三层局部抽空方案进行了计算比较。结果表明，按图6-8-9所示方案局部抽空腹杆后，可节省用钢量1.4kg/m²。虽然个别杆件的内力有所变化，但局部抽空并不影响网架的整体刚度。

为减少支座转动及温度变化对结构的影响，可采用双向弧形滑动支座。考虑到吊车水平刹车在柱顶的作用，使网架同柱顶的连接节点能传递水平力，同时对双向弧形转动作一相应限制，本工程采用了双向弧形滑块钢垫加弹簧板的支座形式，如图

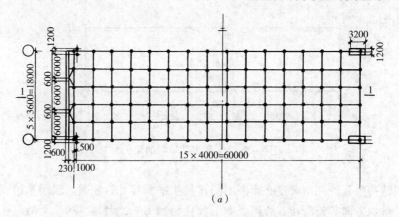

图6-8-8 某焊接车间的三层网架（一）
(a)上、下层网格尺寸

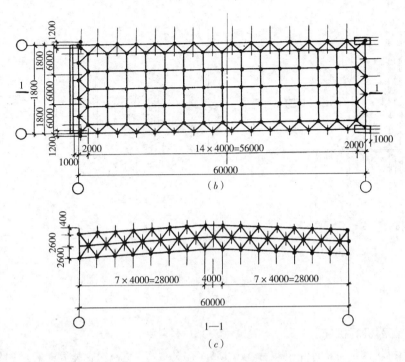

图 6-8-8 某焊接车间的三层网架（二）
(b) 中间层网格尺寸；(c) 三层网架剖面示意图

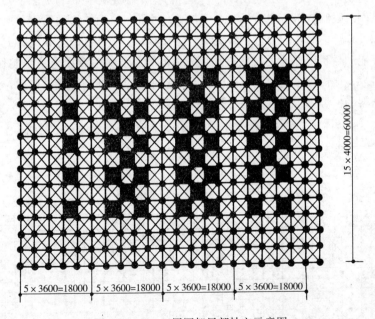

图 6-8-9 三层网架局部抽空示意图

6-8-10所示。弹簧板的作用既作为传递剪力的辅助构件，又作为水平位移的限位挡板，只允许转动，不允许位移，使网架结构同柱顶的连接更符合排架分析中铰接节点的假定。同时使吊车水平刹车力能有效地传递给网架杆件。这种双向弧形滑块在纵向也可以微调转动，这时弹簧板受到扭转压缩的作用。

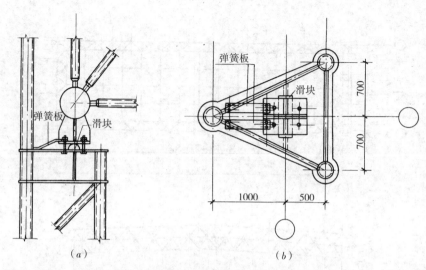

图 6-8-10 双向弧形滑块钢垫加弹簧板支座节点
(a) 立面图；(b) 平面图

4）首都机场机库

首都机场四机位机库平面尺寸为（153m+153m）×90m，它能同时容纳四架波音747大型客机进行维修，是目前世界上最大的机库之一。

屋盖结构设计是大跨度机库设计的关键，方案的制定必须要满足以下要求：根据机场空域高度的限制，机库屋顶最高点不得超过40m；屋顶结构的布置和尺寸应满足工艺使用和设置悬挂吊车的要求，屋盖结构的变形不影响悬挂吊车和机库大门的正常运行；机库能满足8度地震的抗震设防要求；同时还要考虑到屋盖结构制作、运输、吊装合理可靠，加快施工周期。根据以上原则，在经过多种方案比较以后，选用了多层四角锥网架和栓焊钢桥相结合的空间结构体系。网架屋盖平面如图6-8-11所示，

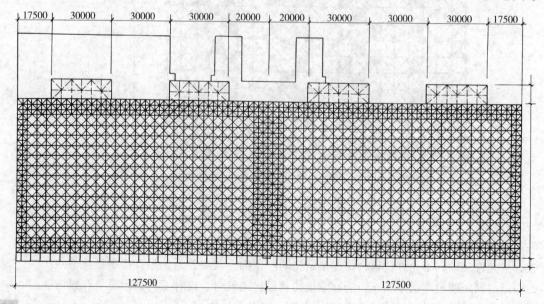

图 6-8-11 首都机场机库屋盖网架平面

剖面如图6-8-12所示。机库大门处网架边梁设计成一箱形的空间桁架两跨连续钢梁。其剖面如图6-8-13所示。

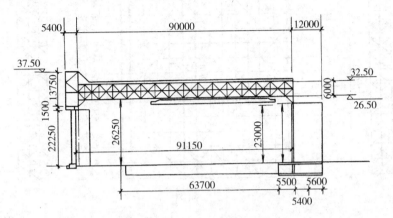

图6-8-12 首都机场机库剖面

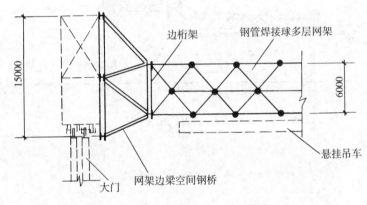

图6-8-13 网架边梁空间桁架钢梁

5）广州白云机场机库

广州白云机场机库视为检修波音747飞机而建造的，如图6-8-14所示。根据波音747飞机机身长、机翼宽的特点，机库平面形状设计成"凸"字形。根据飞机机尾高、机身矮的特点，机库沿高度方向设计成高低跨，机尾高跨部分下弦标高为26m，机身低跨部分下弦标高只有17.5m，因此，机库屋盖选用了高低整体式折线形网架。

为满足飞机进出机库的需要，沿机库正门设置了80m跨度的钢大门。屋盖网架三边为柱子支承，沿大门一边设置了桁架式反梁。在网架高低跨交界处，也布置了一些加强杆使之形成箱形梁的作用。机库内的悬挂吊车节点荷载达275kN，占总荷载的40%，因此必须注意网架屋盖的空间整体工作问题。

高低整体式折线形网架对大跨度机库来说，可节约空间（节约能源），节约钢材，网架整体刚度较大，并能满足机库维修的工艺要求。其缺点是，由于采用了变高度网架，造成杆件类型和节点种类太多，使设计、制造、安装工作量加大。

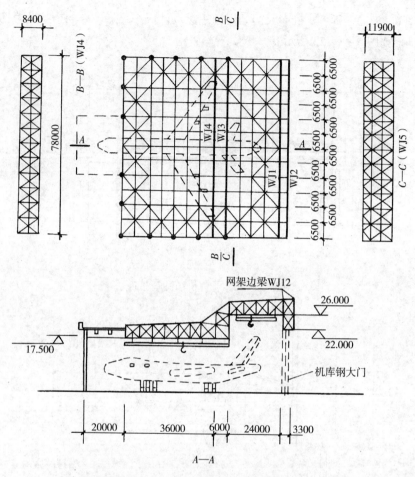

图6-8-14 广州白云机场机库屋盖

第7章

网壳结构

7.1 概述
7.2 筒网壳结构
7.3 球网壳结构
7.4 扭网壳结构
7.5 其他形状的网壳结构
7.6 网壳结构的选型

7.1 概述

网壳结构即为网状的壳体结构，或者说是曲面状的网架结构。其外形为壳，其形成网格状，是格构化的壳体，也是壳形的网架。它是以杆件为基础，按一定规律组成网络，按壳体坐标进行布置的空间构架，兼具杆系结构和壳体结构的性质，属于杆系类空间结构。与平面网架不同，它的承载力特点为沿确定的曲面薄膜传力，作用力主要通过壳面内两个方向的拉力或压力以及剪力传递。20世纪50年代至60年代，钢筋混凝土壳体得到了较大的发展，但人们发现，钢筋混凝土壳体结构很大一部分材料是用来承受自重的，只有较少部分的材料用来承担外荷载，并且施工很费事，所以自20世纪70年代以来，以钢结构为代表的网壳结构得到了很大的发展。网壳结构的优点主要表现在以下四个方面：

（1）网壳结构的杆件主要承受轴力，结构内力分布比较均匀，应力峰值较小，因而可以充分发挥材料强度作用。

（2）由于它可以采用各种壳体结构的曲面形式，因而在外观上可以与薄壳结构一样具有丰富的造型，无论是建筑平面或建筑形体，网壳结构都能给设计人员以充分的设计自由和想象空间，通过使结构动静对比、明暗对比、虚实对比，把建筑美与结构美有机地结合起来，使建筑更易于与环境相协调。

（3）由于杆件尺寸与整个结构的尺寸相比很小，因此，可把网壳结构近似地看成各向同性或各向异性的连续体，利用钢筋混凝土薄壳结构的分析结果进行定性的分析。

（4）网壳结构中网格的杆件可以用直杆代替曲杆，即以折面代替曲面，如果杆件布置和构造处理得当，可以具有与薄壳结构相似的良好的受力性能。同时又便于工厂制造和现场安装，在构造上和施工方法上具有与平板网架结构一样的优越性。

网壳结构也存在不足之处，主要有以下三个方面：

（1）杆件和节点几何尺寸的偏差以及曲面的偏离对网壳的内力、整体稳定性和施工精度影响较大，这给结构设计带来了困难。另外，为减少初始缺陷，对于杆件和节点的加工精度提出较高的要求，这就给制作加工增加了困难。这些缺点在大跨度网壳中显得更加突出。

（2）网壳结构可以构成大空间，但当矢高很大时，增加了屋面面积和不必要的建筑空间，增加建筑材料和能量的消耗。

（3）网壳结构虽然能跨越很大的跨度，但主要为承受压力，存在稳定问题，并不能充分利用材料的强度，因此超过某一跨度后就会显得不经济。

综上所述，网壳结构兼有薄壳结构和平板网架结构的优点，是一种很有竞争力的大跨度空间结构，近年来发展十分迅速。网壳结构的缺点是计算、构造、制作安装均较复杂，使其在实际工程中应用受到限制。但是随着计算机技术的发展，网壳结构的计算和制作中的复杂性将由于计算机的广泛应用而得到克服，而网壳结构优美的造型、良好的受力性能和优越的技术经济指标将日益明显，其应用将越来越广泛。

网壳结构按杆件的布置方式分类，有单层网壳和双层网壳两种形式。单层网壳由于杆件少、重量轻、节点简单、施工方便，因而具有更好的技术经济指标。但单层网壳曲面外刚度差、稳定性差，各种因素都会对结构的内力和变形产生明显的影响，因此在结构杆件的布置、屋面材料的选用、计算模式的确定、构造措施的落实及结构的施工安装中，都必须加以注意。双层网壳可以承受一定的弯矩，具有较高的稳定性和承载力。当屋顶上需要安装照明、音响、空调等各种设备及管道时，选用双层网架能有效地利用空间，方便顶棚或吊顶构造，经济合理。双层网壳根据厚度的不同，又有等厚度与变厚度之分。

网壳结构按材料分类有木网壳、钢筋混凝土网壳、钢网壳、铝合金网壳、塑料网壳、玻璃钢网壳等。木网壳结构仅在早期的少数建筑中采用，近年来在一些木材丰富的国家也有采用胶合木建造网壳，有的跨度达100多米。但总的来说，木结构网壳用得并不多。钢筋混凝土网壳结构常常是单层的，常采用预制钢筋混凝土杆件装配整体式结构，但由于自重大、节点构造复杂，一般用于跨度在60m以下的建筑中。钢网壳结构目前在我国应用最多，它可以是单层的，也可以是双层的；钢材可以采用钢管、工字钢、角钢、薄壁型钢等，具有重量轻、强度高、构造简单、施工方便等优点。铝合金网壳结构由于重量轻、强度高、耐腐蚀、易加工、制造和安装方便，在欧美国家已被大量应用于大跨度建筑，其杆件可为圆形、椭圆形、方形或矩形截面的管材。我国由于铝材规格和产量较少，价格较高，目前尚未用于网壳结构。塑料网壳和玻璃钢网壳结构目前较少采用。

网壳结构按曲面形式分类有单曲面和双曲面两种。单曲面网壳常见的有筒网壳或称为柱面壳，双曲面网壳目前常用的有球网壳和扭网壳两种，有时也采用其他曲面的扁网壳及各种曲面经切割组合后的网壳。

7.2 筒网壳结构

筒网壳也称为柱面网壳，它是当今广受瞩目的一种空间结构，是单曲面结构，适合于覆盖工业厂房、仓库、游泳池、网球馆、飞机库等矩形平面。其横截面常为圆弧形，也可采用椭圆形抛物线形和双中心圆弧形等。

7.2.1 单层筒网壳

单层筒网壳若以网格的形式及其排列方式分类，有以下五种形式（见图7-2-1）：

(1) 联方网格型筒网壳（图7-2-1a）；
(2) 弗普尔型筒网壳（图7-2-1b）；
(3) 单斜杆型筒网壳（图7-2-1c）；
(4) 双斜杆型筒网壳（图7-2-1d）；
(5) 三向网格型筒网壳（图7-2-1e）。

联方型网壳受力明确，屋面荷载以两个斜向拱的方向传向基础，简捷明了。室内呈菱形网格，犹如撒开的渔网，美观大方。其缺点是稳定性较差。由于网格中每个节

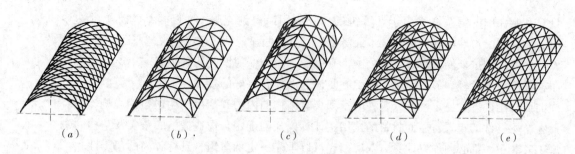

图 7-2-1 单层筒网壳的形式
(a) 联方网格型；(b) 弗普尔型；(c) 单斜杆型；(d) 双斜杆型；(e) 三向网格型

点连接的杆件数少，故常采用钢筋混凝土结构。

弗普尔型和单斜杆型筒网壳结构形式简单，用钢量少，多用于小跨度或荷载较小的情况。双斜杆型筒网壳和三向网格型筒网壳具有相对较好的刚度和稳定性，构件比较单一，设计及施工都比较简单，可适用于跨度较大和不对称荷载较大的屋盖中。

为了增强结构刚度，单层筒网壳的端部一般都设置横向端肋拱（横隔），必要时也可在中部增设横向加强肋拱。对于长网壳，还应在跨度方向边缘设置边桁架。图7-2-2为上海某中学体育馆，平面尺寸为30m×50m，矢高8m，采用了三向单层筒网壳结构。网壳沿波长方向划分14格，形成的网格为等腰三角形，斜杆长度为2.820m，水平杆长度为2.500m。网壳两端山墙处及离一端山墙10m处共有三列柱子，可作为网

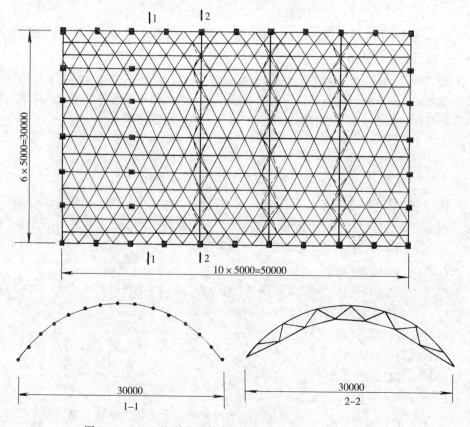

图 7-2-2 上海某中学体育馆三向网格型单层筒网壳屋盖

壳支承，在纵向另40m长度内，每隔10m增加一道由杆件组成的加强拱肋，以提高其稳定性。网壳的水平推力依靠建筑物自身的刚度和适当放大檐口断面尺寸来承受，通过设置大天沟，把网壳的水平推力集中传到两端山墙。

7.2.2 双层筒网壳

由于单层筒网壳在刚度和稳定性方面的不足，不少工程采用双层筒网壳结构。双层筒网壳结构的形式很多，常用的如图7-2-3所示。一般可按几何组成规律分类，也可按弦杆布置方向分类。

1）按几何组成规律分类

(1) 交叉桁架体系双层筒网壳

交叉桁架体系双层筒网壳是由两个或三个方向的平面桁架交叉构成。图7-2-3中两向正交正放、两向斜交斜放、三向桁架就属于此类结构。

(2) 四角锥体系双层筒网壳

四角锥体系双层筒网壳是由四角锥按一定规律连接而成。图7-2-3中折线形、正放四角锥、正放抽空四角锥、棋盘形四角锥、斜放四角锥、星形四角锥网壳等都属于此类结构。

图7-2-4为北京体育大学网球竞技馆。其屋面采用的是正四角锥网壳结构，由于该工程建筑限高，建筑内部空间又有净高要求，网壳厚度只能做到1900mm。

图7-2-5为首都国际机场职工体育活动综合馆的双层筒形钢网壳结构布置图，采用正放四角锥形式，节点采用螺旋球。

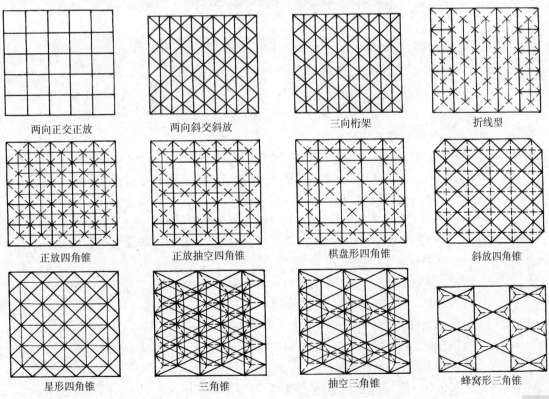

图7-2-3 双层筒网壳的形式

图7-2-4 北京体育大学网球竞技馆

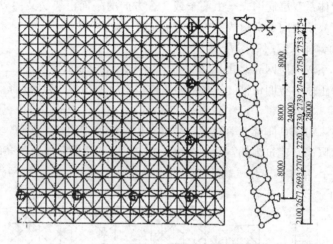

图7-2-5 正放四角锥形双层网壳结构实例

(3) 三角锥体系双层筒网壳

三角锥体系双层筒网壳是由三角锥单元按一定规律连接而成。图7-2-3中三角锥、抽空三角锥、蜂窝形三角锥网壳等都属于此类结构。

2) 按弦杆布置方向分类

与平板网架一样，双层筒网壳主要受力构件为上、下弦杆。力的传递与上、下弦杆的走向有直接关系，因此可按上、下弦杆的布置方向分成三类。

(1) 正交类双层筒网壳

正交类双层筒网壳的上、下弦杆与网壳的波长方向正交或者平行。图7-2-3中两向正交正放、折线形、正放四角锥、正放抽空四角锥网壳等属于此类结构。

(2) 斜交类双层筒网壳

斜交类双层筒网壳的上、下弦杆件与网壳的波长方向的夹角均非直角，图7-2-3中只有两向斜交斜放网壳属于此类结构。

(3) 混合类双层筒网壳

混合类双层筒网壳的弦杆与网壳的波长方向夹角部分正交，部分斜交。图7-2-3中除上述6种外均属此类结构。

7.2.3 筒网壳结构的受力特点

从总体来看，根据双层筒网壳的几何外形及其支承条件，网壳结构的作用可看成为波长方向拱的作用与跨度方向梁的作用的组合，其内力分布规律及变形也与两铰拱相似。但由于各种形式的双层筒网壳杆件排列方式不一样，拱作用的表现也形态不一。

正交类网壳的外荷载主要由波长方向的弦杆承受，纵向弦杆的内力很小。很明显结构是处于单向受力状态，以拱的作用为主，网壳中内力分布比较均匀，传力路线短。

斜交类网壳的上、下弦杆是与壳体波长方向斜交的，因此外荷载也是沿着斜向逐步卸荷的，拱的作用不是表现在波长方向，而是表现在与波长斜交的方向。通常最大内力集中在对角线方向，形成内力最大的"主拱"，主拱内上、下弦杆均受压。

混合类网壳受力比较复杂，对于斜放四角锥网壳、星形四角锥网壳，其上弦平面内力类似于斜交类网壳，而下弦内力分布却类似于正交类网壳。棋盘形四角锥网壳与它们相反，上弦内力分布与正交类网壳相似，下弦内力分布与斜交类网壳相似。三角锥类网壳以及三向桁架网壳的内力分布也有上述特点，即荷载向各个方向传递，结构空间作用明显。

7.2.4 筒网壳结构的支承

网壳结构的受力与其支承条件有很大关系。网壳结构的支承一般有两对边支承、四边支承、多点支承等。

1) 两对边支承

两对边支承的筒网壳结构，按支承边位置的不同，有两种情况。

当筒网壳结构以跨度方向为支座时，即成为筒拱结构。拱脚常支承于墙顶圈梁、柱顶连系梁、侧边桁架上，或者直接支承于基础上。为解决拱脚推力问题，可采用以下四种方案。①设拉杆。柱间拉杆的间距为网格纵向尺寸的倍数，一般 1.5~3m。②设墙垛。为取消室内拉杆，可用斜墙垛来抵抗拱脚推力。③设斜柱、墩。把柱轴线按斜推力方向设置，来承受侧向推力。④拱脚落地。即采用落地拱式筒网壳，其斜推力直接传入基础，故用料最为经济，但对基础要求较高。

当筒网壳结构在波长方向设支座时，网壳以纵向梁的作用为主。这时筒网壳的端支座若为墙，应在墙顶设横向端拱肋，承受由网壳传来的顺剪力，成为受拉构件。其端支座若为变高度梁，则为拉弯构件。梁式筒网壳的纵向两侧边应同时设侧边构件，如设置边梁或边桁架。最简单的方法是在拱脚部分网壳边设纵向长网肋构成边桁架，边桁架可垂直设置或水平设置，一般以水平设置为佳，这样能加强侧边的横向水平刚度，以承担横向推力。当跨度大时，可在拱脚做成三角形截面的立体边桁架。

2) 四边支承或多点支承

四边支承或多点支承的筒网壳结构可分为短壳、长壳和中长壳。筒网壳的受力同时有拱式受压和梁式受弯两个方面，两种作用的大小同网格的构成及网壳的跨度与波长之比有关。其中短网壳的拱式受压作用比较明显，而长网壳表现出更多的梁式受弯特性，中长壳的受力特点则介于两者之间。由于拱的受力性能要优于梁，因此在工程中多采用短壳。对于因建筑功能要求必须为长网壳结构，可考虑在筒网壳纵向的中部增设加强肋，把长壳分隔成两个甚至多个短壳，以增强拱的作用，充分发挥短壳空间多向抗衡的良好力学性能。

如黑龙江省展览馆某屋盖，采用了三向单层筒网壳结构。网壳的波长 $s = 20.72\text{m}$，

跨度 $l=48.04m$，矢高为 $6m$。在跨度方向中间设了两个加强拱架，将长筒壳转化为两个短壳（图 7-2-6）。

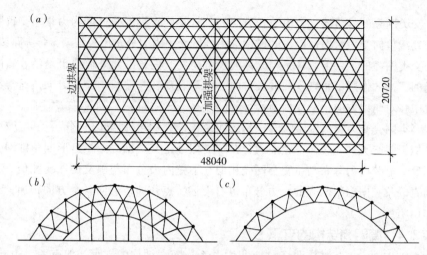

图 7-2-6 黑龙江省展览馆某网壳屋盖
(a) 网壳平面图；(b) 边拱架；(c) 加强拱架

网壳结构的刚度与稳定性问题，在设计中往往起控制作用。因此，研究网壳结构的受力特点，除了考虑其荷载传递、内力分布外，还要考虑到构件的受压稳定性。

7.3 球网壳结构

球网壳是典型的同向曲面结构，在一切方向上，任何一点的曲率均相同。球网壳设计的关键在于球面的划分。球面划分的基本要求有两个：①杆件规格尽可能少；以便制作与装配；②所形成的结构必须是几何不变体。

7.3.1 单层球网壳

单层球网壳的主要网格形式有以下几种。

1）肋环型网格

肋环型网格只有经向杆和纬向杆，无斜向杆，大部分网格呈四边形，其平面图酷似蜘蛛网，如图 7-3-1 所示。它的杆件种类少，每个节点只汇交四根杆件，节点构造简单，但节点一般为刚性连接。

肋环型网格球网壳通常用于中小跨度的穹顶。1967 年建成的郑州体育馆，平面直径 64m，矢高 9.14m，为我国跨度最大的单层球面网壳。图 7-3-2 为江西省科技馆宇宙剧场单层球面网壳结构。球体直径为 30m，底圆直径 24.438m，矢高为 27.3m，矢跨比 1.117。采用无缝钢管和高频焊

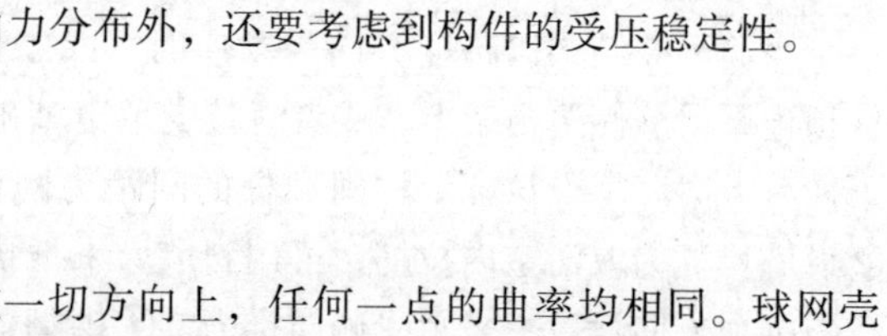

图 7-3-1 肋环型球面网壳
(a) 透视图；(b) 平面图

管，节点采用空心球节点，用钢量为 19.8kg/m²。根据建筑装饰特点并结合施工企业的吊装能力和焊接工艺，设计上采用了改进的单层肋环形网格，即在梯形网格中加设一道斜杆，以增强网格的稳定性。

2）施威特勒（Schwedler）型网格

施威特勒型网格由经向网肋、环向网肋和斜向网肋构成，如图 7-3-3 所示。其特点是规律性明显，内部及周边无不规则网格，刚度较大，能承受较大的非对称荷载，可用于大中跨度的穹顶。

图 7-3-2 江西省科技馆宇宙剧场单层球面网壳

3）联方型网格

联方型网格由左斜肋与右斜肋构成菱形网格，两斜肋的夹角为 30°~50°，如图 7-3-4（a）所示。为增加刚度和稳定性，也可加设环向肋，形成三角形网格，如图 7-3-4（b）所示。联方型网格的特点是没有径向杆件，规律性明显，造型美观，从室内仰视，象葵花一样。其缺点是网格周边大，中间小，不够均匀。联方型网格网壳刚度好，可用于大中跨度的穹顶。

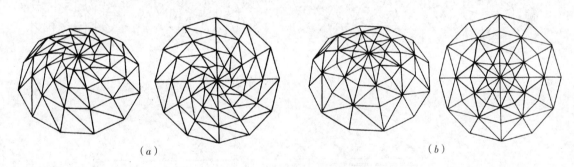

(a)　　　　　　　　　　　　　(b)

图 7-3-3 施威特勒型网格

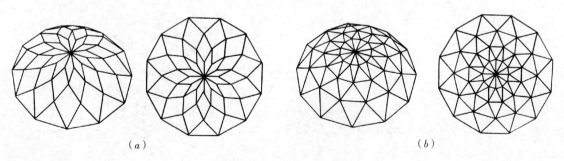

(a)　　　　　　　　　　　　　(b)

图 7-3-4 联方型网格

中国科技馆球形影院以一个直径为 27m 的单层球网壳作为银幕的支架，采用了联方型网格，如图 7-3-5 所示。

4）凯威特（Kiewitt）型网格

凯威特形网格其先用 n 根（n 为偶数，且不小于 6）通长的径向杆将球面分成 n

个扇形曲面，然后在每个扇形曲面内用纬向杆和斜向杆划分成比较均匀的三角形网格，如图 7-3-6 所示。在每个扇区中各左斜杆相互平行，各右斜杆也相互平行，故亦称为平行联方型网格。这种网格由于大小均匀，避免了其他类型网格由外向内大小不均的缺点，且内力分布均匀，刚度好，故常用于大中跨度的穹顶中。

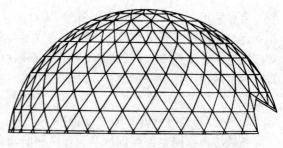

图 7-3-5 中国科技馆球形影院

图 7-3-7 为大庆林源炼油厂多功能厅屋盖，采用 1/3 球形，落地直径为 30m，矢高 10m。采用单层钢网壳结构，网壳呈凯威特形网格，曲率半径 16.05m，设计跨度 25.6m，矢高 6.1m。网壳下部的承重结构为 12 个钢筋混凝土支架，支架上部设圈梁连接成整体，网壳边节点全部与圈梁整浇。

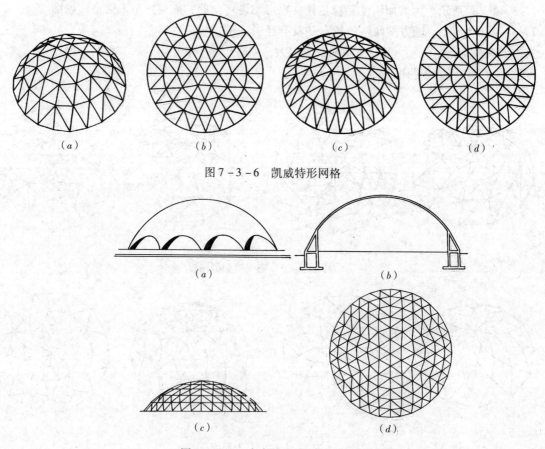

图 7-3-6 凯威特形网格

图 7-3-7 大庆林源炼油厂多功能厅屋盖

5）三向网格型

由竖平面相交成 60°的三族竖向网肋构成，如图 7-3-8 所示。其特点是杆件种类少，受力比较明确。可用于中小跨度的穹顶。济南动物园亚热带鸟馆分东西两舍，采用单层斜放三向网格型球网壳。东舍直径46m，矢高7m，矢跨比1:6.57。西舍直径40m，矢高6m，矢跨比1:6.67。东西舍均为高空散装法施工安装。

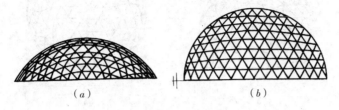

图7-3-8 三向网格型
(a)立面图；(b)平面图

6) 短程线型网格

所谓短程线，是指球面上两点间最短的曲线，这条最短的曲线必定是位于由该两点及球心所组成的平面与球面相交的大圆圆周上。由数学可以证明，圆球内接的最大正多面体是正二十面体，把内接正二十面体各边正投影到球面上，把球面划分成二十个全等的球面正三角形，其分割线在球面上所形成的网格，是杆长规格最少且杆长最短的球壳网格（图7-3-9a）。但该网格的边长为0.5257D（D为球的直径），杆长太大，在建筑工程中并不实用，而要把这些球面正三角形再完全等分成更小的球面正三角形又不可能，因此以后只能根据弧长相等的原则进行二次划分（图7-3-9b），所得到的网格称为短程线型网格。二次划分的次数称为短程线型网格的频率。通过不同的划分方法，可以得到三角形、菱形、半菱形、六角形等不同的网格形式。二次划分后的所有小三角形虽不完全相等，但相差甚微（图7-3-9c）。因此，短程线型网格规整均匀，杆件和节点种类在各种球面网壳中是最少的，适合于在工厂大批量生产。短程线网格穹顶受力性能好，内力分布均匀，传力路线短，而且刚度大，稳定性能好，因此具有良好的应用前景。如大同矿务局燕子山选煤厂浓缩池直径为30m，顶盖采用单层球面网壳，球壳直径为34.672m，采用短程线型分格，分格频率为7。杆件采用截面为$\phi 102\times 3$mm的高频焊接钢管。

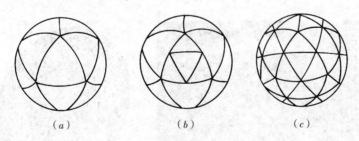

图7-3-9 短程线型网格

图7-3-10（a）为北京东城区少年宫气象厅，网壳直径12m，为5频划分的单层短程线球壳，网壳支承在一根略有高低起伏的圈梁上。图7-3-10（b）为潍坊艺海大厦屋顶水箱，球体直径10.2m，矢高9.91m，为5频划分的单层短程线球壳。

7) 双向子午线网格

双向子午线网格是由位于两组子午线上的交叉杆件所组成，如图7-3-11所示。

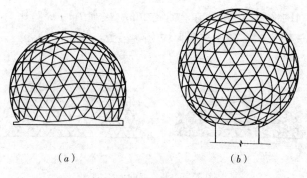

图7-3-10 单层短程线球网壳实例

它所有杆件都是连续的等曲率圆弧杆,所形成的网格均接近方形且大小接近。该结构用料节省,施工方便,是经济有效的大跨度空间结构之一,已被用作许多石油及化学品储藏罐的顶盖。

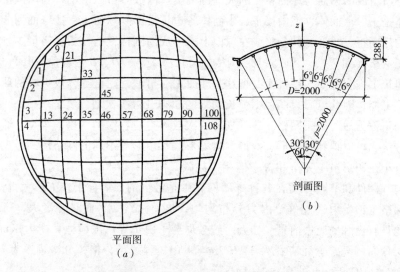

图7-3-11 双向子午线网格

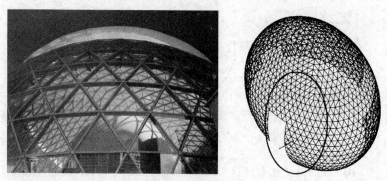

图7-3-12 上海科技馆

8）混合型

混合型由以上两种或以上相结合的型式。图7-3-12为上海科技馆,椭圆形球体结构单层网壳的长轴长 67m，短轴长 51m，椭球体为沿椭圆平面长轴旋转体，削去下半部分而成。球高 42.2m。球体两侧各开有 9m 宽、16m 高的大门洞，端部有个 9m 宽、5m 高的小门洞。网壳结构采用联方型及凯威特型相结合的型式。

7.3.2 双层球网壳

1）双层球网壳的形成

当跨度大于 40m 时，不管是从稳定性还是从经济性的方面考虑，双层网壳要比单层网壳好得多。双层球壳是由两个同心的单层球面通过腹杆连接而成。各层网格的形成与单层网壳相同，对于肋环型、施威特勒型、联方型、凯威特型和双向子午线型等双层球面网壳，通常多选用交叉桁架体系。三向网格型和短程线型等双层球面网壳，一般均选用角锥体系。凯威特型和有纬向杆的联方型双层球面网壳也可选用角锥体系。短程线型的双层球面网壳，根据内外层球面上网格划分形式的不同，可以得到多种型式，最常见的两种连接形式如图 7-3-13 所示。第一种是内外两层节点不在同一半径延线上，如外层节点在内层三角形网格的中心上，则可以形成六边形和五边形、内三角形的划分（图 7-3-13a）；第二种是内外两层节点在同一半径延线上，实际上是两个划分完全相同但大小不等的单层网壳通过腹杆连接而成，图 7-3-13（b）是抽掉部分外层节点时的情形。

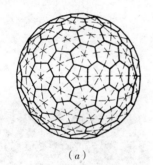 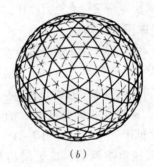

(a)　　　　　　　　　　　(b)

图 7-3-13　短程线型的双层球面网壳

北京科技馆穹幕影院为一个内径 32m，外径 35m，高 25.5m 的四分之三双层球网壳，内层采用 6 频划分的完整的短程线穹顶，外层则是内层按同心球放大并抽掉一部分外层杆件和节点形成六边形与五边形组合的图案，见图 7-3-14。

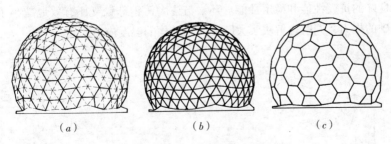

图 7-3-14　北京科技馆穹幕影院
(a) 总体；(b) 内层；(c) 外层

2）双层球网壳的布置

已建成的双层球网壳大多数是等厚度的，即内外两层壳面是同心的。但从杆件内力分布来看，一般情况下，周边部分的杆件内力大于中央部分的杆件内力。因此，在设计时，为了使网壳既具有单双层网壳的主要优点，又避免它们的缺点，既不受单层网壳稳定性控制，又能充分发挥杆件的承载力，节省材料，可采用变厚度或局部双层网壳。其主要形式有以下几种：

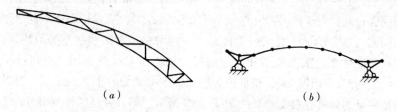

图 7-3-15 球网壳厚度的变化

（1）从支承周边到顶部，网壳的厚度均匀地减少（图 7-3-15a）。
（2）网壳的下部为双层，顶部为单层。
（3）网壳的大部分为单层，仅在支承区域为双层（图 7-3-15b）。
（4）在双层等厚度网壳上大面积抽空布置。

3）双层球网壳的案例

北京老山奥运自行车馆屋盖结构采用双层球面网壳结构。网壳跨度 133.06m，沿周边外挑 8.238m，圆形屋盖水平投影直径 149.536m，矢高 14.69m，是目前我国跨度最大的双层球面网壳结构，见图 7-3-16、图 7-3-17。

网壳采用四角锥网格，最大网格尺寸为 4.96m×4.24m，厚度 2.8m，采用焊接球节点。网壳通过 24 组向外倾斜 15°、高 10.35m 的人字柱支承于沿周边均匀分布的 24 根钢筋混凝

图 7-3-16 老山自行车馆

土柱柱顶，采用了 24 组球铰可转动铸钢支座。人字形柱柱顶设置钢结构圈梁，利用网壳外挑部分设置圈梁桁架。本工程所采用的结构概念清晰、传力明确、应力分布合理，具有良好的抗震性能和稳定性能。环梁与柱脚铸钢球铰支座有效地减小了网壳对支柱及基础的推力，同时也解决了大跨度网架结构的温度应力问题。

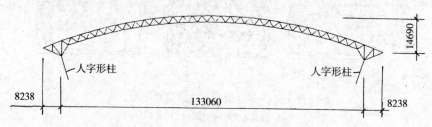

图 7-3-17 老山自行车馆网壳结构剖面

网壳最大杆件为 $\Phi219\times14$,最大球节点为 $D650\times30$,用钢量约为 95kg/m^2,其中双层球面网壳部分为 60kg/m^2,人字形柱及钢结构圈梁为 35kg/m^2。屋面采用轻型金属屋面板,局部为玻璃采光屋面。

济源篮球城体育馆的造型是一个截球体。屋盖采用正放四角锥螺栓球节点双层球网壳结构,见图 7-3-18。网壳直径为 99.4m,壳体矢高为 14.3m,矢跨比为 1/6.9,网壳厚度为 2.7m,壳体顶部高度为 28m。网壳由下弦周边支撑,设有 36 个支座,支承在 36 根钢筋混凝土柱的顶部,沿支承点所形成的直径为 94.8m 的圆周,在柱顶设预应力钢筋混凝土环梁,见图 7-3-19。

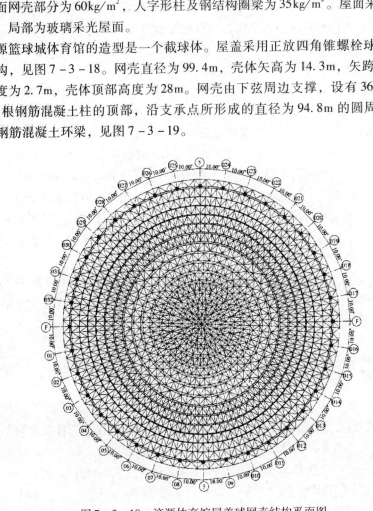

图 7-3-18 济源体育馆屋盖球网壳结构平面图

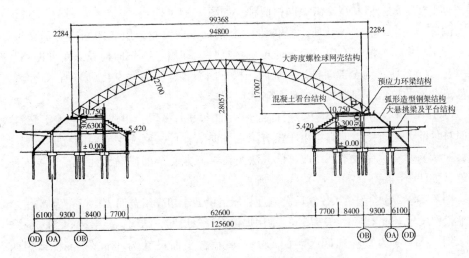

图 7-3-19 济源体育馆屋盖结构剖面图

7.3.3 球网壳结构的受力特点

球网壳是格构化的球壳，其受力状态与第5章圆顶的受力相似，这种结构的内力与拱有些相似，在理想情况下，主压力从拱顶开始沿径向肋或正交肋传到支座系统。当水平环箍作用时，表面犹如一张薄膜。因此它的结构厚度要比简单拱小得多。由于球面是不可被"展平"的，在荷载作用下壳面不裂开就不会变平，因此球壳具有内在的有效性，可使自重降到最小。网壳的杆件为拉杆或压杆，节点构造也须承受拉力和压力。球网壳的底座可设置环梁，也可不设环梁。从理论上讲，半球壳结构在竖向均布荷载作用下环梁内拉力为零，非半球壳结构则可通过设置斜向支承结构直接平衡球壳内的水平拉力。但一般情况下，设置环梁有利于增强结构的刚度。

随网壳支座约束的增强，球网壳内力逐渐均匀，且最大内力也相应减小，同时整体稳定系数也不断提高。因此球网壳周边支座节点以采用固定刚接支座为宜，如秸山选煤厂52m直径单层球面屋盖的设计采取了以下的措施：球面网壳整体支承在闭合的钢筋混凝土圈梁上，为提高闭合圈梁的法向刚度，将钢筋混凝土的挑檐板加厚，并与圈梁浇成整体，圈梁则支承在带斜腿的钢筋混凝土A字框架上。

单层球网壳为增大刚度，也可再增设多道环梁，环梁与网壳节点用钢管焊接。

为使球网壳的受力符合薄膜理论，球网壳应沿其边缘设置连续的支承结构。否则，在支座附近，应力向支座集中，内力分布将会与薄膜理论有较大出入。

7.4 扭网壳结构

扭网壳为直纹曲面，壳面上每一点都可作两根互相垂直的直线。因此，扭网壳可以采用直线杆件直接形成，采用简单的施工方法就能准确地保证杆件按壳面布置。且由于扭网壳为负高斯曲面，可以避免其他扁壳带来的聚焦现象，能产生良好的室内声响效果。扭壳造型轻巧活泼，适应性强，很受建筑师和业主的欢迎。

7.4.1 单层扭网壳

单层扭网壳杆件种类少，节点连接简单，施工方便。单层扭网壳按网格形式的不同，有正交正放网格和正交斜放网格两种。如图7-4-1所示。

图7-4-1(a)、(b)所示杆件沿两个直纹方向设置，组成的网格为正交正放。在实际工程中，一般都在第三个方向再设置杆件，即斜杆，从而构成三角形网格。图7-4-1(a)所示为全部斜杆沿曲面的压拱方向布置，图7-4-1(b)所示为全部斜杆件沿曲面的拉索方向布置。这两种形式应用较多。

图7-4-1(c)所示为杆件沿曲面最大曲率方向设置，组成的网格为正交斜放。此时杆件受力最直接。但其中由于没有第三方向的杆件，网壳平面内的抗剪切刚度较差，对承受非对称荷载不利。改善的办法是在第三方向全部或局部地设置直纹方向的杆件，如图7-4-1(d)、(e)、(f)所示。

图7-4-2为益阳市人民法院公判厅，屋盖由四个扭壳组合而成，扭壳为周边支承，水平投影尺寸18m×24m，矢高3m，采用焊接钢管单层网壳结构，耗钢量14.5kg/m²。

图7-4-3为宜春地区医院门诊大厅屋盖，平面尺寸为48m×18m，采用两个18m×18m的扭壳，每个网壳中三个角点，如图中的b、a、c与e、g、h均在同一标高

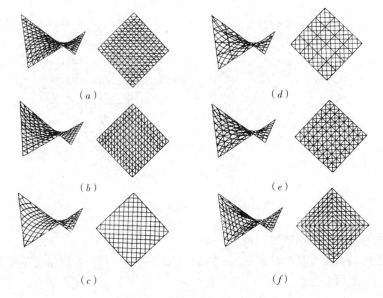

图 7-4-1 单层扭网壳的网格形式

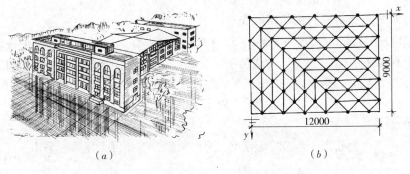

图 7-4-2 益阳市人民法院公判厅屋盖

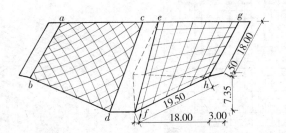

图 7-4-3 宜春地区医院门诊大厅屋盖

上,中间角点 d 与 f 下降 7.35m。采用焊接角钢单层网壳结构,杆件与边界成 45°斜放,网格为 1.149m×1.149m,耗钢量 17.65kg/m²。

7.4.2 双层扭网壳

双层扭网壳结构的构成与双层筒网壳结构相似。网格的形式与单层扭网壳相似,也可分为两向正交正放网格和两向正交斜放网格,见图 7-4-4。为了增强结构的稳定性,双层扭网壳一般都设置斜杆形成三角形网格。

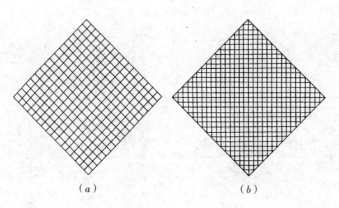

图 7-4-4 双层扭网壳的网格

1) 两向正交正放网格的扭网壳

两组桁架垂直相交且平行或垂直于边界（图 7-4-4a）。这时每榀桁架的尺寸均相同，每榀桁架的上弦为一直线，节间长度相等。这种布置的优点是杆件规格少，制作方便。缺点是体系的稳定性较差，需设置适当的水平支撑及第三向桁架，来增强体系的稳定性并减少网壳的垂直变形，而这又会导致用钢量的增加。

2) 两向正交斜放网格的扭网壳

两组桁架垂直相交但与边界成45°斜交（图 7-4-4b），两组桁架中一组受拉（相当于悬索受力），一组受压（相当于拱受力），充分利用了扭壳的受力特性。并且上、下弦受力同向，变化均匀，形成了壳体的工作状态。这种体系的稳定性好，刚度较大，变形较小，不需设置较多的第三向桁架。但桁架杆件尺寸变化多，给施工增加了一定的难度。

图 7-4-5 为北京体育学院体育馆，为四块组合型扭网壳屋盖，采用了正交正放

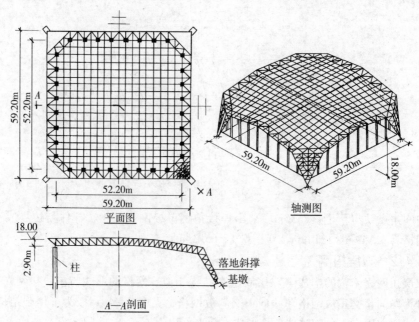

图 7-4-5 北京体育学院体育馆

网格的双层扭网壳结构。建筑平面尺寸 59.2m×59.2m，跨度 52.2m，挑檐 3.5m，四角带落地斜撑，矢高 3.5m，网格尺寸 2.90m×2.90m。整个结构桁架中上、下弦等长、斜腹杆等长、竖腹杆也等长，大大简化了网壳的制作与安装。

图 7-4-6 四川省德阳市体育馆，屋盖平面为菱形，边长 74.87m，对角线长 105.80m，四周悬挑，两翘角部位最大悬挑长度为 16.50m，其余周边悬挑长度为 6.60m。屋盖结构为两向正交斜放网格的双层扭网壳。网壳曲面矢高 14.50m，最高点上弦球中心标高 32.1m，屋盖覆盖平面面积为 5575.68m^2。网壳上面铺设四棱锥形 GRC 屋面板，构成了新颖、美观、别具一格的建筑造型。

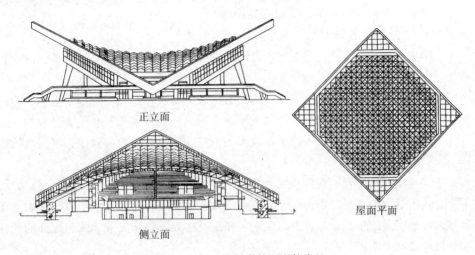

图 7-4-6 四川省德阳市体育馆

图 7-4-7 为北京石景山体育馆。该建筑平面是边长为 99.7m 的正三角形，屋盖由三片四边形的双曲抛物面双层钢网壳组成，各网壳支承在中央的三叉形格构式钢刚架和外缘的钢筋混凝土边梁上。每片网壳由两族立放的直线形平行弦桁架组成基本网格，再加上第三方向（网格的对角线方向）的桁架（不再是直线形），形成完整的网壳。网壳的厚度为 1.5m。三叉形刚架的每个叉梁由箱形截面的立体型钢桁架组成，与钢筋混凝土刚架方案比较，其优点是自重轻、温度应力小、便于制作安装、施工工期短。整个屋盖结构体系受力明确，刚架拔地而起形成三足鼎立之势，而网壳的三个角

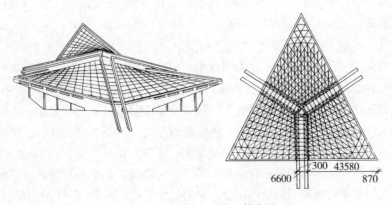

图 7-4-7 北京石景山体育馆

高高翘起，呈现出展翅欲飞的建筑造型。

图 7-4-8 为湖南省游泳跳水馆。椭圆平面尺寸 81.2m×116.2m，采用了正放四角锥双层鞍形网壳。

7.4.3 扭网壳结构的受力特点

单层扭网壳本身具有较好的稳定性，但其出平面刚度较小，因此控制扭网壳的挠度成了设计中的关键。

在扭网壳屋脊处设加强桁架，能明显地减少屋脊附近的挠度，但随着与屋脊距离的增

图 7-4-8 湖南省游泳跳水馆

强，加强桁架的影响则下降。由于扭网壳的最大挠度并不一定出现在屋脊处，因此在屋脊处设加强桁架只能部分地解决问题。

同时，边缘构件的刚度对于扭网壳的变形控制具有决定意义。有分析表明，相同结构边缘构件无垂直变位（如网壳直接支承在柱顶上）比边缘构件有垂直变位的网壳挠度几乎增大两倍，在扭壳的周边，布置水平斜杆，以形成周边加强带，可提高抗侧力能力。

对于四边简支的组合型扭网壳，如图 7-4-2 所示的益阳市人民法院大公判厅，在十字脊线附近会出现负弯矩，而壳面上则以薄膜力为主，同时在十字脊线交叉点附近区域内产生明显的负挠度。可考虑在十字脊线及边界处制作成带下弦和腹杆的局部桁架，以提高网壳刚度。

扭网壳的支承考虑到其脊线为直线，会产生较大的温度应力，如采用固定约束，对网壳受力不利，对于支承柱也会产生较大的水平推力，因此做成橡胶支座，有助于放松水平约束。为抵抗网壳的水平推力，可在相邻柱间设拉杆或做落地斜撑。如北京体育学院体育馆，四角落地斜撑的设置承受了水平荷载及部分竖向荷载，起到了很好的效果。

7.5 其他形状的网壳结构

网壳结构可以采用第 5 章所述的各种曲面形式，并进行切割组合，以适应任意的建筑平面形式，形成风格各异的建筑造型。

7.5.1 柱面与球面相组合的网壳结构

当建筑平面呈长椭圆形时，可采用柱面与球面相组合的壳面形式。即在中部为一个柱面网壳，在两端分别用四分之一球网壳，形成一个犹如半个鸡蛋壳的网壳结构。这种结构型式往往用于平面尺寸很大的情况，如日本的秋田体育馆，平面尺寸为 99m×169m，中间的柱面网壳长 70m，两端的四分之一球壳半径为 43m，四周以斜柱支承。由于跨度大，这类结构常常采用双层网壳结构，且一般为等厚的。

由于柱面壳部分和球壳部分具有不同的曲率和刚度，如何处理两者之间的连接和过渡是结构选型中首先要遇到的问题。一般的过渡方式有图 7-5-1 所示的三种方式。图 7-5-1（a）在柱面壳与球壳之间设缝，把屋盖分为独立的三部分；图 7-5-1

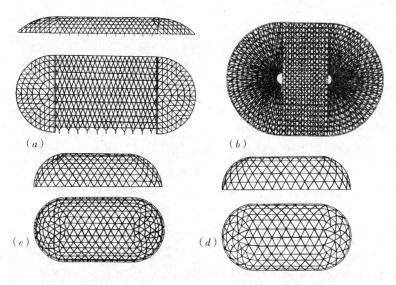

图 7-5-1 柱面壳与球面壳连接过渡

(b)中柱面壳与球壳网格的划分相对独立,但两者通过节点连接在一起;图 7-5-1 (c)、(d)中柱面壳与球壳整体连在一起,且两者在网格划分时采取自然过渡的办法。

图 7-5-2 为我国目前覆盖面积最大的屋盖结构——哈尔滨速滑馆屋盖。其主体结构采用由中部圆柱面壳和两端半球壳组成的巨型双层网壳,轮廓尺寸为 86.2m×191.2m;如果包括下部支承框架在内,则地面标高处的轮廓尺寸达到 101.2m×206.2m。网壳中部的柱面壳部分采用正放四角锥体系,两端球面壳部分采用三角锥体系,一律采用螺栓球节点,网格尺寸为 3m 左右。

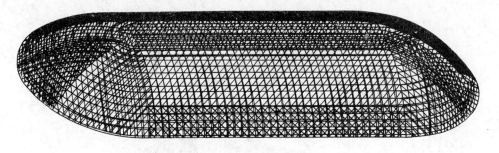

图 7-5-2 哈尔滨速滑馆

7.5.2 双曲扁网壳结构

双曲扁壳由于矢高小,空间利用充分,故常有应用。扁网壳结构常采用平移曲面,这样可使杆件的种类最少。

图 7-5-3 为石家庄市新华集贸中心商业大厅屋盖的曲面形式,平面尺寸为 40m×40m,屋盖选用了圆弧平移曲面的双层扁网壳。网壳最大矢高 6.3m,矢跨比 1∶6.35,壳厚 1.7m,高跨比为 1∶24。网壳布置为正交正放立体桁架形式,网格

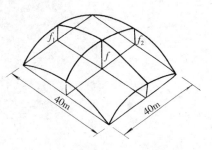

图 7-5-3 石家庄市某大厅网壳曲面

在曲面上沿两个主轴方向划分，两向均为13格。网壳四边设拱形边桁架，周边支承在钢筋混凝土连梁上，网壳上铺玻璃钢屋面板，屋盖上部中央开设一个9.375m×9.375m的天窗。该工程采用圆弧平移曲面的好处是，壳面与边界平行的任何切割曲线均为弦长40m、矢高3.15m的圆弧，曲率半径均为65.067m，这就使网格划分仅有一种规格，使杆件种类大为减少，节点定位容易，施工方便。

7.5.3 椭圆抛物面网壳结构

中国国家大剧院钢壳体结构呈半椭球形，其长轴（东西向）长212.20m，短轴（南北向）长143.64m，建筑总高度为46.285m。钢壳体结构由一组顶环梁、148榀弧形梁架（分长轴梁架和短轴梁架）、斜撑和内外各42道环向联系杆件组成。其中顶环梁呈椭圆形，长轴长约60m，短轴长约38m，由环形钢管、箱形梁以及H型钢等构件组成。长轴梁架由H型钢拼焊而成，短轴梁架用60mm厚钢板拼焊而成。梁架呈中心对称辐射状布置。斜撑与连杆采用$\phi140 \sim \phi195$的钢管制作，并采用铸钢连接件或套筒连接件与梁架连接。钢壳体结构如图7-5-4所示，图中梁架编号由正北开始，往西依次为W01~W74，往东依次为E01~E74，在正南汇合。巨大的穹顶重逾6000t，内部没有一根立柱，却包含着歌剧院、戏剧院和音乐厅三幢混凝土建筑。

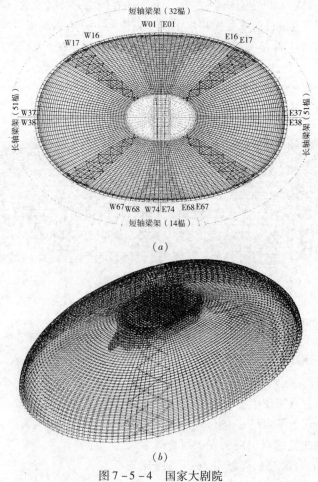

图7-5-4 国家大剧院
(a) 钢壳体平面；(b) 钢壳体透视图

图 7-5-5 为肇庆市体育馆屋盖结构示意图,由椭圆抛物面切割组合而成,整个结构酷似一朵覆地的莲花。体育馆建筑平面为截角的正方形,边长 75m。单个网壳由两组正交斜放的双层抛物线拱桁架组成,矢高分别为 10.97m 和 5.20m,网格投影尺寸为 2687mm×2687mm,网壳厚度为 2m。网壳结构的杆件为 3 号无缝钢管,用钢量为 52kg/m²。

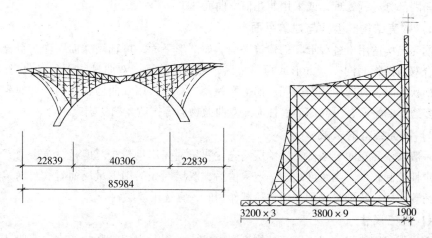

图 7-5-5 肇庆市体育馆屋盖网壳

7.5.4 叉筒网壳结构

叉筒网壳是由圆柱面交贯而成的网壳结构,有谷线式和脊线式两类曲面,见图 7-5-6。两类曲面可根据柱面网壳的杆件布置方式形成各种网格形式。

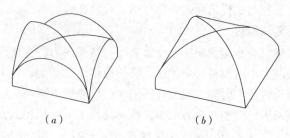

图 7-5-6 叉筒网壳曲面
(a) 谷线式;(b) 脊线式

7.6 网壳结构的选型

网壳结构的种类和型式很多,在设计时选择的范围比较广,而影响选型的因素也很多,选型的合理性对网壳结构的可靠性和技术经济指标有较大影响。因此,网壳结构的选型应综合考虑建筑使用功能、美学、空间利用、平面形状与尺寸、荷载的类别与大小、边界条件、屋面构造、材料、节点体系、制作与施工方法等。网壳结构选型一般应考虑以下几个方面:

1) 网壳结构的体型与建筑造型

进行网壳结构设计,特别是大跨度网壳结构的选型,应与建筑设计密切配合,使网壳结构与建筑造型相一致，与周围环境相协调，整体比例适当。当要求建筑空间大，可选用矢高较大的球面或柱面网壳；当空间要求较小，可选用矢高较小的双曲扁网壳或落地式的双曲抛物面网壳；如网壳的矢高受到限制又要求较大的空间，可将网壳支承于墙上或柱上。欲使网壳呈现动态美或"跃动景观"，可在边界处即支承点附近或角隅部分进行处理，或采用非几何学曲面。

2) 网壳结构的型式与建筑平面

网壳结构适用于各种形状的建筑平面。如圆形平面，可选用球面网壳、组合柱面或组合双曲抛物面网壳。方形或矩形平面，可选用柱面、双曲抛物面和双曲扁网壳。当平面狭长时，宜选用柱面网壳。如平面为菱形，可选用双曲抛物面网壳。如为三角形、多边形的平面，可对球面、柱面或双曲抛物面等作适当的切割或组合。

3) 网壳结构的层数

一般来说，在同等条件下，单层网壳比双层网壳用钢量少。但是，单层网壳由于受稳定性控制较大，当跨度超过一定数值后，双层网壳的用钢量反而省。当网架受到较大荷载作用，特别是受到非对称荷载作用时，宜选用双层网壳。

4) 网格尺寸

网格数或网格尺寸对于网壳的挠度影响较小，而对用钢量影响较大。一般认为网格尺寸越大，用钢量越省。但网格尺寸太大，对压杆的稳定不利。网格尺寸太小，则杆件数和节点数增多，将增加节点用钢量和制造安装的费用。另外，网格尺寸最好与屋面板模数相协调，如屋面板采用钢筋混凝土板，尺寸太大会使吊装困难；如采用轻型屋面，网格尺寸过大将使檩条、椽子的用料增加。网格尺寸还必须保证与网壳厚度有合适的比例，使腹杆与弦杆之间的夹角在 $40°\sim55°$ 之间。

5) 网壳的矢高与厚度

矢跨比对建筑体型有直接影响，也是影响网壳结构内力的主要因素之一。矢跨比越大，网壳表面积越大，屋面材料用量多，结构用钢量也增加，室内空间大，使用期间能源消耗大，但矢跨比大时侧向推力有所减少，可降低下部结构的造价；矢跨比越小，材料消耗相应减少，但侧向推力增加，从而提高了下部结构的造价。柱面网壳的矢跨比可取 $1/8\sim1/4$，单层柱面网壳的矢跨比宜大于 $1/5$，球面网壳的矢跨比一般取 $1/7\sim1/2$。

双层网壳的厚度取决于跨度、荷载大小、边界条件及构造要求，它是影响网壳挠度和用钢量的重要参数。厚度较小时，结构的空间作用较强，上下层杆件内力分布比较均匀，用钢量少。但当跨度大、荷载大、承受非对称荷载或有悬挂吊车时，以及支承点较少时，网壳的厚度应取大一些。

影响网壳结构矢高及厚度的主要因素是结构的跨度。一般来说，跨度越大越能发挥网壳结构优越的受力性能，可以充分发挥材料的强度作用，并可减少柱子和边缘构件的材料用量。但是对于跨度要求不严格的建筑，只要能满足使用要求，宜尽可能将大跨度的建筑平面分割为中小跨度的柱网，采用多跨连续的网壳结构。跨度的减小对减小网壳的矢高和厚度，并进而减小整个建筑的造价是十分明显的。

第8章

悬索结构

8.1 概述
8.2 悬索的受力与变形特点
8.3 悬索结构的型式
8.4 悬索结构的稳定
8.5 悬索结构的工程实例

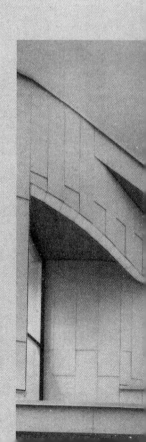

8.1 概述

悬索结构是以一系列受拉钢索为主要承重构件，按一定规律布置，并悬挂在边缘构件或支撑结构上而形成的一种空间结构。悬索结构由受拉索、边缘构件、下部支承构件及拉锚所组成，如图8-1-1所示。拉索一般采用由高强钢丝组成的钢绞线、钢丝绳或钢丝束，按一定的规律布置可形成各种不同的体系。边缘构件多是钢筋混凝土构件，它可以是梁、拱或桁架等结构构件，其尺寸根据所受水平力或竖向力通过计算确定。下部支承结构可以是钢筋混凝土立柱或框架结构。采用立柱支承时，有时还要采用钢缆锚拉的设施。边缘构件、下部支承构件及拉锚的布置则必须与拉索的形式相协调，以有效地承受或传递拉索的拉力。

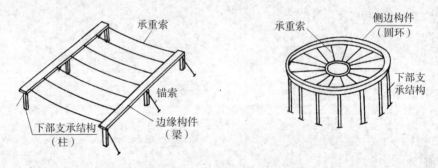

图8-1-1 悬索结构的组成

悬索结构有着悠久的历史。它最早被应用于桥梁工程中，我国人民早在一千多年以前已经用竹索或铁链建造悬索桥。如建于公元1696～1705年间（清康熙时）的四川泸定桥，为跨越大渡河的铁索桥，单孔净跨100m，宽2.8m。近代的悬索桥采用钢绞线作缆索，如1937年美国加利福尼亚州的金门大桥，主跨达1280m。我国1999年建成的江阴长江大桥，跨度1385m，也采用悬索桥结构。在房屋建筑中，蒙古包、游牧民的帐篷等可以看成是悬索结构的雏形。但现代大跨度悬索屋盖结构的广泛应用，则只有半个世纪的历史。第一个现代悬索屋盖是美国于1953年建成的雷里竞技馆，采用以两个斜置的抛物线拱为边缘构件的鞍形正交索网。目前，在美国、欧洲、日本、苏联等国家和地区已建造了不少有代表性的悬索屋盖，主要用于飞机库、体育馆、展览馆、杂技场等大跨度公共建筑中和某些大跨度工业厂房中，跨度最大达160m。我国的现代悬索结构的发展始于20世纪50年代后期和60年代，北京工人体育馆和浙江人民体育馆是当时的两个代表作，北京工人体育馆建成于1961年，详见本章第五节。浙江人民体育馆建成于1967年，其屋盖为椭圆形平面，长径为80m，短径为60m，采用双曲抛物面正交索网结构。在以后的几十年间，又相继建成了成都市城北体育馆、吉林滑冰馆、安徽省体育馆、丹东体育馆、亚运会朝阳体育馆等建筑，采用了各种形式的悬索屋盖结构，积累了一定的经验。

悬索屋盖结构具有以下特点：

（1）悬索结构通过索的轴向受拉来抵抗外荷载的作用，可以最充分地利用钢材的强度。索一般都是采用高强度材料制成的，更可大大减少材料用量并可减轻结构自重。索的用钢量仅为普通钢结构的 $1/5 \sim 1/7$，当跨度不超过150m时，每 $1m^2$ 屋盖用钢量一般在10kg以下。因而，悬索结构适用于大跨度的建筑物，且跨度越大，经济效果越好。

（2）悬索结构便于建筑造型，容易适应各种建筑平面，因而能较自由地满足各种建筑功能和表达形式的要求。钢索线条柔和，便于协调，有利于创作各种新颖的富有动感的建筑体型。

（3）悬索结构施工比较方便。钢索自重很小，屋面构件一般也较轻，安装屋盖时不需要大型起重设备。施工时不需要大量脚手架，也不需要模板。因而，与其他结构型式比较，施工费用相对较低。

（4）可以创造具有良好物理性能的建筑空间。双曲下凹碟形悬索屋盖具有极好的音响性能，因而可以用来遮盖对声学要求较高的公共建筑。由于悬索屋盖的采光极易处理，故用于采光要求高的建筑物也很适宜。

（5）悬索结构的受力属于大变位、小应变、非线性强，常规结构分析中的叠加原理不能利用，计算复杂。

（6）悬索屋盖结构的稳定性较差。单根的悬索是一种几何可变结构，其平衡形式随荷载分布方式而变，特别是当荷载作用方向与垂度方向相反时，悬索就丧失了承载能力。因此，常常需要附加布置一些索系或结构，来提高屋盖结构的稳定性。

（7）悬索结构的边缘构件和下部支承必须具有一定的刚度和合理的形式，以承受索端巨大的水平拉力。因此悬索体系的支承结构往往需要耗费较多的材料，无论是设计成钢筋混凝土结构或钢结构，其用钢量均超过钢索部分。当跨度小时，由于钢索锚固构造和支座结构的处理与大跨度时一样复杂，往往并不经济。

8.2 悬索的受力与变形特点

单根悬索的受力与拱的受力有相似之处，都是属于轴心受力构件，但拱属于轴心受压构件，对于抗压性能较好的砖、石和混凝土来讲，拱是一种合理的结构形式。悬索则是轴心受拉构件，对于抗拉性能好的钢材来讲，悬索是一种理想的结构形式。

8.2.1 索的支座反力

单跨悬索结构的计算简图如图8-2-1（a）所示。由于钢拉索是柔性的，不能受弯，因此，索端可认为是不动铰支座。在竖向均布荷载作用下，悬索呈抛物线形，跨中的下垂度为 f，计算跨度为 l。

如图8-2-1（b）所示，在沿跨度方向分布的竖向均布荷载 q 作用下，根据力的平衡法则，$\sum Y = 0$，支座的竖向反力为

$$V_A = V_B = \frac{1}{2}ql \qquad (8-1)$$

因为索任一截面的弯矩均为零，以跨中截面为矩心，则有

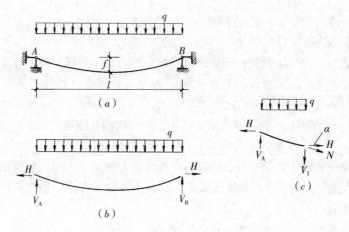

图 8-2-1 悬索结构的受力分析

$$\frac{1}{8}ql^2 - Hf = 0 \tag{8-2}$$

$$H = \frac{ql^2}{8f} = \frac{M_0}{f}$$

或

$$f = \frac{M_0}{H} \tag{8-3}$$

式中，$M_0 = \frac{1}{8}ql^2$ 为与悬索结构跨度相同荷载相同的简支梁的跨中弯矩。

由上式可知，在竖向荷载作用下，悬索支座受到水平拉力的作用，该水平拉力的大小等于相同跨度简支梁在相同荷载作用下的跨中弯矩除以悬索的垂度。亦即当荷载及跨度一定时（即 M_0 一定时），H 值的大小与索的下垂度 f 成反比。f 越小，H 越大；f 接近0时，H 趋于无穷大。因此找出合理的垂度，处理好拉索水平力的传递和平衡是结构设计中要解决的重要问题，在结构布置中要予以足够的重视。由上式我们还可以看出，悬索支座水平拉力 H 与跨度 l 的平方成正比。

8.2.2 索的拉力

将索在计算截面切断，代之以索的拉力 N，N 为沿索的切线方向，与水平线夹角为 α 如图 8-2-1（c）所示，根据力的平衡条件 $\sum X = 0$，可得

$$N\cos\alpha = H$$

$$N = \frac{H}{\cos\alpha} \tag{8-4}$$

当索的方程确定以后，按上式即可求出索的各个截面内的轴力。由上式可以看出，索内的轴力在支座截面（此时 α 值最大）为最大。在跨中截面（$\alpha = 0$）为时最小，最小轴力为

$$N = \frac{ql^2}{8f} \tag{8-5}$$

此处可以看出，索的拉力与跨度 l 的平方成正比，与垂度 f 成反比。

8.2.3 悬索的变形

悬索是一个轴心受拉构件，既无弯矩也无剪力。由于索本身是柔性构件，其抗弯

刚度可以完全忽略不计，因此索的形状会随荷载的不同而改变。

悬索在各种不同外力作用下的形状如图 8-2-2 所示。当悬索承受单个集中荷载作用时，就形成三角形（图 8-2-2a）；当承受多个集中荷载作用时，就形成索多边形（图 8-2-2c）；当索仅承受自重作用时，处于自然悬垂状态，为悬链线（图 8-2-2d）；而当索承受均布竖向荷载时，则形成抛物线（图 8-2-2e）；当竖向荷载自跨中向两侧增加时，则形成椭圆（图 8-2-2f）。

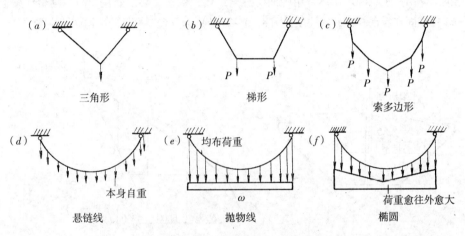

图 8-2-2 悬索结构的变形

8.3 悬索结构的型式

悬索屋盖结构按屋面几何形式的不同，可分为单曲面和双曲面两类；根据拉索布置方式的不同，可分为单层悬索体系、双层悬索体系、交叉索网体系三类。

8.3.1 单层悬索体系

单层悬索体系由一系列按一定规律布置的单根悬索组成，索两端锚挂在固定的支撑结构上。单层悬索体系的优点是传力明确，构造简单；缺点是屋面稳定性差，抗风（上吸力）能力小。为此常采用重屋面，适用于中小跨度建筑的屋盖。单层悬索体系有单曲面单层拉索体系和双曲面单层拉索体系。

1）单曲面单层拉索体系

单曲面单层拉索体系也称单层平行索系。它是由许多平行的单根拉索所组成，其屋盖表面为筒状凹面，需从两端山墙排水，如图 8-3-1 所示。拉索两端的支点可以是等高的，也可以是不等高的；拉索可以是单跨的，也可以是多跨连续的。单

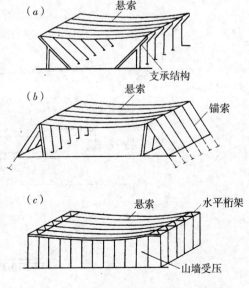

图 8-3-1 单曲面单层拉索水平力的平衡

曲面单层拉索体系的优点是传力明确，构造简单；缺点是屋面稳定性差，抗风（上吸力）能力小，索的水平拉力不能在上部结构实现自平衡，必须通过适当的形式传至基础。

拉索水平力的传递，一般有以下三种方式：

（1）拉索水平力通过竖向承重结构传至基础

拉索的两端可锚固在具有足够抗侧刚度的竖向承重结构上（图8-3-1a）。竖向承重结构可为斜柱墩、侧边的框架结构等，例如体育馆的看台框架。图8-3-2（a）为丹东体育馆的主体结构示意图。该体育馆为两跨悬索结构，悬索一端锚固在中间的刚架横梁上，另一端即锚固在看台斜框架的柱顶，图8-3-2（b）为看台斜框架的结构计算简图。

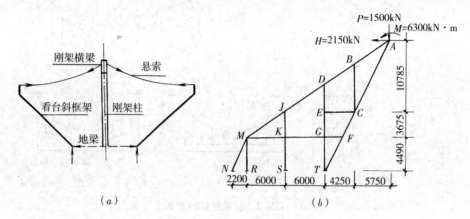

图8-3-2　丹东体育馆结构
（a）体育馆主体结构示意图；（b）看台斜框架结构简图

图8-3-3为德国乌柏特市游泳馆，可容纳观众2000人，比赛大厅平面面积为65m×40m，屋盖设计成纵向单曲单层悬索，悬索跨度为65m。屋盖索网拉力由两端边梁传给斜梁。两侧斜架直插基底，且对称地与游泳池池底相连，从而使斜梁基底的水

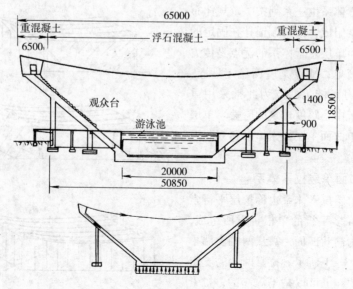

图8-3-3　德国乌柏特市游泳馆

平推力得以相互抵消，达到平衡状态。该工程利用斜梁与柱组成的"叉式支柱"作为支撑结构。这样处理既有效地解决了支撑问题而无需特殊的锚拉装置，同时看台建在斜梁上，在使用功能方面取得了满意的效果。

（2）拉索水平力通过拉锚传至基础

索的拉力也可在柱顶改变方向后通过拉锚传至基础（图8-3-1b）。拉锚可用图8-3-4所示的几种方法锚固于地基，图8-3-4（a）拉索锚固在足够重的大体积混凝土中，利用混凝土块自重抵抗拉力；图8-3-4（b）拉索锚固在基础底板内，利用基础底板及回填土自重抵抗拉力；图8-3-4（c）拉索锚固在受拉摩擦桩或受弯摩擦桩上，利用桩的摩擦力平衡索的拉力。当基础下部为基岩时，也可直接锚固在岩石层的钻孔中。

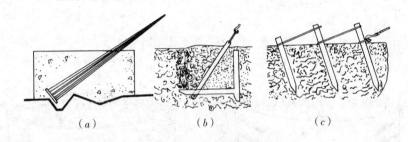

图8-3-4　拉锚的锚固
(a) 锚固在混凝土块中；(b) 锚固在基础底板内；(c) 锚固在桩顶

图8-3-5为德国多特蒙德展览大厅，屋盖跨度为80m，单曲单层悬索结构，悬索拉力通过斜柱拉锚至地下基础。屋盖采用普通混凝土肋加浮石混凝土屋面板，以保证悬索的稳定性。

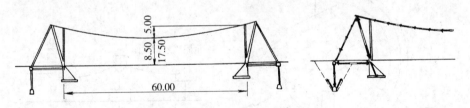

图8-3-5　德国多特蒙德展览大厅

（3）拉索水平力通过刚性水平构件集中传至抗侧力墙

如图8-3-1（c）所示，拉索锚固于端部水平结构（水平梁或桁架）上，该水平结构具有较大的刚度，可将各根悬索的拉力传至建筑物两端的山墙，利用山墙受压实现力的平衡。也可在建筑的外部设置抗侧力墙或扶壁，通过特设的抗压构件取得力的平衡。

2）双曲面单层拉索体系

双曲面单层拉索体系也称单层辐射索系。常见于圆形的建筑平面，此时各拉索按辐射状布置，整个屋面形成一个旋转曲面（图8-3-6）。双曲面单层拉索体系有碟形和伞形两种。碟形悬索结构的拉索一端支承在周边柱顶环梁上，另一端支承在中心内环梁上，见图8-3-6（b），其特点是雨水集中于屋盖中部，屋面排水处理较为复杂。伞形悬索结构的拉索一端支承在周边柱顶环梁上，另一端支承在中心立柱上，见图

8-3-6（c），其圆锥状屋顶排水通畅，但中间有立柱限制了建筑的使用功能。图8-3-7为乌拉圭蒙特维多体育馆碟形悬索结构，图8-3-8为淄博长途汽车站伞形悬索结构，均采用钢筋混凝土屋面板。

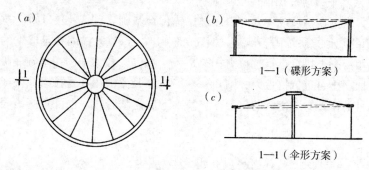

图8-3-6 双曲面单层拉索体系
（a）拉索平面布置；（b）蝶形方案布置；（c）伞形方案布置

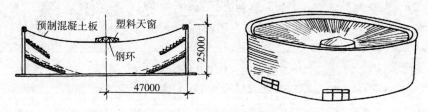

图8-3-7 乌拉圭蒙特维多体育馆碟形悬索结构

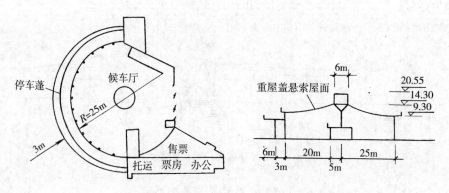

图8-3-8 淄博长途汽车站伞形悬索结构

单层辐射索系也可用于椭圆形建筑平面。其缺点是在竖向均布荷载作用下，各拉索的内力都不相同，从而会在受压外环梁中产生弯矩。在圆形平面中，在竖向均布荷载作用下，各拉索的内力相等，且与垂度成反比。

8.3.2 双层悬索体系

双层悬索体系是由一系列下凹的承重索和上凸的稳定索，以及它们之间的联系杆（拉杆或压杆）组成（图8-3-9）。每对承重索和稳定索一般位于同一竖平面内，二者之间通过受拉钢索或受压撑杆联系，联系杆可以斜向布置，构成犹如屋架的结构体系，故常称为索桁架；连杆也可以布置成竖腹杆的形式，这时常称为索梁。根据承重索与稳定索位置关系的不同,联系腹杆可能受拉,也可能受压。当为圆形建筑平面时,常设中心内环梁。

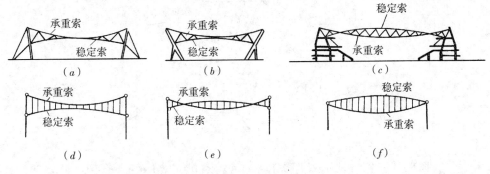

图 8-3-9 双层悬索体系

双层悬索体系的特点是稳定性好,整体刚度大,反向曲率的索系可以承受不同方向的荷载作用,通过调整承重索、稳定索或腹杆的长度,可以对整个屋盖体系施加预应力,增强了屋盖的整体性。因此,双层悬索体系适宜于采用轻屋面,如铁皮、铝板、石棉板等屋面材料和轻质高效的保温材料,以减轻屋盖自重、节约材料、降低造价。

双层悬索体系按屋面几何形状的不同也有单曲面双层拉索体系和双曲面双层拉索体系两类。

1) 单曲面双层拉索体系

单曲面双层拉索体系也称双层平行索系,常用于矩形平面的单跨或多跨建筑,如图 8-3-10 所示。承重索的垂度一般取跨度的 1/15~1/20;稳定索的拱度则取 1/20~1/25。与单层悬索体系一样,双层索系两端也必须锚固在侧边构件上,或通过锚索固定在基础上。

图 8-3-10 单曲面双层拉索体系

单曲面双层拉索体系中的承重索和稳定索也可以不在同一竖平面内,而是相互错开布置,构成波形屋面,如图 8-3-11 所示。这样可有效地解决屋面排水问题。承重索与稳定索之间靠波形的系杆连接(剖面 2-2),并借以施加预应力。

图 8-3-12 为吉林省滑冰馆,图 8-3-13 为吉林省速滑馆,均采用了类似的结构形式。吉林省速滑馆南北向为长轴,长 199.5m,东西向跨度为 89.5m,锚点间距为 128m。这种悬索布置方式具有较好的稳定性,提高了悬索屋盖结构的刚度,可有效减小结构在荷载作用下、特别是非对称荷载作用下的变形。由于承受荷载的主要结构构件均设置在室外,室内空间的利用率大大提高。

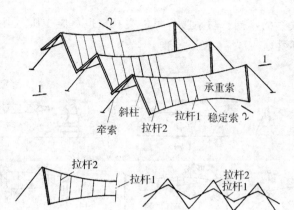

图 8-3-11 单曲面双层拉索体系中承重索和稳定索不在同一竖平面内

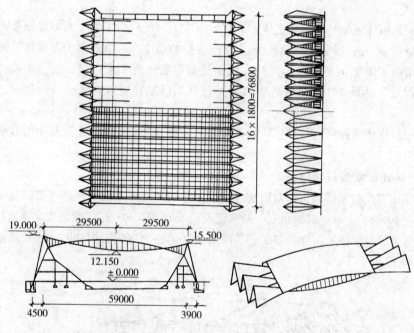

图 8-3-12 吉林滑冰馆屋盖结构的形式

2）双曲面双层拉索体系

双曲面双层拉索体系也称为双层辐射索系。承重索和稳定索均沿辐射方向布置，周围支承在周边柱顶的受压环梁上，中心则设置受拉内环梁。整个屋盖支承于外墙或周边的柱上。根据承重索和稳定索的关系所形成的屋面可为上凸、下凹或交叉形，相应地在周边柱顶应设置一道或两道受压环梁，如图8-3-14所示。通过调整

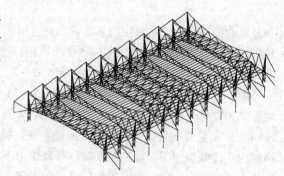

图 8-3-13 吉林省速滑馆结构布置示意图

承重索、稳定索或腹杆的长度并利用中心环受拉或受压，也可以对拉索体系施加预应力。

双曲面双层悬索结构在中心常设有一内环梁，这种内环梁不仅受力复杂，而且需要较多的钢材受力和用作扣件。成都市城北体育馆采用了无拉环的圆形双层悬索结构，将上述中心环由受拉环改为构造环，它不是将钢索锚固在中心环上，而是将钢索绕过中心环，从而避免了使中心环受拉。钢索的布置如图 8-3-15 所示。

双层辐射索系经常用于圆形建筑平面，也可采用椭圆形、正多边形或扁多边形平面。

8.3.3 交叉索网体系

交叉索网体系也称为鞍形索网，它是由两组相互正交的、曲率相反的拉索直接交叠组成，形成负高斯曲率的双曲抛物面，如图 8-3-16 所示。两组拉索中，下凹者为承重索，上凸者为稳定索，稳定索应在承重索之上。交叉索网结构通常施加预应力，以增强屋盖结构的稳定性和刚度。由于存在曲率相反的两组索，对其中任意一组或同时对两组进行张拉，均可实现预应力。

交叉索网体系需设置强大的边缘构件，以锚固不同方向的两组拉索。由于交叉索网中每根索的拉力大小、方向均不一样，使得边缘构件受力大而复杂，常产生相当大的弯矩、扭矩，因此边缘构件需要有强大的截面，常需耗费较多的材料。边缘构件过于纤小，对索网的刚度影响较大。交叉索网体系中边缘构件的形式很多，根据建筑造

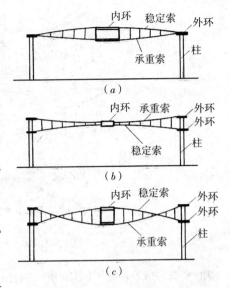

图 8-3-14 双曲面双层拉索体系

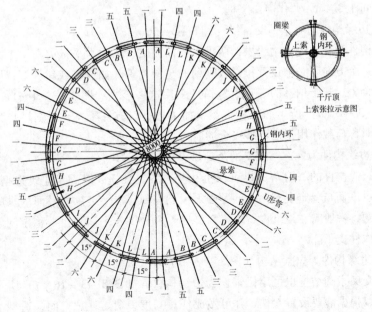

图 8-3-15 成都市城北体育馆钢索布置

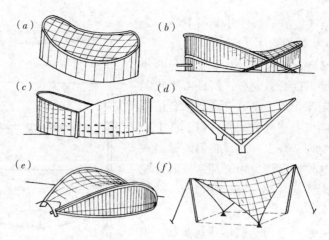

图 8-3-16 交叉索网体系及其边缘构件

型的要求一般有图 8-3-16 所示的几种布置方式：

（1）边缘构件为闭合曲线形环梁（图 8-3-16a）

边缘构件可以做成闭合曲线形环梁的形式，环梁呈马鞍状，搁置在下部的柱或承重墙上。1969 年建于杭州的浙江人民体育馆即采用这一形式。体育馆平面呈椭圆形，长短轴长度为 80m×60m，鞍形屋面最高点与最低点相差 7m，边缘构件采用一个截面为 2000mm×800mm 的钢筋混凝土环梁，在索拉力的作用下，环梁不仅受压，还产生很大的弯矩。

（2）边缘构件为落地交叉拱（图 8-3-16b）

边缘构件做成倾斜的抛物线拱，拱在一定的高度相交后落地，拱的水平推力可通过在地下设拉杆平衡。交叉索网中的承重索在锚固点与拱平面相切，其传力路线清楚合理。建于 1953 年的美国雷里竞技馆即采用这一形式，拱的自重由位于周边的钢柱支承，钢柱间距 2.4m，兼作门窗竖框。

（3）边缘构件为不落地交叉拱（图 8-3-16c、d）

边缘构件为倾斜的抛物线拱，两拱在屋面相交，拱的水平推力在一个方向相互抵消，在另一个方向则必须设置拉索或刚劲的竖向构件，如扶壁或斜柱等，以平衡其向外的水平合力。建于柏林的瑞士展览馆即采用这一形式（图 8-3-16c）。必须指出，对于图 8-3-1（d）所示的结构方案，如果拱下没有柱子支承，则拱身为一悬挑结构，在非对称荷载作用下是不够安全的。

（4）边缘构件为一对不相交的落地拱（图 8-3-16e）

作为边缘构件的一对落地拱可以不相交，各自独立，以满足建筑造型上的要求。这时落地拱平衡与稳定上有两个问题必须引起重视，一个是拱身平面内拱脚水平推力的平衡问题，一般需在地下设拉杆平衡；另一个是拱身平面外拱的稳定问题，必要时应设置墙或柱支承。

（5）边缘构件为拉索结构（图 8-3-16f）

鞍形交叉索网结构也可用拉索作为边缘构件，如图 8-3-16（f）所示。这种索网结构可以根据需要设置立柱，并可做成任意高度，覆盖任意空间，造型活泼，布置灵活。这种结构方案常被用于薄膜帐篷式结构中。

交叉索网体系刚度大、变形小、具有反向受力能力，结构稳定性好，适用大跨度建筑的屋盖。交叉索网体系适用于圆形、椭圆形、菱形等建筑平面，边缘构件形式丰富多变，造型优美，屋面排水容易处理，因而应用广泛。屋面材料一般采用轻屋面，如卷材、铝板、拉力薄膜，以减轻自重、节省造价。

8.4 悬索结构的稳定

悬索屋盖结构稳定性差，主要表现在两个方面：一是适应荷载变化的能力差；二是抗风吸、风振能力差。如图8-4-1(a)所示，在索的自重荷载作用下，悬索呈悬链线形式，这时如再施加某种不对称的活荷载或局部荷载，则原来的悬链线形式即不能再保持平衡，悬索将产生相当大的位移，形成与新的荷载分布相适应的新的平衡形式。这就会造成屋面防水层的损坏。这种位移是由平衡形式的改变引起的，称为机构性位移，它与一般的由弹性变形引起的位移不同。悬索抵抗机构性位移的能力就是索的稳定性，它与索的张紧程度（即索内初始拉力的大小）有关。索内拉力愈大，其抵抗局部荷载引起的机构性位移的能力也愈大，即稳定性愈好。图8-4-1(b)说明了悬索屋盖的抗风能力。作用在悬索屋盖上的风力，主要是吸力，而且分布不均匀，会引起较大的机构性位移。当风吸力超过屋盖结构自重时，则屋盖将被风力掀起而破坏。此外，竖向地震作用产生的向上的惯性力也会引起屋盖的失稳，柔性的悬索结构还可能因风力或地震的动力作用而产生共振现象，使结构遭到破坏。

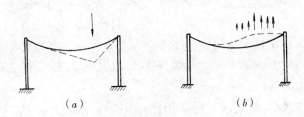

图8-4-1 悬索屋盖结构稳定性
(a) 集中荷载的影响；(b) 风荷载的影响

为使单层悬索屋盖结构具有必要的稳定性，一般可采取以下几种措施：

8.4.1 增加悬索结构上的荷载

如图8-4-2所示，可通过在索上加重荷载（如采用钢筋混凝土屋面板），或在索下吊挂重荷载（如增加顶棚重量）等方法，增加屋盖自重。一般认为，当屋盖自重超过最大风吸力的1.1~1.3倍，即可认为是安全的。同时，较大的分布恒载使悬索始终保持较大的张紧力，可加强其维持原始形状的能力，即提高了抵抗机构性变形的能

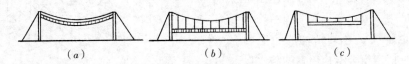

图8-4-2 增加悬索结构上的荷载
(a) 屋面加重量；(b) 吊挂地板重量；(c) 顶棚加重量

力。采用重屋面的缺点是使悬索的截面增大，支承结构的受力也相应增大，从而影响经济效果。

8.4.2 形成预应力索-壳组合结构

对上述的钢筋混凝土屋面施加预应力。使之形成一倒挂的薄壳与悬索共同受力、整体工作。通常采用的施工方法为：在悬索上铺好预制屋面板后，在板上加上额外的临时荷载，使索进一步伸长，板缝增大；然后在板缝中浇灌混凝土。待灌缝混凝土达到足够强度后，卸去临时荷载，悬索缩短，屋面回弹，从而在屋面板内产生了预应力，使整个屋面形成一个预应力混凝土薄壳，如图8-4-3所示。

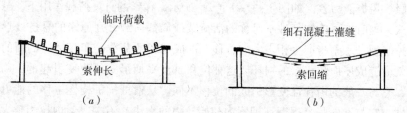

图8-4-3 预应力索-壳组合结构
(a) 临时加载使板缝扩大；(b) 卸载后形成预应力壳

淄博市曾在体育馆、餐厅、俱乐部、汽车站等中小型建筑中采用了这种索-预应力悬挂薄壳组合结构。他们在施工时把屋面板挂在索上，使索正好位于板缝中，在板缝中浇灌混凝土后，同时也解决了索的防锈问题。根据他们的分析，在中小跨度（30~60m）采用这种结构型式，构造和施工不需要复杂的技术和设备，造价低廉，经久耐用。采用索-壳组合结构的好处是：①在雪载等活载或风力作用下，整个屋面如同壳体一样工作，稳定性大为提高；②由于存在预应力，索和混凝土共同抵抗外荷载，提高了屋盖的刚度，弹性变形引起的屋面挠度也大为减少；③在使用期间屋面产生裂缝的可能性大为减少。

8.4.3 形成索-梁或索-桁架组合结构

对于单曲面单层拉索结构体系可在索上搁置横向加劲梁或横向加劲桁架，形成所谓的索-梁体系，如图8-4-4所示。横向加劲梁具有一定的抗弯刚度，在两端与山墙处的结构相连，并与各索在相交处互相连接。这些梁使原来单独工作的悬索连成整体，并与索共同抵抗外荷载。尤其是在集中力和不均匀荷载作用下，梁能对局部荷载起分配作用，让更多的索参加工作，从而改善了整个屋面的受力和变形性能。同时，将横向加强梁适当地下压，还可在索-梁体系中建立预应力，进一步提高屋盖结构的刚度，也解决了悬索结构的稳定问题。索-桁架组合结构屋盖的防水保温层是建在桁架的上弦格构式轻钢檩条上，在桁架下弦悬索上做吊顶，桁

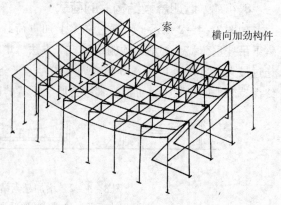

图8-4-4 单层平行索系与横向加劲桁架

架的空间高度可作为顶棚的设备层。

图 8-4-5 为安徽省体育馆的索-桁架组合屋盖结构。图 8-4-6、图 8-4-7 为潮州体育馆的索-桁架组合屋盖结构。

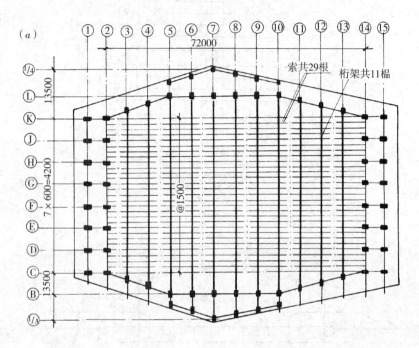

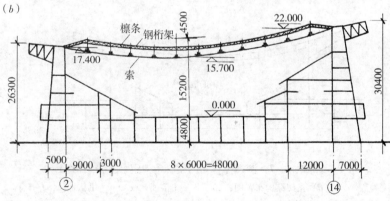

图 8-4-5　安徽省体育馆的索-桁架组合屋盖结构
(a) 屋盖平面结构；(b) 纵剖面图

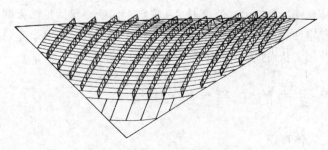

图 8-4-6　潮州体育馆索-桁架屋盖结构透视图

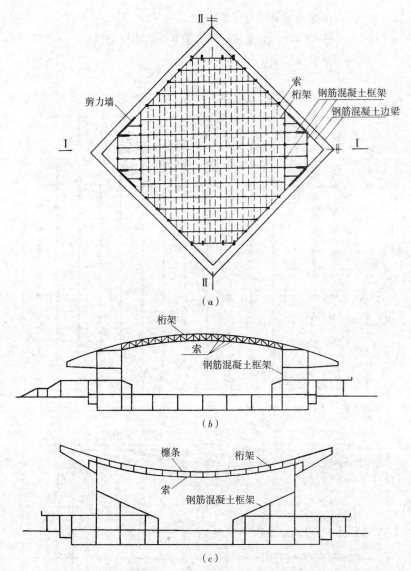

图 8-4-7　潮州体育馆的索-桁架组合屋盖结构
(a) 索架结构布置图；(b) Ⅰ-Ⅰ剖面；(c) Ⅱ-Ⅱ剖面

8.4.4　增设相反曲率的稳定索

这一方法即为双层拉索体系或交叉索网体系。通过调整受拉钢索或受压撑杆的长度，可对悬索体系施加预应力，使承重索和稳定索内始终保持足够大的拉紧力，提高了整个体系的稳定性和抗震能力。此外，由于存在预张力，稳定索能同承重索一起抵抗竖向荷载的作用，从而提高整个体系的刚度。

8.5　悬索结构的工程实例

1) 北京工人体育馆

北京工人体育馆（图8-5-1），建成于1961年，建筑平面为圆形，能容纳15000

名观众，比赛大厅直径94m，建筑面积42000m²。大厅屋盖为圆形平面，直径为96m，采用车辐式双层悬索体系，由钢筋混凝土外环、中央钢环以及辐射布置的72根上索与72根下索三部分组成，支承在外围7.5m宽的环形框架结构上，框架结构共四层，为休息廊和附属用房。

外环为钢筋混凝土结构，截面2m×2m，搁置在外廊框架柱上。内环为钢结构，高11.0m，直径16.0m，由上环、下环及24根立柱焊接而成。悬索采用钢丝束，沿径向呈辐射状布置，索系分上下两层，下层索为承重索，垂跨比1/15.7，将整个屋盖悬挂起来。上层索直接承受屋面荷载，并作为稳定索，拱跨比1/19，它通过内环将荷载传给下索，并使上下索同时张紧，以增强屋面刚度。

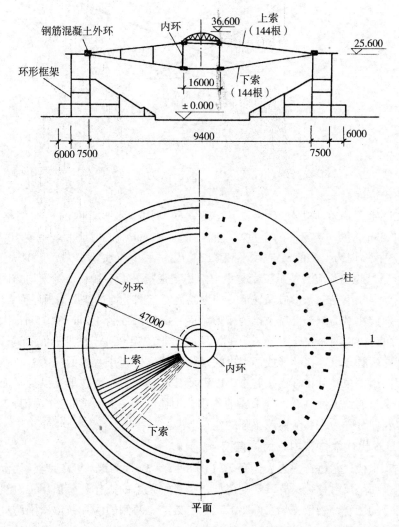

图 8-5-1 北京工人体育馆

2）雷里竞技馆

图 8-5-2 为美国雷里竞技馆结构示意图，建于1953年。中间为67.4m×38.7m的椭圆形比赛场，四周可容纳观众5500人。该竞技馆设计思想新颖、明快，结构受力

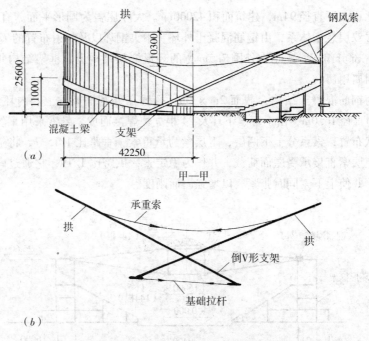

图 8-5-2 美国雷里竞技馆结构示意图

明确、合理，是一座很有影响的现代建筑。也被认为是世界上第一座采用现代悬索屋盖结构的建筑。

竞技馆屋盖为双曲抛物面，采用交叉索网结构体系。索网的平均网格尺寸为 1.83m×1.83m，纵向为下凹的承重索，直径 19~22mm，中央承重索垂度 10.3m，垂跨比约 1/9；横向为上凸的稳定索，直径 12~19mm，中央稳定索矢高 9.04m，矢跨比约 1/10。通过施加预应力使承重索与稳定索相互张紧。承重索和稳定索均锚固在两个交叉的钢筋混凝土拱上，形成马鞍形双曲抛物面，索网上铺设波形钢板屋面。

两个斜放相对的钢筋混凝土拱为槽形截面，截面尺寸为 4.2m×0.75m，拱与地面成 28.1°角。拱由两个位于交叉点上的倒置的 V 形支架和位于拱身下面的钢柱共同支承。支架的两脚与拱连接，形成两个拱的延长部分，传递拱身内的压力，故在支架的基础相互间用一根基础拉杆连接起来，以平衡其水平分力。钢柱承受拱身平面外的荷载，对于拱身的稳定性具有十分重要的作用，钢柱间距 2.4m，同时作为门窗的竖框，形成了以竖向分隔为主、节奏感很强的建筑造型。

3）日本代代木体育中心大体育馆

日本东京代代木体育中心大体育馆（图 8-5-3）是 1964 年东京奥运会游泳馆。这一建筑平面呈反对称，具有雕塑的造型，是建筑艺术的杰作。屋顶用一对粗大的钢索形成悬垂的屋脊，钢索支承在两座混凝土塔架上，两侧的两片鞍形索网跨过屋脊主悬索锚固在沿建筑周边水平布置的曲线形边梁上。为了使体育馆具有开阔的空间，两根主悬索在塔柱上的悬挂点标高达 36.9m。两根主悬索主跨长 126m，垂度为 9.653m。每根索采用了直径为 330mm 的钢丝绳。主悬索的拉力通过边跨斜拉索传至基础，锚于巨大的地下锚块。两端锚块之间设置两根截面尺寸为 1.5m×3.0m 的混凝土撑杆，以平衡巨大的水平力。为了避开游泳池的池体结构，两撑杆之间在场地范围内拉开了较大的距离。为了保证屋盖结构的整体刚度和形状稳定性，两片鞍形索网的承重索采用了钢板组合的工字形实腹构件。稳定索采用 φ44mm 的钢丝绳，间距为 1.5~3m，每根稳定索施加 200kN 的预拉力，高耸的塔柱、下垂的主悬索和流畅的两片鞍形曲面组成了雄伟别致的建筑物外形。

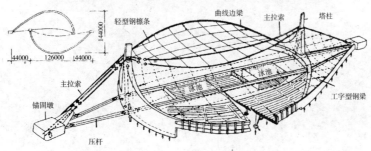

图 8-5-3　日本代代木体育中心大体育馆

第9章

膜结构

9.1 概述
9.2 充气膜结构
9.3 支承膜结构

9.1 概述

1970年日本大阪世界博览会上的美国馆和富士馆均采用了膜结构建筑,在建筑行业引起了不小的轰动。膜结构可分为充气膜结构和支承膜结构。充气膜结构是向膜内充气,由空气压力支撑膜面,包括气压式、气承式、混合式和气枕式;支承膜结构分为柔性支承膜结构和刚性支承膜结构,前者是利用拉索结构将薄膜张开,又称为张拉式膜结构或悬挂式膜结构,后者是将薄膜绷紧在刚性支撑结构上,又称为骨架支撑膜结构。

膜结构建筑具有轻盈、纤薄、柔软的质感,与传统的混凝土结构建筑和钢结构建筑有明显的区别,常常能给人以耳目一新的艺术感受。由于薄膜材料轻质、柔软、不透气不透水、耐火性好、防污自洁、有一定的透光率、有足够的受拉承载力,加上新近研制的膜材耐久性有了明显的提高,因此,膜结构在最近30余年得到了迅猛的发展,被较多地应用于体育建筑、展览会场、商场、娱乐场、仓库、交通服务设施等大跨度建筑中。

9.1.1 膜结构的特点

膜结构是一种古老的结构型式,其造型在自然界中十分常见,如水泡、蝙蝠翼、蜘蛛网等。在日常生活中也有许多应用膜结构的实例,如气球、游泳救生圈、伞、帆、风筝、帐篷等。用兽皮做筏在古罗马时代就已经有了,用藤条或树枝来编织遮篷则可追溯到更古老的时代。在这些结构中,预应力拉力的空间受力性能是十分明确的。

作为建筑物屋盖结构,帐篷是最为古老的空间张力薄膜结构。最早的帐篷是用兽皮连成或由羊毛织成,后来则是用棉或其他天然纤维制成的。由于帐篷重量轻,便于携带,材质柔软,易于折叠和搭设,因此直至今天仍为广大游牧民所喜爱,也正成为野外勘察、旅游的必备用品。同时我们可以明显地看到,这种空间张力薄膜结构与我们传统的建筑结构体系是完全不同的。

膜结构是建筑与结构完美结合的一种结构体系。膜结构属于柔性材料,膜材本身的受弯刚度几乎为零,但通过不同的支撑体系可以使薄膜承受张力,从而形成具有一定刚度的稳定曲面。膜结构能够从根本上克服传统结构在大跨度(无支撑)建筑上实现所遇到的困难,可建造出巨大、明亮、无遮挡的可视大空间。膜结构突破了传统的建筑结构形式,可形成各种自由空间曲面、不重复、多变化。薄膜既承受膜面内的张力作为结构的一部分,又可防雨、挡风起围护作用。膜结构的建筑造型是结合结构构造的布局而自然产生的,力的平衡状态直接被表现在结构的形状上,这就使膜结构成为一种建筑与结构自然有机结合的新型大跨度建筑。新颖别致的膜建筑造型既突显个性与华丽,又能适时适地融合周边景致,相得益彰。且色彩丰富,在灯光的配合下易形成秀丽夜景,给人以现代美的享受。又由于其技术上的先进性,膜结构被誉为现代高科技建筑，是21世纪的建筑。

膜材料具有优良的力学特性。目前以织物与有机涂料复合而成的膜材料其受拉强度可达1400N/cm，薄膜的受力为单纯受拉，膜材只承受沿膜面的张力，因而可充分发挥材料的受拉性能。同时，膜材厚度小、重量轻，一般厚度在 0.5~0.8mm，重量约为 $0.005kN/m^2 \sim 0.02kN/m^2$，采用充气膜结构和张拉膜结构的屋盖，其自重约为 $0.02kN/m^2 \sim 0.15kN/m^2$，仅为传统大跨度建筑屋盖自重的1/30~1/10，它是跨度重量比最大的一种结构，且单位面积的结构自重与造价不会随跨度的增加而明显地增加。

膜结构还是一种理想的抗地震和防火灾的建筑物。由于自重轻，使得地震反应很小；由于它为柔性结构，良好的变形性能易于耗散地震能量。另外，膜结构即使破坏，也不会造成人员伤亡，也不会造成支承结构或下部承重结构的连锁性破坏。此外，由于膜材大多为不燃或阻燃材料，耐火性好，增强了建筑物的防火灾能力。

膜结构制作方便，施工速度快，造价较低。膜材为轻质、柔软织物，可在工厂裁剪、制作、打成卷运往工地，搬运容易，而且现场施工非常方便。由于膜材的裁剪制作、钢索及钢结构等制作均在工厂内完成，可与下部钢筋混凝土结构或构件等同时进行，在施工现场只是钢索、钢结构及膜片的连接安装定位及张拉的过程，故在现场的施工安装迅速快捷。由于其重量轻，施工时几乎不需要脚手架，使屋盖工程的施工工期大为缩短。根据国外经验，以运动场为例，膜结构屋盖工程可比一般结构如钢筋混凝土薄壳或钢桁架节省土建造价50%。同时，由于膜结构屋盖自重小，其承重结构和基础工程的费用也相应降低，工程总造价可降低15%~20%，施工工期可缩短1/2~1/4。

膜结构透光自洁，减少能源消耗，降低维护费用。膜材是半透明的织物，透光率一般可达4%~16%，能够满足大跨度建筑在平时使用时利用自然光的采光要求，白天几乎不需要人工照明。这不仅可以节约大量的能源费用，而且给人一种开敞明快的感觉。膜材料对光的折射率在70%以上，在日光照射下，室内形成柔和的散光，给人以舒适、梦幻般的感受。但也有研究表明，冬季太阳光对于膜结构屋盖内部的气温升高效应不大，而夏天却相反，膜结构的室内气温比室外高出5~10℃，有时可使人明显地感到不舒适。因此，膜结构多采用反射能力强的淡色材料。膜材表面经防护涂层处理后，不吸水、不受潮、抗磨损，防火阻燃，且落在膜材表面的灰尘可以靠雨水的自然冲洗达到自洁效果。

膜结构使用范围广、可拆卸、易运输。从气候条件看，它适用于广阔的地域；从规模上看，可以小到花园小品，大到覆盖几万、几十万平方米的建筑。膜结构可用作巡回演出、展览等临时建筑，其拆卸和安装所需时间短。膜结构还可解决一些社会性、商业性、政治性的难题，当自然灾难突然降临的时刻，膜结构可以立刻解决人们的住房和储存空间短缺的问题；在战争时期，充气坦克、充气房屋可用来迷惑敌人；帐篷、气垫床、充气家具可随野战部队南征北战、随极区探险家走向南北极、随宇航员飞向太空；1997年7月，当"探路者"号火星探测飞船在火星表面着陆前8秒钟，巨大的气囊便自动充气，包裹住"探路者"，以免飞船在与火星碰撞中受损。薄膜充气结构还可以作为混凝土薄壳的模具，在充气薄膜外喷射混凝土，待混凝土结硬后再放气拆除薄膜，也可永久保留作为薄壳结构的一部分，省去了传统的模板、脚手架和塔吊。

综上所述，膜结构建筑外观雅致飘逸、空间开阔灵秀、结构轻盈、透光阻燃、经久自洁、安装快捷、节能降耗、造价适中、维修简便。由于膜材造型运用很灵活，尤其使大跨距的建筑，特别能突显设计者的创意及设计要求。在奥运会、世博会等大型建设工程中，已经大显身手。

膜结构的主要缺点是耐久性较差。早期的织物薄膜不仅强度低而且只有5~10年的寿命，因此膜结构常常被认为只能用于临时性建筑。最近几年，由于高强、防火、透光、耐久性好、性能稳定的膜材的出现和应用，膜结构的设计寿命可达20年以上，使人们认识到膜结构也可作为永久性屋盖结构。同时，人们对于永久性建筑的耐久性要求也发生了改变，其实并没有必要要求所有的"永久性"建筑都真正是永久性的，有的建筑20年左右拆除重建也应该属于正常的。

膜结构的另一问题是，由于薄膜张力的连续性，局部的破坏就会造成整个膜结构垮掉。此外，膜材隔声和隔热效果较差，也限制了膜结构的应用范围。

9.1.2 薄膜材料的组成和分类

膜结构只有在材料问题得到解决之后才得以大量应用，因此推广膜结构的关键是要生产出实用而经济的膜材。早期用于膜结构的膜材一般为由高强编织物基层和涂层构成的复合材料（图9-1-1）。其基层是受力构件，起到承受和传递荷载的作用，而涂层除起到密实、保护基层的作用外，还具备防火、防潮、透光、隔热等性能。一般的织物由直的经线和波状的纬线所组成。很明显，弹簧

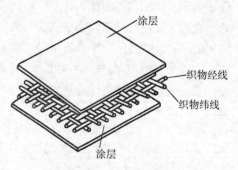

图9-1-1 薄膜材料

状的纬线比直线状的经线具有更强的伸缩性。同时，经线与纬线之间的网格是完全没有抗剪刚度的。因此，由于织物在经向、纬向及斜向的工作性能不一致，薄膜应被认为是多向异性的。但当织物被涂以覆盖物后，纤维之间的网眼将被涂料所填充，这样可有效地减少织物在不同方向的工作性能的差异。因此，薄膜也可近似地被认为是各向同性的。薄膜的涂层除上述功能外，还可使织物具有不透气和防水性能，并增加了织物的耐久性、耐腐蚀性和耐磨损性。此外，涂层的作用还可把几块织物连接起来。因为，薄膜的连接主要是采用加热及加压的方法来实现的，而不是采用缝或胶接的办法。

目前，建筑工程常用的膜材有以下几类。

第一类为聚酯纤性织物基层加聚氯乙烯（PVC）涂层，在膜结构发展早期应用较为广泛。这类膜材的张拉强度较高，条张拉强度约为350N/cm左右，加工制作方便，抗折叠性能好，色彩丰富，价格便宜。但弹性模量较低，材料尺寸稳定性较差，易老化，自洁性差，其使用寿命一般为5~10年，适用于中小跨度的临时或半临时性的建筑物屋盖。

第二类为无机材料织物加聚四氟乙烯（PTFE，也称特氟隆）涂层，可适用于大跨度永久性建筑屋盖。其主要采用的基材如玻璃纤维、钢纤维，甚至还有碳纤维，

但目前主要使用玻璃纤维。这类膜材既利用了织物的力学性能好、不燃等特点，又利用了涂料极好的化学稳定性和热稳定性，不仅强度高、弹性模量大、材料尺寸稳定性好，防火不燃，也不发烟，透光性好，自洁性好（即不粘污物，无需经常清洗），而且具有优良的耐久性，使用寿命在30年以上，是目前在国际上膜结构中应用最为广泛的膜材。但其价格较高，材料柔软性差，不易折叠，在施工中为避免玻璃纤维被折断，须有专用工具与施工技术，对裁剪制作精度要求较高，涂敷与拼接工艺较为复杂。

第三类为改进PVC膜材，常见的有PVF（聚氟乙烯 Polyvinyl Fluoride）和PVDF（聚偏二氟乙烯 Polyvinylidene Fluoride）。这是为改善PVC膜材性能，在其表面再涂一层氟素系树脂，提高其抗老化和自洁能力，其寿命可达到15年左右。其中，PVF膜材是在PVC膜的表面处理上以PVF树脂做薄膜状薄片（laminate）粘合加工，具有高防沾污、耐久性的优点。但因为加工性、施工性与防火性都不佳，所以使用途受到限制。目前，用量较大的是PVDF膜材，其基本上达到了难燃水平。

第四类为ETFE膜材。ETFE是Ethylene Tetra Fluoro Ethylene的缩写，中文为乙烯-四氟乙烯共聚物，由ETFE生料直接挤压制成。ETFE是一种透明膜材，透光率高达95%，号称"软玻璃"，以塑料流延法加工而成。ETFE质量轻，韧性好，抗拉强度高、不易被撕裂，延展性大于400%；ETFE不仅具有优良的抗冲击性能、电性能、热稳定性、耐候性和耐化学腐蚀性，而且机械强度高，加工性能好，熔融温度高达200℃，被称为"塑料王"。其特有抗粘着表面使其具有高抗污，易清洗的特点，常做成气垫应用于膜结构中，是透明建筑结构中品质优越的替代材料，多年来在工程应用中以其众多优点被证明为可信赖且经济实用的屋顶材料。ETFE膜使用寿命为25~35年，是用于永久性多层可移动屋顶结构的理想材料。但是，该材料价格昂贵，安装要求高、难度大，多用于跨距不大于3m的两层或三层充气支撑结构或小跨度的单层结构。另外，该材料不阻挡紫外线等光的透射，在实际应用中通过表面印刷，进一步降低透明度到50%。

我国北京奥运会场馆"鸟巢"和"水立方"膜结构均使用了ETFE膜材。"鸟巢"采用双层膜结构，外层用ETFE防雨雪防紫外线，内层用PTFE达到保温、防结露、隔声和光效的目的。"水立方"采用双层ETFE充气膜结构，共1437块气枕，每一块都好像一个"水泡泡"，气枕可以通过控制充气量的多少，对遮光度和透光性进行调节，有效地利用自然光，节省能源，并且具有良好的保温隔热、消除回声，为运动员和观众提供温馨、安逸的环境。

9.2 充气膜结构

充气膜结构分为气压式、气承式、混合式和气枕式。其区别主要在于其工作原理、结构和使用特点。气枕式实际上应属于气压式，但因其支承方式不同，在这里分别讨论。

9.2.1 气压式膜结构

气压式膜结构也称为气囊式膜结构或气胀式膜结构，它是在若干充气肋或充气被的密闭空间内保持高于大气压的空气压力，以保证其支承能力的结构，如图 9-2-1 所示。其工作原理与轮胎、游泳救生圈相似。气压式膜结构可直接落地构成建筑空间（图 9-2-1a），也可作为屋顶搁置在墙、柱等竖向承重结构上（图 9-2-1b）。如将薄膜裁剪制作成传统结构的构架形式，如梁、柱、拱等，则可获得我们所熟悉的建筑造型。

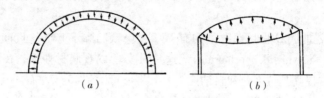

图 9-2-1　气压式膜结构

气压式膜结构有两种型式，即气肋结构和气被结构。前者是用加压充气管组成框架以支撑防风挡雨的受拉膜。受拉膜也起增加结构稳定的作用。气管内气量不大，适用于小跨度的结构。后者是在双层的薄膜之间充入空气，两层薄膜用线或隔膜连接起来，这种型式的结构中可以充入较大的气量，其适用跨度比气肋结构大得多。

气压式膜结构的承载能力依赖于气囊的构架型式、膜材特性及作用于气囊内的气压。其优点是建筑使用空间自由开放，膜结构的作用与传统建筑结构的作用相同，建筑造型灵活多样（图 9-2-2），同时由于空气层的阻隔，结构隔热性好。但气压式膜结构适用跨度受到限制，气囊内工作压力高，因而对材料的强度、气密性等质量要求也高，因此造价较高。

图 9-2-2　气压式空气薄膜结构的型式

图 9-2-3 是建于 1959 年的波士顿艺术中心剧场。这是一个直径为 44m 的圆盘形充气屋盖，中心高 6m，双层屋面是用拉链联起来的，固定在受压钢环上，受压钢环支承在不等高的周边柱子上，使整个充气屋盖呈倾斜放置，底部凸面有利于改善室内音响效果。屋盖采用两台风机充气。

图 9-2-4 所示为 1970 年大阪世界博览会富士组展览馆，是气压式膜结构的典型代

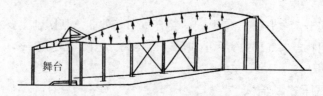

图 9-2-3　波士顿艺术中心剧场

表作之一。该建筑平面是一个外径 50m 的圆形，沿着圆周并排竖立着 16 根拱形气囊（图 9-2-5）。拱形气囊是用 PVA 纤维即维尼纶织成的帆布制作的，断面直径是 4m，气囊内的气压在通常气候条件下比室外气压高 800Pa，在暴风的气候条件下比室外高 25000Pa。16 根拱形气囊之间缝制了多道水平向的帆布带（图 9-2-6），形成一个完整的立体结构。

图 9-2-4　富士组展览馆外形

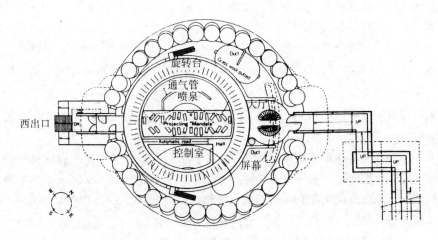

图 9-2-5　富士组展览馆平面图

9.2.2　气承式膜结构

气承式膜结构是靠不断地向壳体内鼓风，在较高的室内气压作用下使其自行撑起，以承受自重和外荷载的结构。其工作原理与热气球相似，如图 9-2-7 所示。一般采用沿周边布置砂包，或沿四周及对角线方向布置拉索的方法，来保证屋盖结构的整体稳定性。气承式膜结构具有建造速度快、结构简单、使用安全可靠、价格低廉（因其对材料的气密性要求不高）、在内部安装拉索的情况下其跨度和面积可以无限制地扩大等优点。而且，气承式膜结构的室内外气压差一般在 100~300Pa，相当于 1 层楼

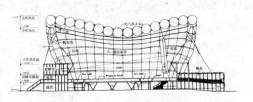

图 9-2-6　富士组展览馆纵剖面图

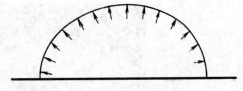

图 9-2-7　气承式膜结构

与 7 层楼的气压差，除特殊敏感的人以外，一般人无任何不适的感觉。主要用于修建仓储设施（占 50%~70%）和体育馆屋顶（占 20%~40%），也有用于展览馆和建筑安装工地顶盖。

气承式膜结构的承载能力依赖于支承薄膜的气压、与地面锚固的手段及进出建筑

的方式。气承式充气结构需要长期不间断地向室内送风,以保证适当的室内外气压差,因此需要有一整套加压送风的机械、控制系统和长期的能源消耗。另一方面,又要沿充气结构四周设砂包加压或设拉索拉锚,以保证充气结构的稳定性。在出入口要进行适当的布置,以防止空气从出入口泄漏,这就使得结构设计复杂化,也给使用带来不便。

当覆盖面积较大时,要求膜材有很高的强度,而提高薄膜强度,研制新型材料,在技术上是可行的,但经济上不合算;如增大膜材厚度,则其透光度受到损害。因此,较为合理的办法是增加拉索系统。拉索的布置应考虑覆盖面积、平面形状、支撑结构的型式等因素,可以是单向亦可以是双向的,相互交叉的钢索构成正方形或菱

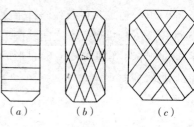

图 9-2-8 拉索的布置

形网格(图 9-2-8)。对于椭圆形、正方形(圆角)、矩形(切角)等平面,拉索的方向应平行于对角线,这样可使支撑环梁的弯矩为零或最小。而对于长宽比较大的矩形平面,则宜采用单向平行索。拉索的距离,依膜材强度、膜壳形状和风荷载大小而定。

武警总部顺义基地游泳馆是我国自行设计、自行施工,选用国产膜材料和设备建成并投入常规使用的第一幢气承式膜结构建筑。该游泳馆为 30m×36m 矩形平面,因场地限制,一个角改成半径 10m 的圆弧,建筑面积约有 1075 m^2,顶点高度 12m,外观类似半椭圆形。采用单层充气结构,室内保持 200~300Pa 的气压。膜材选用国产"高强涤纶丝双轴向经编织物涂覆 PVC 篷盖材料",抗拉强度 2700N/5cm,耐寒 -40℃,耐热 +70℃,耐腐蚀、阻燃,使用寿命在 10 年以上。设计施工周期 108 天,造价仅为网架结构的四分之一左右。

图 9-2-9 是第 12 届世界兰花博览会展示馆。其设计指导思想是力求达到经济合理的创造性的形态,采用网格与膜组合的结构方案。此建筑在膜结构方面,根据构件承受张力的等级,设计了用钢丝绳形成大网络、用合成纤维绳形成小网格、气密薄膜这三者的组合结构,得到了最经济、合理、不需要立体裁剪的结构方案。展示馆分两个穹顶,第一穹顶的平面是直径 75m 的圆形(图 9-2-10),屋顶的形状大致是球心

图 9-2-9 第 12 届世界兰花博览会展示馆

角为60°的球,最高高度为19.5m,采用索加强充气膜结构,利用最大间距约5m的两个方向的钢丝绳,对合成纤维绳网进行加强。第二穹顶的平面是钩形玉坠形状(图9-2-11),平面的最大宽度约为40m。各断面大体呈半圆形,最高高度约为19.5m,采用索加强空气膜结构,利用断面方向约间隔5m配置的钢丝绳,在一个方向进行加强,在另一个方向则沿顶部脊线设置了两道钢丝绳。

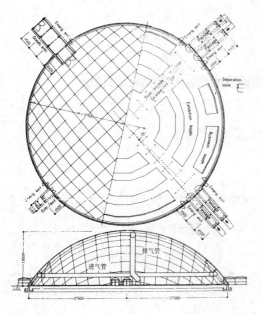

图9-2-10 第一穹顶平面及立面图

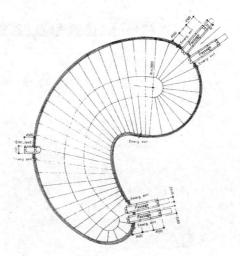

图9-2-11 第二穹顶平面图

东京充气棒球馆(图9-2-12~图9-2-14)是充气式建筑,依靠少许气压来支承具有透光性的薄膜屋顶,可以不受天气影响,长年使用。

图9-2-15为国外的一些气承式结构的工程实例。其中图9-2-15(a)为日本大阪Expo70博览会美国厅,建于1969年12月,为椭圆形平面,环梁轴线尺寸为140m×78m,矢高7m,最大观众席位数5000个,覆盖面积9300m²,薄膜是采用半透

图9-2-12 东京充气棒球馆

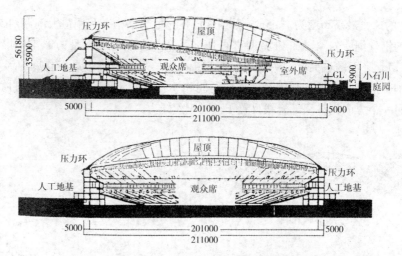

图 9-2-13 东京充气棒球馆剖面图

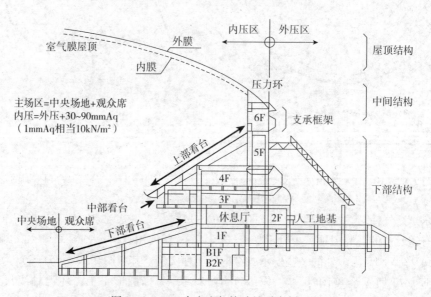

图 9-2-14 东京充气棒球馆看台剖面图

明的用乙烯树脂涂覆的玻璃纤维编织,厚 2.3 mm,单层构造,薄膜在钢索之间跨越,钢索直径为 38.54～63.5mm,形成菱形网格,间距为 6.1m,钢索锚固于椭圆形的混凝土压力环上。屋盖自重为 0.063kN/m²。

图 9-2-15(b) 为美国庞提亚克(Pontiac)体育馆,该馆建于 1975 年 10 月,平面尺寸为 220m×168m,矢高 15.2m,覆盖面积 35000m²,最大观众席位数 80638 个,采用了特氟隆(聚四氟乙烯塑料)涂覆的玻璃纤维薄膜,薄膜为单层结构,膜片的四边包裹直径 13mm 的尼龙绳,固定在按对角线方向平行布置的钢索上,钢索直径 76mm,共 18 根,间距约 13m。该结构设计寿命在 20 年以上,为当时世界上最大的充气结构,也是第一个被认为是永久性建筑的充气结构。

图 9-2-15(c) 为美国北爱华大学穹顶结构,边长为 130m,总共有间距为 13m 呈对角线布置的 12 根钢索承受用特氟隆涂覆的玻璃纤维薄膜,屋盖自重为 0.049kN/

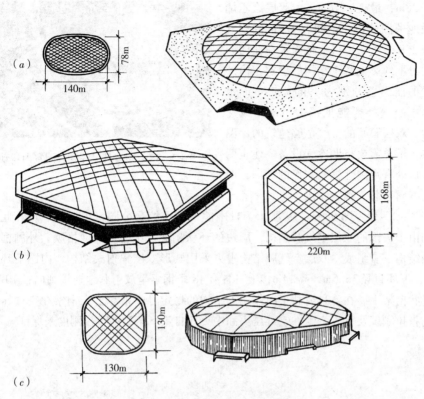

图9-2-15 气承式充气结构实例

m^2,设计风吸力为 $0.733kN/m^2$,设计雪荷载为 $1.466kN/m^2$,用来支承穹顶所需要的空气压力为 $0.245kN/m^2$,屋顶结构的 60% 为双层的,这样可以通过暖空气来融化屋顶积雪,并同时可作为绝缘层和吸声层,压力环由预制的双 T 形外墙支承。

9.2.3 混合式充气膜结构

由于气压式膜结构和气承式膜结构都有其局限性,于是便出现了混合式结构。混合式结构有两种形式,第一种是将气压式膜结构与气承式膜结构混合,这样既发挥了气承结构跨度大的优点又利用了双层薄膜性能好的特点。由于是从两个方面获得结构的稳定,结构防止倒塌的安全性有所提高。第二类是将充气结构与其他传统的建筑结构相结合,其变化是无穷的。例如在气承式膜结构中增加一个轻钢刚架结构,可以解决气承式膜结构中需要连续充取及进出建筑时气压消失等问题。在无风雪的情况下,这种结构可以不用充气而自由出入,在风雪荷载作用下,则需要通过内部充气来增强结构的承载能力。

图9-2-16是1960年美国原子能委员会流动展览厅,采用了由两个高低拱连成的马鞍形混合充气结构。结构长 90m,

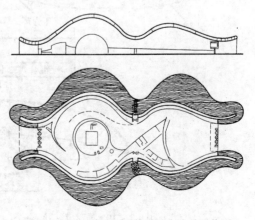

图9-2-16 美国原子能委员会流动展览厅

最宽处 38m，最高处 18m，由双层涂乙烯基的尼龙薄膜建成，层间有 1.2m 的空气层，分成 8 个气仓，目的是为了在任何一仓受损时不致影响整个结构的稳定。内外层薄膜的压力差分别为 49mm 和 8mm 水柱。内压的选择要能抵挡 150km/h 风速的风力，双层膜间的空气足够建筑的保温和隔热，不再需要空调冷气设备。建筑两端出入口处有用刚性框架支撑的转门，两端的充气雨篷起气锁的作用。

图 9-2-17　熊本县民综合公园室内运动广场

图 9-2-17～图 9-2-19 所示为日本熊本县民综合公园室内运动广场。此建筑的结构由中央部的双层空气膜结构，周边的环状桁架、组合柱、网格膜、外围框架以及基础结构三者组成。双层空气膜结构中央采用圆形双层辐射式结构，内圈上环直径 10.7m，下环直径 36.6m，高 14m，上下各有 48 条钢索呈放射状地连接到内径 107m 的周边环状桁架上。在各种荷载工况作用下结构的稳定性，依靠上表钢索在空气压力下产生的张拉刚度及下表钢索在空气压力和中央环自重下产生的张拉刚度来保证。

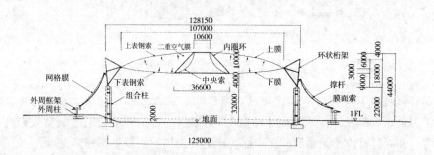

图 9-2-18　熊本县民综合公园室内运动广场结构剖面图

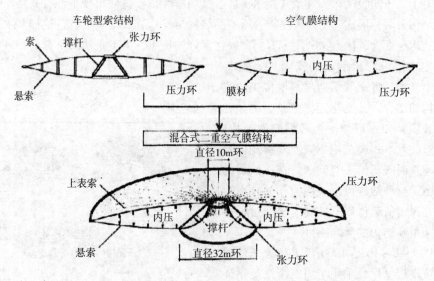

图 9-2-19　熊本县民综合公园室内运动广场双层空气膜系统图

在荷载作用下，膜结构会产生大变形。这一特性对充气结构来说有时是灾难性的。在雪荷载作用下，雪压力会造成膜壳体的下沉，下沉的袋状屋面又会加剧冰雪的集积。过大的变形便会造成膜材的撕裂。因此，必须采取措施控制雨雪在屋盖上集积。一般可通过不断改变充气压力来清除积雪，并保持较高的充气压力来维持膜结构的形状，有时也需要设置专门的装置对双层薄膜之间的空气进行加热，或直接对薄膜进行加热来融化积雪。美国密歇根州庞提亚克体育馆（图 9-2-15b）的倒塌即为一例。在 1985 年 3 月的一场暴风雪中，庞提亚克体育馆充气屋盖的 100 块玻璃纤维板中有 7 块被撕裂，砸坏了下面的混凝土栏杆与座位，整个屋面下垂了约三十多米，随之大风又吹坏了另外的 18 块板。估计在第一块板破坏时屋面的积雪与冰有二米多厚，使屋顶上积累的荷载超过 $1kN/m^2$，而该屋盖设计风吸力为 $0.733kN/m^2$，设计雪荷载为 $0.586kN/m^2$，屋盖自重为 $0.049kN/m^2$。在倒塌之前，体育馆工人也曾尽力扫除屋顶积雪，但终因天气太冷而退下。也有人认为在管理上有失误，当时没有进行加温与加压来排除积雪。

9.2.4 气枕结构

气枕结构是充气膜结构的一种。它是由上下两膜片及内部气体构成，气枕的内压使薄膜产生张力，生成初始形状并提供气枕刚度，承受外荷载的作用。外部荷载作用在上膜片，通过对气枕内压的影响将荷载作用传递到下膜片，实现气枕结构的整体工作。

1）气枕结构的受力性能

气枕所受外荷载主要为风荷载、雪荷载，此外还受到温度变化及徐变等作用。由理想气体状态方程 $PV = nRT$ 可知，在气枕内没有充气或放气时，内压 P 与体积 V 的乘积与温度 T 成正比。

屋盖气枕受正风压作用时，气枕体积减小，内压升高，上膜片在内压与风压的共同作用下会降低，而下膜片在内压作用下也会向下膨胀，故气枕会整体降低；反之，受负风压作用时，气枕体积增大，内压降低，气枕整体抬升。

屋盖气枕受雪荷载作用与正风压类似，即气枕的体积变小，内压升高。雪荷载最大的特点是堆积效应，当气枕内压低于外部局部不均匀雪压时，上膜将产生局部凹陷并加剧雪的不利堆积。堆积作用有累积效应，堆积区雪越积越多，此时需要增大内压来维持气枕继续工作。当内压等于最大堆积雪压时，由于顶部周边膜面的内压大于雪压，周围膜面抬高较顶部更大，凹陷依然存在。只有当内压略大于最大堆积雪压时，凹陷才能完全消失。雪融化，堆积区产生积水，通过增加内压可排除积水。这是一个动态的过程，积雪或积水都是可变荷载。另外，下雪通常伴随着昼夜温差的影响，夜晚气温降低，内压也降低，堆积效应更易出现；白天气温升高，内压升高，有利于减缓或消除堆积作用。

气枕内气体温度的改变可使气枕的内压有较大改变，体积也同时变化。与此同时膜受温度的影响也会膨胀或收缩，对气枕内压及体积也有一定的影响。而膜受自身温度变化产生的应力相对较小。气枕内的温度既要考虑季节变化的影响，又要考虑昼夜温差的影响。

膜材在一定应力的长期作用下会产生徐变，使气枕体积增大，内压降低，影响结构的承载能力及刚度。由于风荷载和雪荷载作用时间相对较短，对气枕徐变的影响很小，因此对徐变的控制主要是对气枕内压的控制，即将内压维持在一定的水平，从而使膜片相应的主应力维持在一定的水平。

2）气枕结构的构造

气枕结构设计的核心问题是薄膜应力水平的控制及内压水平的控制。在任何荷载组合作用下，为保证气枕正常工作，应控制膜片的合理应力水平，以保证膜材的抗拉性能和抗徐变性能。与应力水平相关的有三个因素：膜材厚度、矢跨比和内压。

气枕矢跨比会影响膜的应力水平，并对结构的经济性及受力合理性有较大影响。以上下两片厚度分别为 0.2mm 的膜构成的边长 5m 的正六边形气枕为例，定义矢高对边距离之比为矢跨比，300Pa 内压下膜单元最大主应力与矢跨比的关系如图 9-2-20 所示。由图可见，相同内压下，膜单元最大主应力随矢跨比的增大而减小，减小幅度随矢跨比的增大而略有降低。

内压的控制是为了保证气枕的结构形态。气枕结构的内压对温度变化及外荷载作用较为敏感，使用中要随时监控气枕内压。正常情况下，内压维持在一定的范围内，可满足使用要求。当遭遇大风大雪或冬夏季节温度变化较大时，需要对气枕进行充气或放气。特别是冬天要防止白天降雪夜间降温内压骤然降低，膜面凹陷积雪，白天融雪积水这种循环往复的极其不利情况的产生。因此，内压的监控系统及充放气系统对气枕结构的

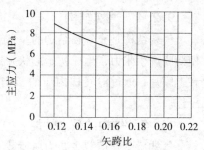

图 9-2-20 矢跨比与主应力关系

稳定性、耐久性及安全性有着十分重要的作用。最基本的充气系统包括可以进行湿度控制的鼓风机，它里面的过滤器可以防止湿气和灰尘进入气枕内。比较先进的充气系统可以和传感器相连，以使得气枕内压可以根据外部荷载的变化而进行调整。

气枕结构上下膜通常采用一层或多层膜材，将上下膜边缘夹住充气即可形成气枕。气枕受外力作用时，荷载通过膜面传递到四周的夹具，通过连接件传递到主体结构。

3）气枕结构的工程实例

中国国家游泳中心是 2008 年北京奥运会的主要比赛场馆之一，也是奥林匹克公园内的重要建筑，"水立方"的建筑围护结构采用了 ETFE 膜材制作的气枕结构，内外表面覆盖面积达 12 万平方米，见图 9-2-21。水立方的 ETFE 围护结构设计寿命为 30 年。气枕结构可以有效地将风荷载、雪荷载等作用力传递到多面体空间刚架结构上。气枕内压设计值为 250MPa，外凸矢高为气枕形状的内切圆直径的 12%~15%。当屋面积雪较多时，气枕的充气系统将提高屋面气枕的内压至 550MPa。

图 9-2-22 为日本大阪 1970 年世博会中心活动区屋盖结构所用的气枕结构。该屋盖长 291.6m，宽 108m，网架结构高 7.637m，为双层空间网架结构。网架上下弦平面均为弦长 10.8m 的正方形网格，上弦杆上部覆盖平面投影尺寸为 9.9m×9.9m 的气枕结构，采用聚酯薄膜材料。

图9-2-21 中国国家游泳中心"水立方"

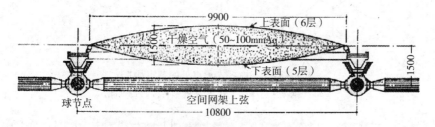

图9-2-22 气枕结构作为网架屋盖

9.3 支承膜结构

9.3.1 柔性支承膜结构

柔性支承膜结构又称为张拉式膜结构或悬挂式膜结构,是从帐篷结构得到启示发展而来的。它采用桅杆、拱、拉索等支撑结构将薄膜张挂起来,利用柔性索向膜面施加张力将膜绷紧,形成稳定的薄膜屋盖(图9-3-1)。它造型新颖,适合于中小跨度的建筑物。

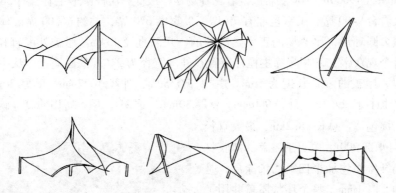

图9-3-1 悬挂膜结构示意图

前面已经提到,薄膜或索网均为柔性结构,在不同的荷载作用下其形状是不稳定的,因此,必须根据荷载的形式调整其形状并施加适当的预应力,使之能承受各种可能出现的荷载。最简单的方法就是采用负高斯曲率的曲面,使两个相反方向的曲率的薄膜纤维相互约束,自相平衡。这时再施加适当的预应力,则可提高结构的刚度,增强其稳定性。预应力的大小应使薄膜在任何荷载条件下均受拉,防止薄膜的任何部分或任何构件松动,亦即预应力所产生的拉力应足以抵消薄膜在荷载作用下可能产生的压力。

悬挂薄膜结构的支承方式一般有两种：由索或拱所产生的波状曲线支承和在内部由立桅杆或拉索所形成的点支承。上述支承及其组合使薄膜形成鞍形曲面，使薄膜结构的受力性能相当于悬索结构中的交叉索网体系。在点支承的薄膜结构中，薄膜内各个方向的拉力在支承点平衡，则在该点势必会造成应力集中，为此，应在支承点处采取适当的构造措施，如图9-3-2所示。

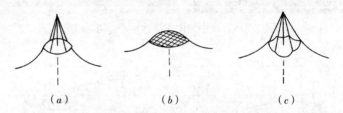

图9-3-2 桅杆支承点处的节点构造
(a) 设刚性拉力环；(b) 设刚性帽；(c) 设索圈

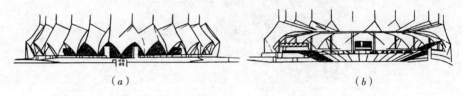

图9-3-3 沙特阿拉伯法赫德国际体育场
(a) 体育场立面；(b) 体育场剖面

图9-3-3为沙特阿拉伯首都利雅德的法赫德国际体育场的轻型遮阳屋盖，这是世界上最大的悬挂薄膜结构之一。体育场场地平面形状呈椭圆形，最大尺寸188.7m×128m，面积近19000m²。观众席围绕着比赛场地，最低一层椭圆形主看台有56000席，第二层大看台9400席，王室包厢有79席，贵宾席670席，共约66000席。体育场的遮阳屋盖为圆环形，比赛场的正中是敞开的，开洞直径134m。屋盖外围直径290m，覆盖着整个观众席。24根帐篷主桅杆布置在外围直径为246m的圆周上。从主桅杆到中心环梁，屋盖的悬臂长度为56m。主桅杆高59m，外径1027mm，壁厚20mm，重48.6t。边桅杆长29.7m，外径900mm，壁厚30mm，重21t。屋盖所用的镀锌碳素钢索用聚氯乙烯包覆，总长18.2km，最大直径74mm，可承载200t。覆盖于屋盖的薄膜材料为玻璃纤维织物加聚四氟乙烯涂层，是半透明的，厚1mm。整个环状屋盖共用了96块薄膜，每块薄膜面积约800m²，共计76800m²。

图9-3-4为威海体育中心体育场。看台上空设一座大型轻质罩棚，采用膜结构设计。罩棚由44座伞形膜结构单元连接而成，各伞形膜结构单元由膜、桅杆、前

图9-3-4 威海体育中心体育场

脊索、后脊索及谷索组成，环索相连于各伞单元之间。每个单元由中央桅杆撑起，外缘固定在看台梁的后端，内缘则张紧在巨大的内环上。

9.3.2 刚性支承膜结构

刚性支承膜结构又称为骨架支撑膜结构，它是利用拱、刚架、空间网格结构、张拉整体结构等刚性骨架来支撑薄膜（图9-3-5），实际上是以膜材作为上述屋盖结构的屋面覆盖层，使屋面自重可以大大减轻，而且构造也比较简单，适合于各类大跨度建筑。这种膜结构的承载力实际上是由骨架支撑结构来保证的，对膜材的强度要求较低，维护保养也与传统的大跨度结构较为接近，在我国很有推广价值。

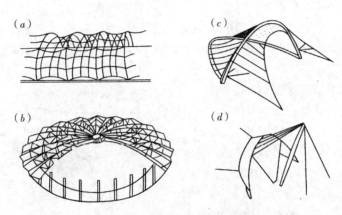

图9-3-5 骨架支撑膜结构

上海八万人体育场的屋盖结构采用大悬挑钢管空间结构，它是由64榀悬挑主桁架和2~4道环向次桁架组成一个马鞍形屋盖（图9-3-6、图9-3-7）。屋面以薄膜作为覆盖层。屋盖平面投影呈椭圆形，长轴288.4m，短轴274.4m，中间有敞开椭圆孔（215×150m）。最大悬挑长度为

图9-3-6 上海八万人体育场

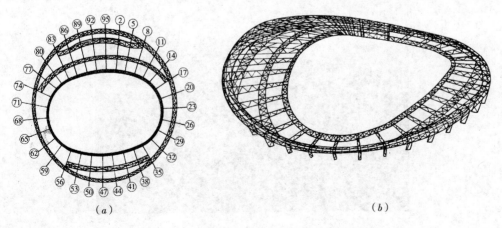

图9-3-7 上海八万人体育场屋盖结构布置示意图

73.5m,最短大悬挑长度为21.6m。薄膜覆盖面积达36100m²。64榀悬挑主桁架的一端分别固定在32榀钢筋混凝土变截面柱上,每根柱子固定两榀主桁架,两榀主桁架弦杆之间用横杆相连,形成空间整体结构。

上海世博会世博轴及地下综合体工程位于浦东世博园核心区,南北长1045m,东西宽地下99.5~110.5m,地上80m,基底面积130699m²,总建筑面积227169m²,其中地上42877m²,地下184292m²。由标高-6.5m、-1.0m、4.5m、10m的平面及膜结构屋顶组成,并设有6个标志性强的阳光谷,以满足地下空间的自然采光,阳光谷顶端与膜结构顶棚连接。阳光谷为单层网壳结构,结构高度41.5m,杆件采用矩形空心截面,其节点一般由6根杆件汇交于一点,空间受力非常复杂。

世博轴膜结构屋面采用连续张拉结构,包括膜面系统和膜面支点系统,建成时是国内外最大的膜结构工程,其投影面积达80m×1000m,无论是其规模之大还是其受力的不确定性均是罕见的。

膜结构屋顶总长度约840m,最大跨度约97m,总面积约64000m²。膜采用聚四氟乙烯(PTFE)涂层的玻璃纤维织物;索采用平行钢丝绳外包聚乙烯(PE),单根最长110m。索根据其用途分为结构索和膜面索。膜面支点系统是为膜面提供张拉支点的结构,如图9-3-8中的外桅杆及背索、中桅杆及下拉环、水平索。膜面系统边界和内部布置了辅助膜面成型的边索、脊索、谷索悬索和抗风索等,它们和膜组成张拉膜系统,见图9-3-9。

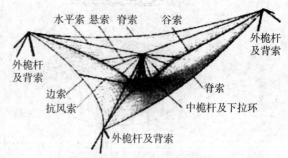

图9-3-8 索膜结构组成

外桅杆为世博轴膜结构屋顶周边支点系统,共31根,对应62根背索,桅杆柱均向外侧倾斜,分布在世博轴两侧,排距88m,柱距33~77m。

外桅杆呈梭状,由3根弧形无缝钢管(φ450mm×42mm、φ406mm×35mm、

图9-3-9 世博轴张拉膜结构

ϕ245mm×20mm）及100mm和50mm横隔板构成，材质均为Q345B，上下端均为铸钢节点，上端铸钢件最重24.5t，下端铸钢件最重约为9.3t。外桅杆底部坐落在标高-110m混凝土平台上，柱顶即支点标高分别为38、35、18m。靠近磁悬浮车站的1处为最高，长度39m（另一处为35m，重量相同），重量约为88t；长度18m共5处，重量为38t；其余外桅杆约为30、33、36m，重量约为70t。

中桅杆及下拉环坐落于10m混凝土平台上，共19根，高度25m，由单根ϕ750mm×35mm直缝钢管和上下铸钢件组成，其中上铸钢件最重约2.6t，下铸钢件重约0.25t，总重量22t。下拉ϕ5m圆环通过上下吊索分别与中桅杆柱顶和柱底连接。

支点系统索包括背索和水平索，采用平行钢丝绳外包PE。背索A直径为154.5mm，共44根，单根长度约为34m，重约10t。背索B直径为119mm，共18根，单根长度约为27m，重约5t。水平索直径为50.8mm，共57根，单根长度53m，重约2t。

图9-3-10是世博轴膜结构施工。

图9-3-10 世博轴膜结构施工

第10章

大跨度建筑结构的其他型式

10.1 张拉整体体系和索穹顶
10.2 弦支空间骨架结构
10.3 斜拉结构
10.4 混合空间结构
10.5 多面体空间刚架结构

大跨度建筑是人类社会发展与进步的产物，它能够最大限度地满足工业生产和体育、文化、商贸活动的需要，体现了一个城市甚或一个国家建筑技术的发展水平。同时，大跨度的公共建筑往往被作为一个城市或者地区的标志，传递着一个民族的文化特征和当代社会的精神风貌，并对改善城市景观、调节市民的生活环境起着重要的作用。

传统的大跨度建筑的结构型式有刚架结构、桁架结构、拱式结构、薄壳结构、平板网架结构、网壳结构、悬索结构等。这些结构型式在大跨度的工业与民用建筑中都得到了广泛的应用。它们在结构上具有不同的受力特点，在建筑上具有不同的造型特色。然而随着时代的发展，人们对建筑的要求已经不再仅仅是满足物质功能的需要，而是越来越高地提出了对建筑精神功能的要求。因此，可以预言，随着高强度材料的推广应用，随着建筑施工技术的完善，随着各种新型屋面材料的出现，随着人们对建筑精神功能要求的提高，大跨度建筑结构的型式将会越来越丰富多彩。

10.1 张拉整体体系和索穹顶

10.1.1 概述

张拉整体体系是由一组连续的受拉索与一组不连续的受压构件组成的自支承、自应力的空间铰接网格结构。它通过拉索与压杆的不同布置形成各种形态，索的拉力经过一系列受压杆而改变方向，使拉索与压杆相互交织实现平衡。这种结构的刚度依靠对拉索与压杆施加预应力来实现，且预应力值的大小对于结构的外形和结构的刚度起着决定作用。没有预应力，就没有结构形体和结构刚度；预应力值越大，结构的刚度也越大。同时，预应力应设计成自平衡体系，以构成合适的应力回路。

张拉整体体系是1947年由富勒（Fuller）首先提出来的。富勒认为在自然界存在着能以最少结构提供最大强度的系统，并称之为"高能聚合几何学"。他提出，张拉整体体系是一组不连续的受压构件和一套连续的受拉单元组成的自支承、自应力的空间网格系统。此后便受到世界各国结构研究人员、建筑师和艺术家的注意。有人认为第一个可被认为属于张拉整体体系的结构则是出现在1921年莫斯科举行的一个展览会上。这个结构由三根杆和七根索组成，并由第八根非预应力索来控制，整个结构是可动的。因此说，张拉整体结构已有七十多年的历史。但对张拉整体结构进行系统的研究，则在20世纪50年代以后，其研究内容涉及集成单元的几何形体、集成单元的稳定性、张拉整体结构的拓扑分析、张拉整体结构的静力特性、张拉整体结构作为可展开结构的应用前景等，并被应用于一些城市雕塑和艺术模型。而该结构体系真正的工程实践则是在1988年汉城奥运会的竞技馆、击剑馆的屋盖结构中所采用的索穹顶结构。

张拉整体体系具有以下特点：

（1）自支承。集成单元是由张力元（索段）和压力元（压杆）组成，单元的每个角点由一根压杆与几根索段连接。

(2) 预应力提供刚度。单元的刚度是从预应力中获取的，预应力越大则刚度也越大，但预应力的获取并不采用任何张拉的方式，而是通过单元内索段和压杆内在的拉伸和压缩来实现的。

(3) 自平衡。单元处于互锁和自平衡状态，形成一个应力回路，而应力不致流失，这样预应力才能提供刚度。

(4) 恒定应力态。集成单元的张力元或压力元在整个加载过程中，其张力状态或压力状态恒定不变，亦即其张力元在加载中始终处于受拉状态，而压力元则一直处于受压状态。要维持这种状态，一是要有一定的几何构成；二是需要适当的预应力。

10.1.2 张拉整体体系的形式

张拉整体体系在拓扑学和形态学上是复杂的结构形式，所以用一种有效的几何方式来描述是非常重要的。

我们知道，结构由结构单元所组成，结构单元由结构构件所组成。张拉整体结构也可以看成是由张拉单元组装起来的，这些张拉单元则由拉索和压杆这两种基本构件所组成。与其他结构单元不同的是，张拉单元中的拉索和压杆不是简单的混合或协同，这些构件必须满足某些准则方可形成张力集成单元。从几何学的角度分析，这些张拉单元是由一些正多面体或正多面体的变换组成，如图 10-1-1 所示。图中 (a) 类为正四面体及其组合，(b) 类为正五面体及其组合，(c) 类为正六面体及其组合，(d) 类为正七面体及其组合。图中的黑粗线为受压杆，细实线为受拉索。

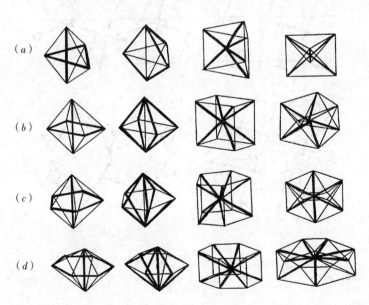

图 10-1-1 张拉集成单元

图 10-1-2 (a) 为压杆位于三棱柱体的面内时的集成单元，显示了集成单元变换为典型的反棱柱型单元。图 10-1-2 (b) 为四棱柱或反四棱柱及其变换的集成单元。

由以上的单元形式可见，张拉集成单元是由压杆支撑着受拉索元，在单元内自支承且自平衡，张拉索形成一个连续的多面体外形，而压杆则彼此相隔。

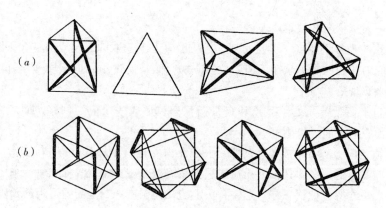

图 10-1-2 集成单元
(a) 三棱柱体集成单元；(b) 四棱柱体集成单元

利用上述基本张拉单元，可以连接形成各种相应的张拉索网，如图 10-1-3 所示。索网由于压杆的撑开而拉紧，既保证了稳定性，又取得了所期望的形状。按理论方法布置的各式压杆在空间交错互不接触与联结，在索网的任何节点上，最多只有一根压杆。因此，张拉整体体系也被称为是拉力海洋中的压力孤岛。通过施加预应力，可以提高索网的刚度。

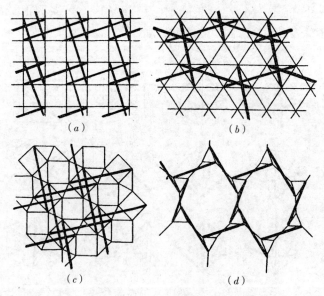

图 10-1-3 张拉索网的样式
(a) 四方格；(b) 三角格；(c) 三角四方组合格；(d) 三角十二角组合格

张拉整体体系可应用于城市雕塑、大跨度平面或曲面屋盖结构。最早的张拉整体结构虽有组合灵活、结构轻巧、装卸简易等优点，但其所围空间内部布满压杆，没有建筑使用价值，只能用于构思训练或作为艺术品欣赏。因此较多地被应用于城市雕塑等艺术造型方面，1962 年富勒首次尝试把其内部压杆移至网体表层，即形成索网结构及索壳结构。张拉索网结构或张拉索壳结构的型式可为球壳、扁球壳、筒壳、旋转双曲面壳等，如图 10-1-4 所示。

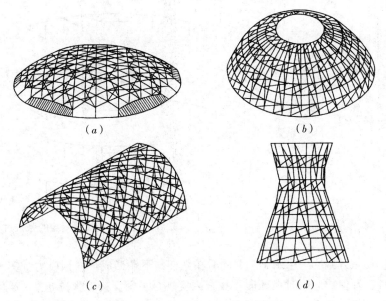

图 10-1-4 张拉索的各种型式
(a) 张拉索扁球壳；(b) 张拉索球壳；(c) 张拉索筒壳；(d) 张拉索双面壳

10.1.3 索穹顶结构的工程实践

张拉整体体系由于其良好的整体受力性能，可充分利用拉索及压杆的单元强度，提供极大的刚度，适用于作为超大跨度建筑的屋盖结构。目前主要是以索穹顶的结构形式，被应用于大型体育场的屋盖结构，在韩国、美国、日本、德国均已有建成的工程实例。索穹顶结构实际上是一种特殊的索-膜结构，是一种结构效率极高的张力集成体系，其外形类似于穹顶，而主要的构件是钢索，由始终处于张力状态的索段构成穹顶，利用膜材作为屋面，因此被命名为索穹顶。由于整个结构除了少数几根压杆外都处于张力状态，所以充分发挥了钢索的强度，只要能够避免柔性结构可能发生的结构松弛，索穹顶结构便无弹性失稳之虞。如1988年汉城奥运会的两座索穹顶结构和1996年亚特兰大奥运会的佐治亚穹顶结构。

1）汉城奥运会的索穹顶结构

韩国为举办1988年第24届奥运会，在汉城体育中心东南方向的2km处，建造了可容纳13000名观众的竞技馆和容纳7000名观众的击剑馆。结构直径分别为119.19m和89.92m，其屋盖结构即采用索穹顶。

索穹顶屋盖是由中心受拉环、径向受拉索（脊索）、受压立柱、环向受拉索和斜张拉索（谷索）所组成。图10-1-5为竞技馆的屋盖结构布置。环向受拉索每隔14.48m设置一圈，击剑馆共设置了两圈，竞技馆设置了三圈。相应地，击剑馆的每根脊索下设有两个立柱，而竞技馆则在每根脊索下设有三个立柱。脊索将整个屋盖等分成16个扇形，相应地布置有16组谷索。

图10-1-6示意说明了竞技馆屋盖的张拉过程。由脊索、立柱和谷索组成的平面结构类似于两榀没有完全与中心受拉环连在一起的悬臂桁架，整个结构在吊装后的初期呈悬垂状态。谷索在立柱间设 a、b、c、d 四组（图10-1-6）。随着边端的谷索 a 的张紧，边端的第一个立柱向上顶起。施工时，边端的第一组16根谷索应同时张拉，

建筑结构选型

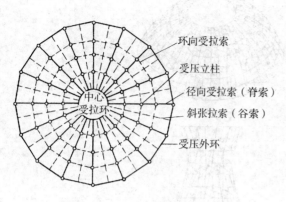

图 10-1-5 竞技馆的屋盖结构

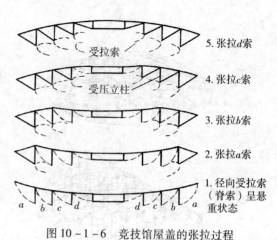

图 10-1-6 竞技馆屋盖的张拉过程

以使整个结构顶升到同一个水平,并同时在立柱的下端形成环向预应力,实现了节点处力的平衡。环向拉力同时在环向受拉索内实现自平衡。接着张拉 b 索、c 索、d 索,将立柱逐个顶升,整个屋盖便成型了。竞技馆屋盖的自重仅为 $14.6 kg/m^2$。

2) 亚特兰大奥运会的张拉穹顶结构

1996 年亚特兰大奥运会的体育馆 1990 年 6 月开始施工,1992 年 8 月完工投入使用。平面近似为椭圆形,平面尺寸为 240.79m×192.02m,见图 10-1-7a)。其屋盖结构采用了张拉穹顶结构体系,由联方形索网、三根环索、竖向压杆及中央桁架组成,也称为"佐治亚穹顶",见图 10-1-7b)。整个结构只有 156 个节点,分别在 78 根压杆的两端。中央联方形网格形成双曲抛物面,周边连接在截面约为 7.8m×2.4m 的箱形受压环梁上。受压环梁沿屋盖周边布置,由 4 个弧段组成,端部弧段及中部弧段的半径不等,支承在沿建筑周边布置的 52 根柱子上。

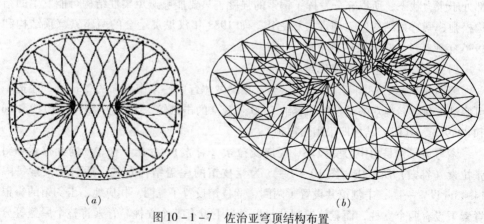

(a) (b)

图 10-1-7 佐治亚穹顶结构布置
(a) 屋盖平面;(b) 穹顶结构体系

屋盖施工采用现场装配顶升的方式,如图 10-1-8(a) 所示。屋盖索网成形后,用了 144 块涂敷特氟隆的玻璃纤维布,铺设在穹顶上部的菱形索网格上,如图 10-1-8(b) 所示。

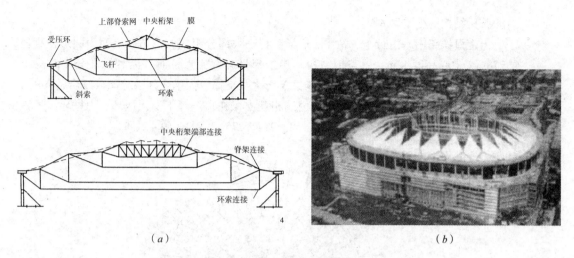

图 10-1-8 佐治亚穹顶施工过程
(a) 屋盖张拉施工；(b) 屋盖薄膜铺设

10.2 弦支空间骨架结构

10.2.1 弦支空间骨架结构的概念

索穹顶结构是一种非常高效的预应力空间结构体系，美国亚特兰大的佐治亚穹顶最具代表性。但索穹顶结构的设计及施工难度较大，对刚性屋面的使用也有较大的限制。日本川口卫教授提出的弦支穹顶结构，将单层网壳与索穹顶结构相结合，利用索穹顶结构的预应力部分大大提高了单层网壳部分的稳定性，同时降低了单层网壳结构对于支座的边界约束要求。但是单层网壳结构的杆件较多，再加上弦支体系部分的杆件，有时候无法满足建筑师空旷、通透的建筑要求。为此近年工程中出现了一种新的预应力结构体系——弦支骨架结构，将索穹顶结构柔性的上弦索用刚性骨架结构代替，形成上部骨架与弦支体系相结合的新受力体系。利用弦支体系调整骨架部分的内力分布，大大降低上部骨架结构最大弯矩的峰值和挠曲变形。

第二章曾介绍了张弦梁结构，这是一种平面受力体系，是弦支骨架体系的特殊形式，也是一种较为简单的形式。本节介绍弦支空间骨架结构，上部骨架是空间结构，如交叉桁架、网壳等，或是由主梁与环梁组成的交叉梁系；下部弦支体系也为空间布置，包括环索、斜索、压杆等。结构为空间整体受力。在弦支空间骨架结构中，弦支体系部分对下部支承结构（柱或底环梁等）产生压力，与骨架部分对下部支承结构产生的拉力可以部分抵消，大大降低结构体系对下部支承结构的要求。

10.2.2 弦支空间骨架结构工程实例

1）弦支空间梁系结构

张弦梁结构体系简单、受力明确，并且制造、运输、施工均简捷方便，具有良好的技术经济性能。但张弦梁为平面结构，空间整体性差，较难适应各种建筑平面的变化。弦支空间梁系结构是以平面张弦梁结构为基本组成单元、通过不同形式的空间布置、并增设另一方向的张弦体系和支撑体系所形成的一种空间结构。双向布置的弦索体系并在双向施加预应力是弦支空间梁系结构的基本特征，也是它与空间布置的平面张弦梁结构的根本区别。

上海铁路南站由行车、站屋、广场工程三大部分组成。主站屋屋面为圆形，直径278m，中心高度42m。屋盖钢结构外形中部呈扁圆锥形，而外周悬挑部分则略为上翘，整个屋面结构由径向布置的18根Y形大梁支撑，大梁在外端分叉成复合的Y形，支撑在内外两圈柱子之上，大梁最内端相互支撑在顶压环上。顶压环、内柱环、外柱环、悬挑外边缘的直径分别为26、152、224、275m。见图10-2-1。

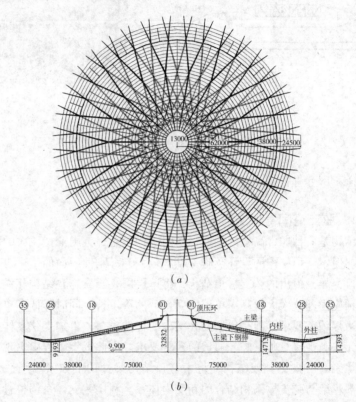

图10-2-1 上海铁路南站屋盖结构布置
(a) 钢屋盖平面图；(b) 钢屋盖剖面图

屋盖钢结构平面为圆形，外形中部呈扁圆锥形，周边悬挑部分略为上翘，整个屋面结构由径向布置的18根Y形大梁支撑，大梁在外端分叉为复合的Y形，支撑在内外两圈柱子之上，大梁最内端相互支撑在顶压环上，从而形成带中心内压环的空间刚架结构体系。内压环、内柱环、外柱环、悬挑外边缘的直径分别为26、150、226、275m。

钢屋盖由内压环、主梁、主索、环索、檩条等构件所组成。见图10-2-2。

主梁为两次分叉的Y形结构，截面形式为变截面的椭圆形，在内环柱以内部分增加了两根钢棒组成的下弦杆，该形式不仅增加了主梁的刚度，而且可防止在不对称荷载作用下内压环的摆动。主梁的顶端支撑在中心内压环上，中心内压环为三角形桁架，用于承受主梁传来的压力。主梁支撑在柱顶的Y形的钢铸件支座之上，沿主梁侧向的支座形式为铰支座。为减小温度变化引起的主梁轴向变形对柱子产生强大的推力，将外柱与主梁的连接节点做成弹性铰支座，允许主梁沿径向有一定的位移。

索体系包括主索、环索及外柱斜索。主索呈交叉对称布置，将内、外柱及主梁有

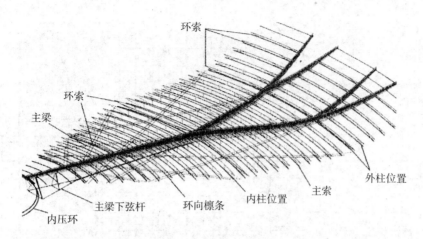

图 10-2-2　钢屋盖内压环、主梁、主索、环索、檩条的布置

效地结合起来，大大提高了屋盖的整体抗扭能力。除了加强檩条连接的环索外，在主梁上挑端部还有两圈环索，用以有效地减小了悬挑梁段的挠度。在每根外环柱顶设置了四根斜拉索，提供屋面结构的主要抗侧刚度，以减小柱底在风载荷和地震作用下的弯矩和剪力。

环向檩条支撑于主梁之上，平面形状为弧形，承受环向拉力的能力较差，故在环向设置了四圈抗拉钢棒，形成了四道环箍，称为加强檩条，不仅大大增加了屋盖的整体刚度，而且有利于减小主梁对柱顶的侧推力。

变截面橄榄形主梁截面如图 10-2-3 所示。18 根内柱为变截面钢管柱，直径为 600～1000mm。36 根外柱钢管直径为 700mm。

上海铁路南站圆形屋盖结构用钢量 8000 多 t，铺设了 14 万件共 5 万多 m^2 的阳光板。它不仅是世界上最大的透光火车站，同时也是世界上首座圆形火车站。

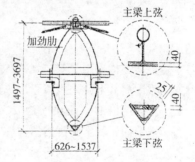

图 10-2-3　变截面橄榄形主梁截面

2）弦支网架结构

弦支网架结构是双向张弦空间网格结构，也可看成是由双向布置的张弦桁架组成的空间结构体系。屋面结构的上弦为由正交桁架组成的空间网格结构，下弦为相互正交的双向拉索。这是刚性网格结构和柔性钢索结构的合理组合，不仅能够发挥柔性钢索的高强度特性，而且克服了单向张弦结构的缺点，使结构具有空间受力性能，减小结构用钢量、提高结构刚度和稳定性。

国家体育馆根据建筑功能从建筑空间上划分为两个馆：即由比赛场地、看台、休息厅构成的比赛馆和由热身场地及配套用房构成的热身馆。比赛馆平面尺寸为 114m×144.5m，训练大厅空间平面尺寸为 51m×63m。两馆由一个单向波浪形屋面连接在一起，屋面标高约为 38～43～28m，见图 10-2-4、图 10-2-5。

图 10-2-4　国家体育馆全景

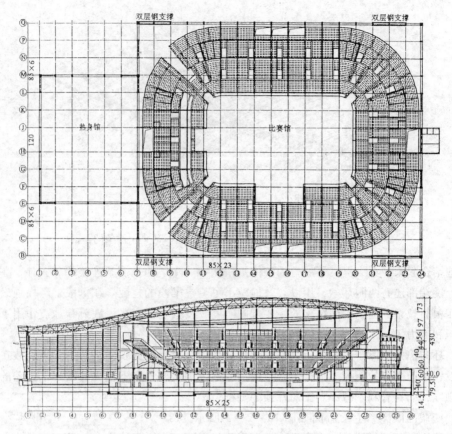

图 10-2-5 国家体育馆平、剖面图

屋盖结构采用了双向张弦空间网格结构体系。见图 10-2-6。结构横向为主受力方向，因而其下弦采用双索，纵向采用单索。纵向 8 根单索在上，横向 14 根双索在下。空间网格的平面尺寸为 8.5m。两部分结构通过撑杆形成一种新的空间结构体系——双向张弦空间网格结构。

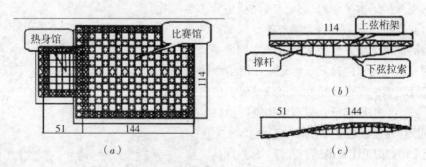

图 10-2-6 国家体育馆屋盖结构平面及剖面
(a) 结构平面；(b) 横剖面；(c) 纵剖面

张弦桁架上弦及腹杆均采用圆钢管焊接空心球节点，下弦采用矩形管铸钢节点。撑杆上端用万向球铰与桁架下弦相连，下端用夹板带滚轴节点与索相连。索端为铸钢节点。该屋盖工程用钢 2037t，耗钢量 95kg/m²。

3) 弦支网壳结构

弦支网壳结构是由索穹顶演变而来，索穹顶属柔性屋盖，施工难度大。弦支网壳是刚性屋面，而且可以采用更节约材料的单层网壳。单层网架虽有稳定问题，但加上撑杆及预应力索使所形成的弦支穹顶结构具有足够稳定性。

北京工业大学体育馆是北京奥运会羽毛球和艺术体操比赛馆，由比赛馆和热身馆组成。见图10-2-7。比赛馆总建筑面积24383m^2，观众坐席7500个，跨度105m，结构跨度93m，高度32.43m。屋盖结构采用了弦支单层网壳结构。

钢结构屋盖平面呈椭圆形，长轴方向最大尺寸为141m，短轴方向最大尺寸为105m，立面为球冠造型，上弦为葵花型三向单层球面网壳、下弦设有5圈环向布置的高强度钢索和径向56根拉杆，通过竖向28根撑杆形成整体。穹顶屋盖平面图见图10-2-8。通过支撑体系引入预应力，减小了单层网壳结构的位移，降低了杆件应力，减少了对结构支座的水平推力，提高了结构的整体稳定性。该工程钢结构用量62kg/m^2。

图10-2-7 北京工业大学体育馆

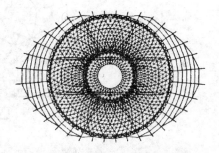

图10-2-8 弦支网壳平面

4) 弦支空间桁架结构

与弦支空间梁系结构相似，弦支空间桁架结构是以平面张弦桁架结构为基本组成单元、通过不同形式的空间布置、并增设另一方向的张弦体系和支撑体系所形成的一种空间结构。

北京大学体育馆为2008年奥运会乒乓球赛馆，总建筑面积26900m^2，可容纳固定席观众人数为8000人。屋盖造型上是由双曲螺旋形的屋脊连带旋转状的金属屋面与中央透明的球体所组成，象征乒乓球对速度、力量、旋转的综合要求，屋面板采用通长的直立锁边铝镁锰面板，建筑整体造型效果非常逼真，见图10-2-9。

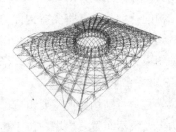

图10-2-9 北京大学体育馆效果图

屋盖结构跨度80m×64m。整个屋盖结构由32榀辐射桁架、中央刚性环、中央单层球壳（矢高7m，跨度24m）和下撑杆、下刚性环、辐射拉索及支撑体系七部分组成。辐射桁架内端支承在中央刚性环上，外端通过铰支座支承于下部混凝土框架结构上。中央球壳支撑在中央刚性环上。各榀辐射桁架下的预应力拉索外端连接于辐射桁架外端，内端连接于水平下刚性环，通过撑杆与中央刚性环相连形成整体，形成由预应力空间桁架所组成的壳体，见图10-2-10。施工时通过张拉索改善了结构受力，提高结构效率。除四角外，其余支座均为可滑动抗震球铰支座。

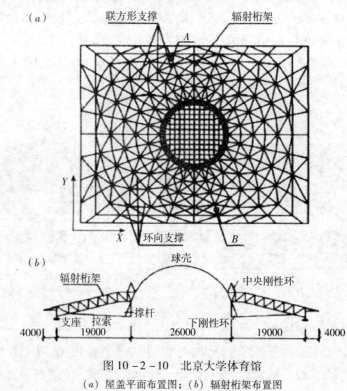

图 10-2-10 北京大学体育馆
(a) 屋盖平面布置图；(b) 辐射桁架布置图

10.3 斜拉结构

利用斜拉索可以组成各种斜拉结构。在梁、板、刚架、桁架、拱、壳体、网架、网壳等大跨度建筑结构中，都可以利用塔柱顶端伸出的斜拉索作为附加的弹性支承点，使结构的跨度减小，将受弯构件的传力途径改为由索和塔柱承受拉、压的传力途径，以达到减小结构截面、减少材料用量的目的。在悬挑结构中，斜拉索可以增加悬臂构件的约束，提高结构的安全度，平衡倾覆力矩。

10.3.1 斜拉索的布置

斜拉索是斜拉结构中的重要组成部分。斜拉索可根据建筑造型要求、塔柱位置及结构受力需要灵活布置。当塔柱位于建筑平面内部时，斜拉索可以沿塔柱周围按辐射式、竖琴式、扇形、或星形等形式多向或单向布置，如图10-3-1所示。在斜拉结构中索张力的竖向分力有助于屋盖结构负荷的减轻，而水平力则可能导致杆件内力的增加。因此一般斜拉索与其所悬挂的屋盖水平面之间的夹角以不小于25°为宜。在塔高度相同的情况下，采用辐射式布索可使斜拉索与结构水平面之间获得较大的倾角，效果较好，工程中应用较多。但各索在柱顶汇交，常给施工与构造增加困难。采用分层平行布索的竖琴式方案可使塔柱上的锚固点分散，但斜拉索的倾角较小。扇形布索既有辐射式布索的优点，又兼有锚固点分散的优点，是一种比较合理的索型。以上这些布索方案拉下端均分别锚固于悬挂主体的不同节点上。星形布索则将在塔柱不同高度上的各索锚固在悬挂主体的同一节点上，节点受力集中，锚固装置复杂。

设置斜拉支点尽管可以减小横跨结构的跨度和材料用量，但却增加了建造塔柱以及可能需要的边缘锚杆和受拉基础的造价。因此设计时要尽量使塔柱轴心受压，减小塔柱顶点的水平合力，避免塔柱内出现过大的弯矩。从这一点来看，斜拉屋盖体系最适宜于大跨度的多跨建筑，或虽为单跨但有适当副跨的建筑，这时塔柱两侧斜拉索的水平分力可以基本平衡，塔柱可以设计得较小。当塔柱位于建筑平面的周边或外部时，斜拉索仅布置在塔柱的某一侧，这时必须设置可靠的锚索，如图10-3-2所示。如果靠建造强大的塔柱来抵抗拉索的水平分力，显然是不合理的。

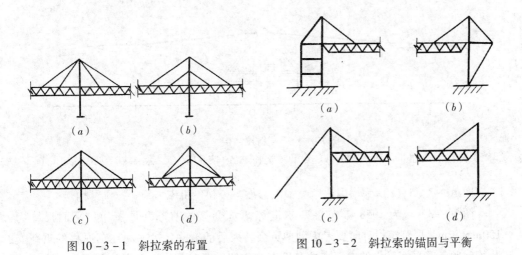

图10-3-1 斜拉索的布置　　　　图10-3-2 斜拉索的锚固与平衡

10.3.2 斜拉结构的工程实例

图10-3-3为斜拉结构在国外一些机场建筑中的应用，具有造型轻巧活泼、受力明确合理、出入口开阔等特点。

图10-3-3(a)为美国泛美航空公司在纽约国际机场修建的一座椭圆形候机楼的剖面，采用斜拉钢梁的屋盖形式。屋盖钢梁支承在钢筋混凝土柱上，悬挑端挑出34.8m，斜拉索作为中间支承减小了梁的弯曲应力。由于屋盖梁在边柱两侧的长度不等，因此，建筑中部的柱子为受拉杆件。

图10-3-3(b)为美国世界运输航空公司在费列得佛亚修建的一座机库剖面，采用斜拉钢梁的屋盖形式。机库平面尺寸为39.7m×82.4m，悬挑37.1m的屋盖钢梁是由10对钢拉索悬挂的，钢梁的另一端支承在机库生活间屋顶的钢筋混凝土横梁上。钢梁的外形呈曲线状，实际上是由三段直钢梁拼接而成的。

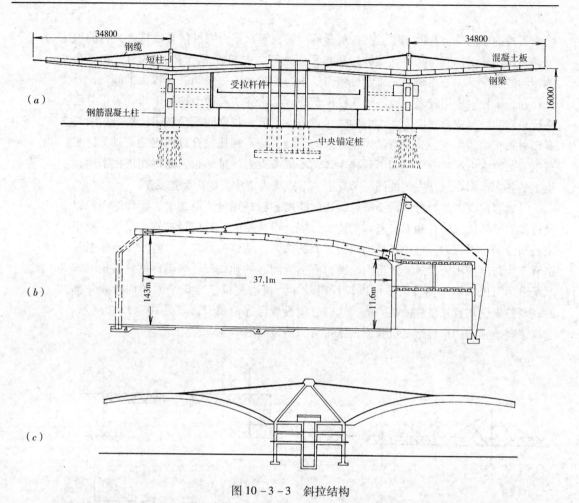

图 10-3-3 斜拉结构
(a) 美国泛美航空公司纽约国际机场候机楼；(b) 美国世界运输航空公司某机库；(c) 法兰克福汉莎航空公司飞机库

图 10-3-3 (c) 为德国法兰克福汉莎航空公司飞机库，为斜拉拱结构。

图 10-3-4 为 1958 年布鲁塞尔世界博览会上的前苏联展览馆。平面尺寸为 150m×72m。展览馆设计时要考虑到博览会结束后的拆除、运输和在莫斯科的重新安装等问题，并采用最少的内部支柱和最小的构件截面覆盖尽可能大的跨度。整个屋盖和外墙都利用斜拉索悬挂在 16 根立柱上。

在展览馆的骨架结构中，屋盖通过斜拉索悬挂在主柱上，这样就有可能减小结构的跨度，因而相应地减小人字屋架和天窗的重量。由于墙壁悬挂在主柱上，因而就可以避免在房屋周围设置柱子，而以轻格式竖窗档来代替柱子。

在竖向荷载作用下，房屋的承重结构可按静定结构进行计算。在对称竖向荷载的作用下，上述结构是作为由受弯构件（主柱）、受压构件（人字屋架）和受拉构件（柔性拉索）组成的混合结构进行计算的。

在水平荷载作用下，房屋应按超静定结构进行计算。在风荷载作用下，拉索中将会出现压力，为了消除此内力的影响，应对整个结构预加应力。这可利用锚定螺栓将外墙竖窗档拧紧在夹层刚架上，使得相连的拉索受到预拉力。这样，在任何方向的风荷载作用下，拉索都不会由于受压而出现松弛现象。

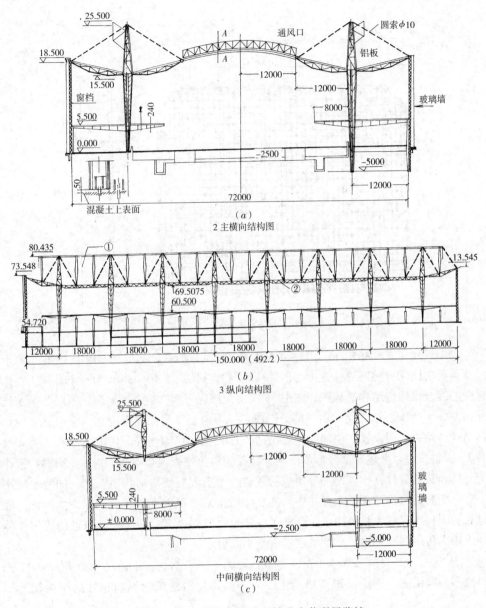

图 10-3-4 布鲁塞尔世界博览会苏联展览馆
(a) 主横向结构图；(b) 纵向结构图；(c) 中间横向结构图

图 10-3-5 为新加坡港务局开普区码头集装箱站仓库，建筑平面 120m×96m，分上下两层。底层为钢筋混凝土框架，柱网尺寸为 12m×10m，预应力钢筋混凝土楼板，层高为 11.9m。二层为钢结构周边柱、中间塔柱、斜拉不锈钢索与钢网架构成的大跨度混合结构。网架下弦标高为 26.3m，塔柱顶点标高为 39.9m，塔柱高 28m。每一塔柱顶部向四个方向设四根斜拉索，避免了塔柱受过大的弯矩。网架矢高为 1.8m，网格尺寸：一般为 3.18m×2.68m，拉索吊点连线方向为 1.74m 和 1.45m。由于采用了斜拉索与网架的混合结构，与纯弯架结构相比，估计可节约钢材 20%～30%。

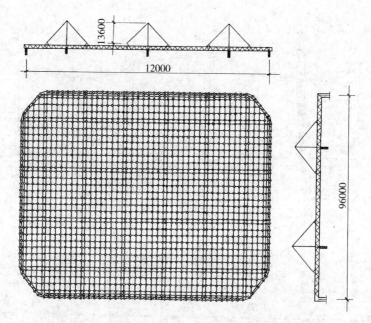

图 10-3-5　新加坡港务局开普区码头集装箱站仓库

国内近年也在一些机库、车站、体育馆等建筑采用斜拉结构。如用于1990年第十届亚运会的国家奥林匹克体育中心的综合馆与游泳馆。图 10-3-6 为国家奥林匹克体育中心综合馆屋盖结构透视图，图 10-3-7 为网壳平面布置及剖面图。该屋盖平面尺寸为 80m×112m。屋盖结构由三部分组成：一为两榀双层圆柱面网壳，采用斜放四角锥结构体系；二为设置在中间屋脊部位的立体桁架，作为网壳一边的支座；三为 8 对共 16 根斜拉索。上述三部分形成了一种特殊的斜拉网壳混合空间结构体系。斜拉索作为立体桁架的弹性支座，把部分屋盖荷载通过钢筋混凝土塔筒传至基础，同时也减小了立体桁架的杆件截面；布置在中央的立体桁架减小了网壳的跨度和厚度。因此，通过布置斜拉索可减少材料用量，降低工程造价。同时，高耸的屋脊和双坡曲线屋面体现了中国传统建筑风格，满足了建筑造型上的要求。

图 10-3-8 为国家奥林匹克体育中心游泳馆屋盖结构，平面尺寸为 78m×117m。斜拉索一端锚固在钢筋混凝土塔筒上，另一端拉住沿建筑物纵向布置的中央箱形钢

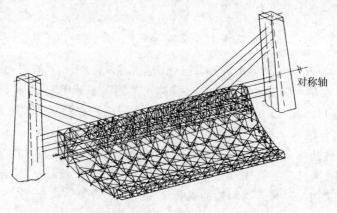

图 10-3-6　北京奥林匹克体育中心综合馆屋盖结构透视图

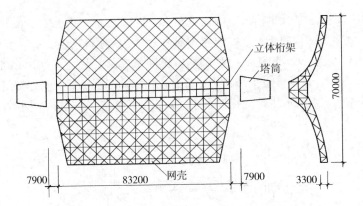

图 10-3-7　国家奥林匹克体育中心综合馆屋盖布置

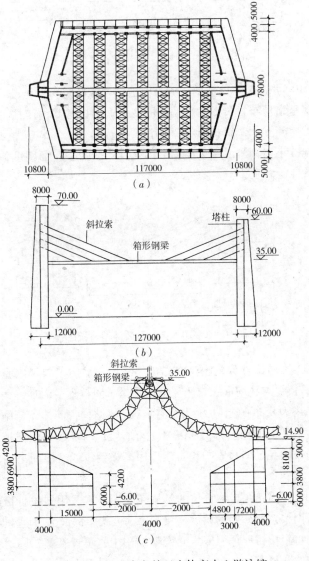

图 10-3-8　国家奥林匹克体育中心游泳馆

梁。横向布置的人字平面钢桁架一端支承在中央钢桁架上，另一端支承在钢筋混凝土框架柱上。其屋盖结构的建筑造型同样体现了中国传统建筑风格。

图 10-3-9 为 1991 年建成的呼和浩特民航机库斜拉屋盖。平面尺寸为（9.5 + 42 + 9.5）m × 63m，该屋盖由主跨框架柱升高作为塔柱，由塔柱两侧挂下斜拉索拉住主跨及副跨的钢屋架。42m 主跨的屋架由于斜拉索的中间支承作用，截面高仅 1m。

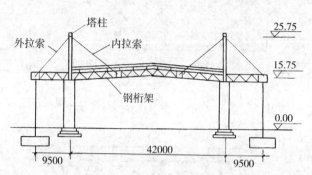

图 10-3-9　呼和浩特民航机库斜拉屋盖

图 10-3-10 为 1992 年建成的无锡县游泳馆斜拉屋盖。平面尺寸为 19m × 13.5m，斜拉钢索从一侧呈扇形布置，钢索一端锚固在由框架柱升高的塔柱上，另一端作为钢筋混凝土大梁的中间支承，斜拉索在钢筋混凝土大梁上的吊点间距约为 5m 左右。利用斜拉索有效地减小了钢筋混凝土连续梁的高度，增强了屋面刚度，降低了结构占用的空间，可节约能源和资金。

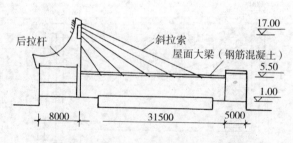

图 10-3-10　无锡县游泳馆斜拉屋盖

图 10-3-11 为浙江省黄龙体育中心挑篷结构，采用了斜拉网壳结构。体育场外环梁直径 244m，挑篷悬挑 50m，整个屋盖由吊塔、斜拉索、内环梁、网壳、外环梁和稳定索组成。吊塔为 85m 的预应力钢筋混凝土筒体结构，筒体外侧施加预应力。外环梁为支承于看台框架上的预应力钢筋混凝土箱形梁，内环梁采用钢板箱形梁，网壳采用双层、类四角锥网壳，斜拉索与稳定索采用高强钢绞线。屋面采用轻质彩色单层压型钢板。

图 10-3-12 为福建龙岩体育馆的结构布置图。它采用斜拉折板网架结构，由两片半圆形的平板网架按照一定的角度搭接起来。网架中部最大厚度 4.9m，到边缘部分变薄。这种结构将斜拉桥原理引入空间网架结构中，设计新颖。同时技术含量高、节省用钢量、经济效益显著。

图 10-3-13 为复旦大学正大体育馆，体育馆钢屋盖采用了拱-索-空间钢桁架

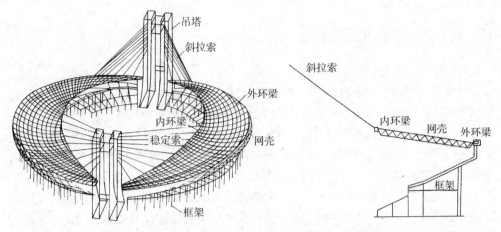

图 10-3-11　浙江省黄龙体育中心体育场挑篷结构

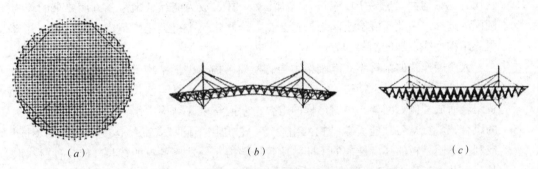

图 10-3-12　福建龙岩体育馆的结构布置图
(a) 平立面；(b) 正立面图；(c) 侧立面图

的结构体系。它以钢桁架为支撑骨架，覆盖双层 PTFE 膜材。采光屋顶的主结构为纵横大跨立体桁架交叉架立的空间双曲钢桁架。弧形的空间肋桁架跨越 65m 赛场并列布置，中间设一道 95m 跨度钢结构纵桁架串联各并列横向桁架，形成脊桁架。横向空间桁架之间，每隔 6m 设置一道钢管拱，拱的纵向每个 3.3m 设置一道钢管次

图 10-3-13　复旦大学正大体育馆

拱，交叉钢管下，每隔 3 个节点设一道刚性下支撑杆（飞杆），通过四根空间拉索（飞杆索）提供的预应力支顶交叉钢管。钢结构屋盖设有一道钢结构环向桁架，混凝土柱顶也设一道钢筋混凝土环梁，使钢屋盖成为能够平衡水平力的自平衡体系，大大减少了支座的水平推力。

屋盖上空设立了一个横跨体育馆上空的 100m 跨半圆弧大拱，大拱与水平面呈 76°斜置，通过拉索与屋盖连接。拱通过固定于屋盖的斜拉索立体定位并保证稳定，同时对脊桁架产生向上拉力，又在一定程度上减小了屋盖的竖向作用，桁架-索-大拱形成一个协同工作的受力体系。

10.4 混合空间结构

10.4.1 概述

建筑结构型式不仅影响到建筑的安全性和经济性,更影响到建筑空间艺术的可行性和合理性。因此,结构型式的选择不但要考虑到建筑的使用功能、材料供应、经济指标、及施工条件等各方面的因素,对于大跨度建筑而言,更应注意建筑造型与结构受力的协调统一,注意结构力学原理的科学性与建筑空间的艺术性的完美统一。个别建筑由于追求造型的独特,从工程本身的造价而言,可能并不是最合理的,但由于丰富了城市的景观,改善了市民的生活活动环境,从城市规划的总体要求出发,或许是值得和必要的。对于一些大型的公共建筑,尤其是一些标志性的建筑,建筑的外观造型和文化内涵更为人们所重视,而这时,混合空间结构常常可以满足这方面的要求,它比其他结构型式更易于使建筑和结构融为一体,成为能综合满足各方面要求的较为圆满的选择。因此,混合空间结构将会在大跨度建筑中得到越来越广泛的应用,并将引导结构型式发展的趋势和方向。

大跨度建筑的结构型式有刚架结构、桁架结构、拱式结构、薄壳结构、平板网架结构、网壳结构、悬索结构等,混合空间结构是由上述不同型式的结构经过合理的布置组合而成。例如网架与拱式结构的组合,索网与拱式结构的组合,悬索与刚架结构的组合,斜拉索与其他屋盖结构的组合等。它利用不同型式的结构受力性能的不同,或利用不同材料的强度性能的不同,使各种结构充分发挥各自的特长,使各种材料取长补短共同工作,有时还可使承重结构与围护结构合二为一,达到了材尽其用之目的。混合空间结构不仅传力合理、技术先进,而且更能满足建筑多样化、多功能的要求,更能传达建筑的文化内涵,因此正越来越多地受到重视并得到了广泛的应用。

10.4.2 混合空间结构的组成

混合空间结构是由刚架、桁架、拱、壳体、网架、网壳、悬索等结构中的两种或三种结构单元组合成一种新的结构,以实现建筑上的独特造型或结构上的经济合理。一般来说,混合空间结构中常常以巨大的刚架、拱、悬索或斜拉结构形成巨型骨架,勾画出建筑造型的主轮廓。以巨型骨架、侧边构件或周边承重结构作为支座,在其上布置平板网架、网壳、悬索等屋盖,形成风格各异的屋面,可以形成外形轻巧、造型丰富的建筑体型,是一种跨越能力大、经济合理的结构体系。巨型骨架结构和屋盖结构可以进行不同的组合,形成多种结构方案,如表10-4-1所示。

混合空间结构的组成   表10-4-1

屋盖结构 巨型骨架	平板网架	壳体结构(网壳、薄壳)	悬索
刚架	屋盖结构由刚架、网架和周边柱所组成。网架一部分支承在刚架上,一部分支承在周边柱上	屋盖结构由刚架、网壳和周边柱所组成。网壳一部分支承在刚架上,一部分支承在周边柱上	屋盖结构由刚架、悬索、侧边构件所组成。以刚架作为巨型骨架结构,可减小悬索结构的跨度

续表

屋盖结构\巨型骨架	平板网架	壳体结构（网壳、薄壳）	悬索
拱	屋盖结构由拱、网架和周边柱所组成。网架一部分支承在拱架上，一部分支承在周边柱上	屋盖结构由拱、壳体和周边柱所组成。壳体由拱架、周边柱等承重结构所支承	屋盖结构由拱和悬索所组成。悬索一端锚固在拱架上，另一端锚固在侧边构件上
悬索	屋盖结构由悬索、网架所组成。悬索可作为网架的中间支承，网架的边支座可为周边柱	屋盖结构由悬索、网壳所组成。以悬索作为网壳的中间支承，网壳的边支座可为周边柱	以悬索作为交叉索网屋盖的中间支承。可以改变悬索结构屋盖的跨度
斜拉索	屋盖结构由斜拉索、网架所组成。以斜拉索或斜拉桥架作为网架的中间支承，网架的边支座可为周边柱	屋盖结构由斜拉索、壳体所组成。以斜拉索或斜拉桥架作为壳体的中间支承，壳体的边支座可为周边柱	屋盖结构由斜拉索、交叉索网屋盖及侧边构件所组成。可以丰富屋盖结构的造型

混合空间结构的型式远不止上表所列的这些。从形式上看，只要两种或几种空间结构形式相组合，就成为混合空间结构。但实际上，混合空间结构不仅要求建筑形式新颖，还要考虑结构的合理性，要充分考虑各个结构单元的受力性能，扬长避短，以取得最佳的社会效益和经济效益。混合空间结构的组成需考虑以下几个原则：

（1）应满足建筑功能的需要。建筑主题孕育于建筑形式之中，混合空间结构不一定是最经济的，但它们必须具有很强的造型功能，使建筑艺术与结构技术完美地统一于一体，以改善城市环境，满足人们精神文化生活的需要。

（2）结构受力均匀合理，动力性能相互协调，材料强度得到充分发挥。

（3）结构刚柔相济，并具有良好的整体稳定性。柔性结构具有良好的抗震性，刚性结构具有良好的抗风性，两者结合，利于结构的动力性能和整体稳定性。

（4）尽量采用预应力等先进的技术手段，以改善结构的受力性能，节省材料，并可以使结构更加轻巧。

（5）施工比较简捷，造价比较合理。

10.4.3 混合空间结构的应用实例

1）刚架—索混合空间结构

图 10-4-1 为丹东体育馆比赛大厅屋盖承重结构简图，采用了刚架-索混合空间结构。大厅平面尺寸为 45m×80m，建筑纵横中轴线处的剖面如图 10-4-2 所示。沿建筑物的横向在中轴线处设巨形刚架，刚架横梁为部分预应力钢筋混凝土箱形截面，刚架立柱为矩形截面的钢筋混凝土筒体。两个筒体中心的

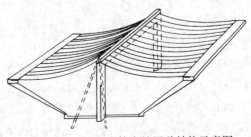

图 10-4-1 丹东体育馆屋盖结构示意图

间距即刚架的跨度为48m。刚架的两侧为单曲面拉索屋盖结构，跨度为40m。拉索高端锚固在刚架横梁上，低端锚固在两侧由看台斜框架支承的钢筋混凝土横梁上。该建筑中部的刚架拔地而起，两侧的拉索屋盖坚实秀丽，使体育的力量和健美得到了完美的体现。

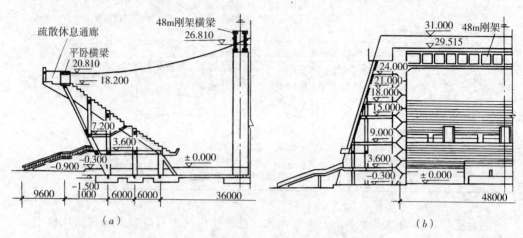

图 10-4-2 丹东体育馆比赛大厅屋盖结构布置
(a) 纵向拉索布置；(b) 横向巨形刚架布置

2) 拱—网架混合空间结构

江西省体育馆建筑平面呈长八边形，东西长84.3m，南北宽74.6m。结构平面、剖面如图10-4-3所示。通过在大拱上悬吊一空间桁架作为网架的支座，把一个较大跨度的网架分成了两榀较小跨度的网架。网架一边通过钢桁架悬挂在大拱上，另三边则支承在体育馆周边的看台框架柱上。形成了拱、吊杆桁架与网架组合受力的大跨度空间结构。拱身为箱形截面，其结构是钢管混凝土半刚性骨架，见图10-4-4。施工时先制作一个钢管混凝土骨架（图10-4-5），作为施工期间的承重支架，拱身的模板就直接悬挂在这个骨架上。拱的混凝土浇筑完毕后，这个骨架就留在混凝土内，作为拱的劲性配筋。因此拱的施工用钢和结构用钢合二为一，节省了工程的总用钢量。同时钢管的制作可在工厂完成，便于拱身空间曲面的放样、支模和定位。高大的抛物线拱矢高为51m，跨度88m，正立面呈抛物线形，侧立面呈人字形，给人以一种庄重、稳定和蓬勃向上的感受。

3) 拱—悬索混合结构

图10-4-6为美国耶鲁大学冰球馆，建于1958年，采用钢筋混凝土拱与交叉索网的混合结构体系。该建筑除中央一个60.4m×25.9m的溜冰场外，还包括了3000个座位的观众席和进出口台阶。垂直布置的钢筋混凝土落地拱作为承重索的中间支座，拱中间高度为53.4m，截面为915mm×1530mm，截面的高和宽都是向着支座基础逐渐增加的。承重索的另一端锚固在建筑周边的墙上，外墙沿着溜冰场的两边，形成两垛相对的曲线墙，犹如一个竖向悬臂构件，承受悬索的拉力。承重索直径24mm，间隔1.83m，每边38根，稳定索分布在屋脊的两侧，每侧9根，锚固在拱脚附近的水平状的四榀钢桁架及弧形外墙上。

第10章 大跨度建筑结构的其他型式

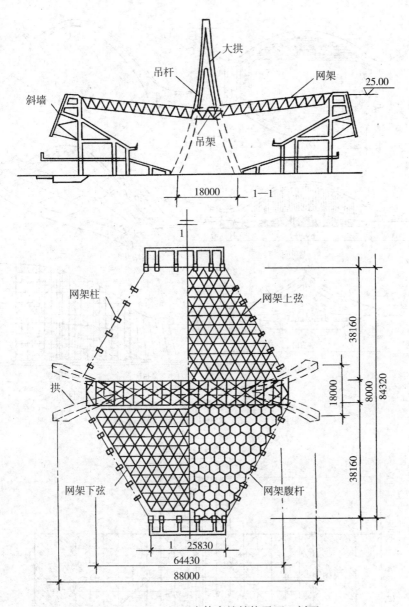

图 10-4-3 江西省体育馆结构平面、剖面

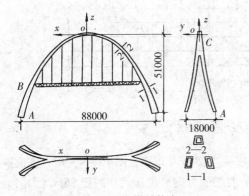

图 10-4-4 大拱结构布置

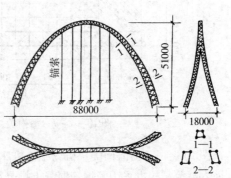

图 10-4-5 钢管混凝土骨架

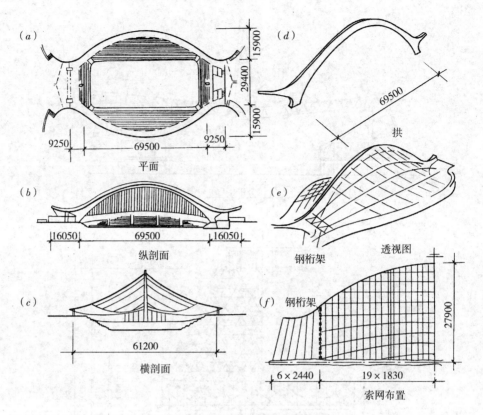

图 10-4-6 美国耶鲁大学冰球馆

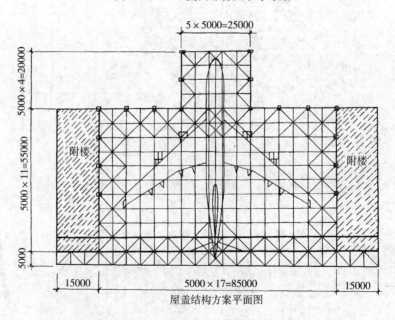

图 10-4-7 海南美兰机场维修机库屋盖平面

图 10-4-7 为海南美兰机场维修机库屋盖方案平面布置，图 10-4-8 为该机库剖面。屋盖结构也采用了钢管混凝土拱悬吊网架的方案。机库大厅跨度 85m，大门处拱脚跨度 115m，拱矢高 42m。根据飞机外形特点，机库平面形状设计成凸字形，可节

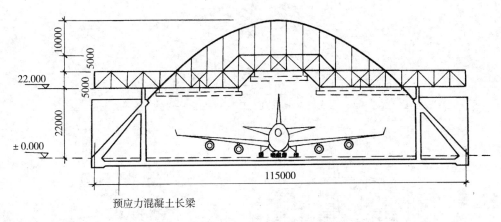

图 10-4-8 海南美兰机场维修机库剖面

省机库大厅面积 1200m²；而机库沿高度方向设计成中间高，两侧低的形式，中间高跨下弦标高 27m，两侧低跨下弦标高 22m。这种方案的优点是机头机尾都可以进入机库维修。

图 10-4-9 为日本岩手县体育馆，轮廓尺寸为 70m×67.4m，亦为拱—索网的混合结构体系。屋盖结构由两个相对倾斜的钢筋混凝土大拱和两侧的预应力索网组成，中央大拱的轴线为平面抛物线，其箱形截面由拱顶向支座逐渐变大。拱脚处设置通长的拉杆以平衡大拱的水平推力。索网悬挂在大拱和外周边的曲梁上，周边曲梁也采用倾斜的抛物线平面拱形式。设计者考虑到当地雪荷载很大，采用了在鞍形索网上铺预制混凝土板、灌缝、加预应力的做法，形成悬挂混凝土薄壳屋面。

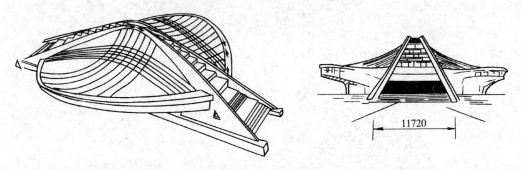

图 10-4-9 日本岩手县体育馆

图 10-4-10 为四川省体育馆，其平面形状近似矩形，周边尺寸为 73.7m×79.4m，屋盖结构与上述日本岩手县体育馆屋盖结构相似，亦是由两个相对倾斜的钢筋混凝土大拱和两侧的两片预应力索网组成。中央大拱的跨度为 102.45m，矢高 39.24m。索网中的承重索一端悬挂在大拱上，另一端则锚固于外周边的直线形钢筋混凝土边梁上。很显然，索内的拉力将在钢筋混凝土边梁内产生较大的弯矩，不如采用弧形支撑利用拱的受压性能来得顺畅自然。

图 10-4-11 为青岛体育馆，其平面形状为鹅卵形，轮廓尺寸为 87m×74m，其屋盖结构组成及其受力特点与图 10-4-9 所示日本岩手县体育馆相似。

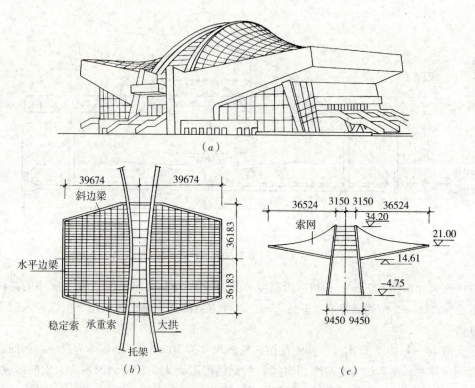

图 10-4-10 四川省体育馆
(a) 结构全貌；(b) 结构平面；(c) 结构剖面

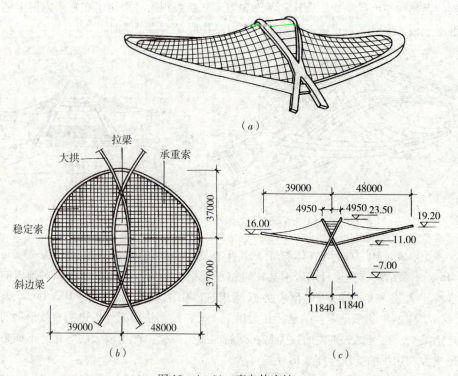

图 10-4-11 青岛体育馆
(a) 结构全貌；(b) 结构平面；(c) 结构剖面

4) 悬索-拱-交叉索网混合空间结构

朝阳体育馆屋盖结构由中央"索-拱结构"和两片预应力索网组成，索网悬挂在中央"索-拱结构"和外侧的边缘构件之间，如图10-4-12所示。中央索拱结构由两条悬索和两个格构式的钢拱组成，索和拱的轴线均为平面抛物线，分别布置在相互对称的四个斜平面内，通过水平和竖向连杆两两相连，构成桥式的立体预应力索拱体系，见图10-4-13。索和拱的两端

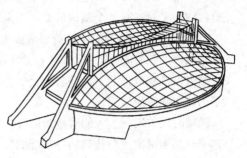

图10-4-12 朝阳体育馆屋盖结构示意图

支承在四片三角形钢筋混凝土墙上。位于中央索拱结构两侧的交叉索网体系，分别锚固在格构式钢拱和外缘的钢筋混凝土边拱上，钢筋混凝土边拱的轴线也是位于斜平面内的抛物线。该屋盖结构的形式十分符合体育馆内部空间的需要，下垂的索网与看台的坡度协调一致，在中央比赛场地的上方，则由于设置了钢拱而得以抬高，以满足体育比赛对高度的要求。因此该组合屋盖结构所形成的空间既满足了体育馆的功能需要，又没有造成空间的浪费，因而可达到节约能源的目的。

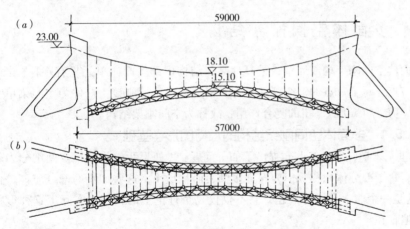

图10-4-13 朝阳体育馆中央索-拱结构
(a) 立面图；(b) 平面图

10.4.4 混合空间结构的特点

由以上工程实例的分析可以看出，混合空间结构具有以下特点：

（1）混合空间结构综合利用各种不同结构在受力性能、建筑造型、综合经济指标等方面的优势。结构中各构件受力性能明确，且往往以轴向受力为主；可根据构件的受力特点选用不同的结构材料，有利于材料充分发挥作用。

（2）以刚架、拱、悬索或斜拉桥架形成巨型骨架结构作为网架、网壳、悬索等屋盖结构的支座，可有效地减小网架、网壳或悬索结构的跨度，提高屋盖结构的刚度，从而降低了网架、网壳、悬索结构的材料用量和工程造价。

（3）刚架、拱及悬索或斜拉索的支塔结构具有巨大的外形尺寸，同时也承受很大的荷载，因此其截面形式常为箱形、工字形、槽形等，并常采用劲性钢筋配筋或采用

预应力技术，这就可有效地保证巨型骨架结构的刚度和承载能力。既使材料强度得到充分发挥，又对提高整个结构的整体稳定性具有十分积极的意义。

（4）混合空间结构的建筑造型活泼明快、易于变化，可以适应多种边界条件。巨型骨架结构的独特造型，直接赋予建筑物气势磅礴、挺拔健美或新颖典雅的艺术形象，给人以既稳健强劲、又蓬勃向上的艺术感染力，容易给人留下深刻的影响，因而乐于为建筑师的所采用。

随着时代的发展，人们对建筑的要求，已经不再仅仅是满足物质功能的需要，而是越来越高地提出了对建筑精神功能的要求。个别建筑由于追求造型的独特，从工程本身的造价而言，可能并不是最合理的，但由于丰富了城市的景观，改善了市民的生活活动环境，从城市规划的总体要求出发，或许是值得和必要的。对于一些大型的公共建筑，尤其是一些标志性的建筑，建筑的外观造型和文化内涵更为人们所重视，而这时，混合空间结构常常可以满足这方面的要求，它比其他结构型式更易于使建筑和结构融为一体。因此，可以预言，随着高强度材料的推广应用，随着建筑施工技术的完善，随着各种新型屋面材料的出现，随着人们对建筑精神功能要求的提高，混合空间结构将会在大跨度建筑中得到越来越广泛的应用，并将引导结构型式发展的趋势和方向。

10.5 多面体空间刚架结构

多面体空间刚架构成简单，重复性高，结构内部多面体单元只有4种杆长，3种不同的节点，每个节点的汇交杆件仅为4根。节点采用刚接，杆件为空间梁单元，同时受弯、剪、拉（压）、扭的复合作用，故称为空间刚架结构。

10.5.1 多面体空间刚架结构的几何图形学基础

19世纪末期，Lord Kelvin 提出了如下问题："如果我们将三维空间细分为若干个小部分，每个部分体积相等但要保证接触表面积最小，这些细小的部分应该是什么形状？"这是一个非常有趣的问题，它不仅仅是个理论上的构想，实际上这种形状在自然界普遍存在。

在长达100余年的时间里，许多科学家都致力于解决这一难题。他们大多以肥皂泡作为研究对象，将其归纳为"无限等体积肥皂泡阵列几何图形学"的理论问题，并提出了多种模型的解决方案。但受加工或建造条件的限制，圆弧或曲面的解决方案显然难以推广应用于工程结构。1993年，爱尔兰教授 Weaire 和 Phelan 提出了一种新的解决方案，构造模型中采用两种不同的单元体，一种为14面体（2个面为六边形，12个面为五边形），另一个为12面体（所有面均为五边形），见图10-5-1，这样，各个单元体相交的棱线均为直线。到目前为止，Weaire-Phelan 多面体组合仍被认为是三维空间最理想的构成。

10.5.2 结构构成特点和工作性能

Wearie - Phelan 多面体组合构成的基本结构沿三个正交坐标轴是有规律地重复的。因此，尽管外观呈现随机分布形态（图10-5-2），但实际上这种结构是建立在高度重复的基础上的。这个阵列组成的无限空间内部只包含三个不同的表面、四种不同长

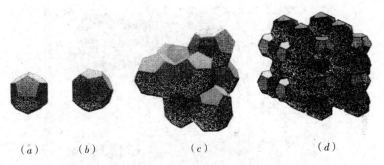

图 10-5-1　Weaire-Phelan 多面体组合
(a) 十二面体；(b) 十四面体；(c) 基本组合；(d) 列阵

度的边线和三种不同的节点。这种结构上的高度重复无疑有利于对空间结构的建造。同时，这种新型空间结构体系具有节点汇交杆件少的明显特点，每个节点的汇交杆件仅为四根（图 10-5-3），而普通网架结构中单个节点汇交杆件最少的蜂窝型三角锥网架为六根。因此，基于多面体理论的这种空间结构体系具有构成简单、重复性高、汇交杆件少、节点种类少等特点。

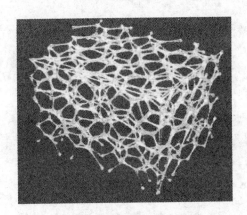

图 10-5-2　骨架结构效果

图 10-5-3　四杆交汇节点

接下来要考虑的是这一空间结构体系中杆件连接的方式。若采用纯铰接体系，即使不出现几何可变，也会由于结构刚度不足而影响正常使用。因此应采用刚接节点，杆件为空间梁单元。能承受弯、剪、拉（压）、扭复合作用。成为一个空间刚架结构，一个高次超静定的结构。

10.5.3　"水立方"多面体空间刚架结构的生成

国家游泳中心"水立方"为 177m×177m×30m 的立方体，赛时座位 17000 座，赛后永久座位 6000 座。根据使用功能，采用一道东西向和一道南北向内墙将方形平面分割为比赛大厅、热身区和嬉水大厅三个相对独立的空间，其中比赛大厅为净跨 126m×117m 的大空间。建筑平面布置如图 10-5-4。

"水立方"建筑外包钢结构屋盖、外墙和两道主要内墙。采用新型多面体空间刚架结构。结构的构成及构件的布置可看成是由 Weaire-Phelan 多面体三维空间经切割而成。首先生成一个比"水立方"建筑大的改良的 Weaire-Phelan 多面体阵列，再把这个

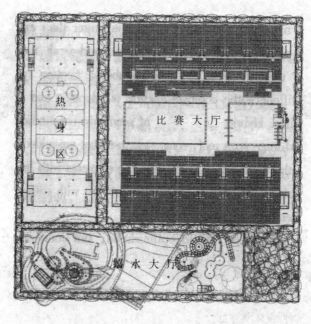

图 10-5-4 "水立方"结构平面图

阵列旋转一个合适的角度,最后把建筑以外和内部空间的多面体切割除去,从而形成建筑的屋面和墙体结构(图 10-5-5)。十二面体、十四面体在两个切割平面上切出的边线就分别构成了屋盖结构的上弦、下弦杆件和墙体结构内外表面弦杆,而切割面之间所保留的原有的各单元体的边线则构成了结构内部的腹杆。

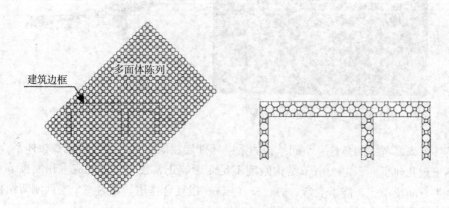

图 10-5-5 通过"切割"形成"水立方"结构

通过"切割"所形成的"水立方"屋盖结构厚 7.211m,墙体结构厚 3.472m 和 5.876m,见图 10-5-6。"水立方"内部看台及其他比赛设施不在本次"切割"所考虑的范围内。墙体底部支承于 1.009m(外墙落地墙)和 6.350m(内墙及门洞)标高的钢板-混凝土组合梁平台上。内部的混凝土结构地下 2 层,地上 4 层,泳池底位于地下 2 层 -11.3m 标高,比赛大厅的临时看台赛后拆除,另建 3 层楼层用作赛后运营。

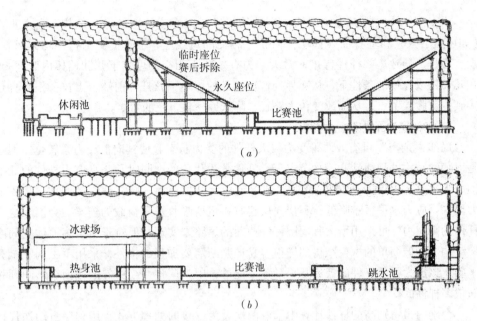

图 10-5-6 "水立方"结构剖面图
(a) 南北向剖面;(b) 东西向剖面

10.5.4 "水立方"多面体空间刚架结构设计

"水立方"墙体和屋盖结构中,弦杆选用矩形钢管、腹杆选用圆钢管,节点为焊接球节点。杆件内力包含弯矩、轴力、剪力、扭矩,弯曲应力大于轴向应力,所以结构的优化较为复杂。在"水立方"结构设计中,采取的措施有:墙体杆件和屋盖杆件选用不同应力水平控制;截面类型采用紧凑型截面,以充分发挥截面塑性,提高结构延性;将屋盖下弦贯通内墙;为减小屋盖与墙体交界处杆件过大的弯曲应力而附加少数腹杆;采用铰接计算处理策略,将少数弯曲应力较大无法满足规范要求的杆件两端处理为铰接,加强其周围相关杆件,再刚接迭代计算,以满足承载力要求;提高结构延性,确保杆端焊缝破坏晚于杆件屈服。

(1) 屋盖下弦贯通处理

结构弦杆是通过切割生成的,切出内部使用空间的切割面为结构的净跨,因此只有在净跨范围内才有下弦,而在墙体宽度内无下弦,亦即依据原始切割形成的屋盖下弦平面在墙体支座处不连续,下弦杆受力不利。实际工程中使下弦连续贯通内墙,见图 10-5-7 中的粗线位置,以改善下弦受力。

(2) 局部增加杆件处理

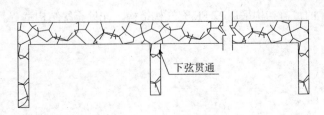

图 10-5-7 下弦贯通处理

由多面体构成的三维空间切割生成的未经任何修改的"纯净"结构，在水平面（如屋盖下弦）和垂直面（如墙体内弦）相交的边线上，节点汇交的杆件均为弦杆，没有腹杆，导致这些杆件弯矩非常大。为有效减小相交的屋盖下弦和墙体内弦弯矩，在几何构成允许的条件下，从交界处弯矩较大的屋盖下弦杆件前端节点拉一根腹杆连接到内部腹层节点，从而改变传力路径，降低原屋盖下弦的弯矩。

（3）铰接计算处理

局部"杂交"可有效改善受力较大杆件的受力状态，使其向汇交力系转化，但这是以牺牲结构的规律性和增加节点汇交杆件数为代价的，同时某些高应力杆件的几何构成无法直接采用"杂交"。此时，若单纯加大杆件截面，则杆件刚度增加，吸收内力增加，应力水平很难降低，类似高层建筑中主要吸收水平荷载的连梁。为消除这些杆件的高应力，可采用增大其周围杆件截面的思路来实现。但对于新型多面体空间刚架结构不能像简单的框架结构那样很容易地判断需要加强的构件，采用手工调整试算来确定该加大哪些杆件的截面几乎是不可能的，因为调整一个杆件的截面会影响到相邻很多杆件的受力。

个别内力特别高的杆件计算中采取两端设为铰接的处理方式，用程序自动迭代计算并优化调整杆件，从而使其周围区域内的相应杆件得以加强。调整结束，重新将原高内力杆件从铰接改回刚接，就有效地降低了实际杆件刚接时的应力水平。

由于在这些应力特别高的杆件设"铰接"的状态下，对其周围杆件进行了加强，因此，这些高应力杆件屈服或破坏后，其他杆件仍可可靠地传递荷载，从而可达到在结构受力特别大的区域设置二道防线的目的。

（4）强节点弱杆件处理

"水立方"结构内部腹层的节点采用球节点、表面弦层节点采用切去球冠的半球节点、建筑内外边线则采用以边线杆件为母杆的相贯焊接节点（图10-5-8）。节点区多杆焊接，应力比较复杂，同时由于本工程为空间刚架结构，杆件两端弯矩较大，弯曲应力在节点焊缝处最高，因此对节点区进行优化是十分必要的。

根据杆件弯矩直线分布的规律，杆端弯矩大，跨中弯矩小或为零，可将杆件设计为两端大中间小的变截面杆，使截面承载力与弯矩图最接近的点离开连接焊缝一段距离，或选用等截面杆在端部局部加强形成加强节，以降低焊缝处的弯曲应力。

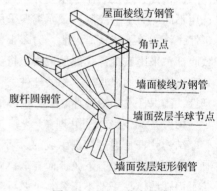

图10-5-8 节点种类

"水立方"的覆盖结构采用 ETFE 充气枕结构，详见充气结构章节。

第11章

多高层建筑的体型与结构布置

11.1　建筑体型
11.2　结构布置
11.3　结构构造

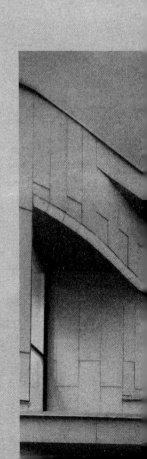

11.1 建筑体型

11.1.1 建筑体型的形成

从几何学的概念来分类,建筑平面与立面形状可分为凸形与凹形两大类。凸状图形中,任何两点的连线都不可能穿越图形界限,凹状图形中,则可用一条穿越图形界限的直线连接图形内的两点,如图 11-1-1 所示。以下我们把凸状图形称为简单图形,把凹状图形称为复杂图形,则在建筑设计中常用的建筑平面可如图 11-1-2 所示分成简单建筑平面与复杂建筑平面,建筑立面可如图 11-1-3 分成简单建筑立面与复杂建筑立面。

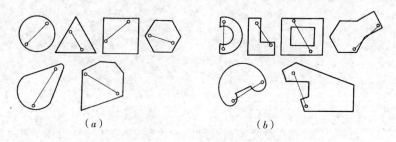

图 11-1-1 几何图形的分类
(a) 简单图形;(b) 复杂图形

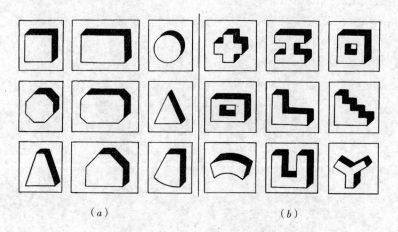

图 11-1-2 建筑平面的形式
(a) 简单建筑平面;(b) 复杂建筑平面

从二维转变为三维,任何一个建筑体型都可归纳为平面上的两个基本类型与立面上的两个基本类型的组合,即一共有四种基本组合,如图 11-1-4 所示。

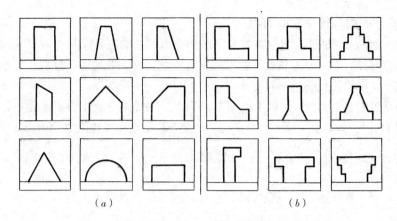

图 11-1-3 建筑立面的形式
(a) 简单建筑立面；(b) 复杂建筑立面

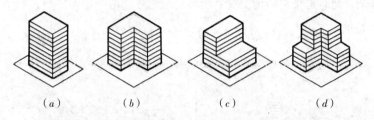

图 11-1-4 建筑体型的组合
(a) 简单平面与简单立面的组合；(b) 复杂平面与简单立面的组合；
(c) 简单平面与复杂立面的组合；(d) 复杂平面与复杂立面的组合

11.1.2 建筑体型的变化

在上述四种组合形式的基础上，通过各种尺寸比例的变化，可以获得不同的建筑体型。这些建筑尺寸上量的变化，能够对结构受力产生质的影响。

1) 简单平面与简单立面的组合

简单平面的尺寸变化包括绝对尺寸和相对尺寸两个方面，平面尺寸较大的建筑物的受力显然比平面尺寸小的建筑物要复杂些，这时要考虑到结构的空间整体性，同时又要考虑到温度应力、混凝土收缩等不利因素的影响。而平面的长宽比较大的建筑物显然比平面为正方形的建筑物更容易受到扭转、不均匀沉降等的威胁。

简单立面的尺寸变化对结构的影响也包括绝对尺寸和相对尺寸两个方面。建筑物越高，侧向风荷载或地震作用的影响越大；建筑物的高宽比 H/B 越大，结构的抗侧刚度和抗倾覆稳定性就越差；当高宽比一定时，降低建筑物的质量中心则有利于结构的抗侧稳定性，如图 11-1-5 所示。

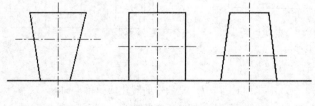

图 11-1-5 建筑质心与结构的抗侧稳定性

2)复杂平面与简单立面的组合

复杂平面的形状很多,其基本尺寸对结构受力的影响也可以从绝对尺寸和相对尺寸两方面考虑,其中主要为肢翼长度和肢翼宽度之比。一般地说,肢翼长度越大,肢翼宽度越小,则结构抗震越不利。

两种常见的复杂平面(L形平面和U形平面)与简单立面组合后的建筑体型的变化,如图11-1-6所示。对于L形平面,凹角部位常会由于应力集中而引起破坏,特别是当 $\dfrac{a_1}{a}$ 和 $\dfrac{b_1}{b}$ 均较小时。而当 $\dfrac{a_1}{a}$ 及 $\dfrac{b_1}{b}$ 均较小或一个较大另一个较小时,则对结构的影响较小。对于L形平面,当 $\dfrac{a_1}{a}$ 较大时,也可以在结构上采用悬挑的手段,使主体结构的平面布置成为简单平面,如图11-1-7(a)所示。对于U形平面, $\dfrac{b_1}{b}$ 越小,则结构受力越复杂,此时也可在结构上设置变形缝把它分成两个矩形平面,如图11-1-7(b)所示。当 $\dfrac{b_1}{b}$ 较大时,也可通过设连接梁在结构上把它连成一个完整的矩形平面,如图11-1-7(c)所示,当然这对建筑立面有一定的影响。

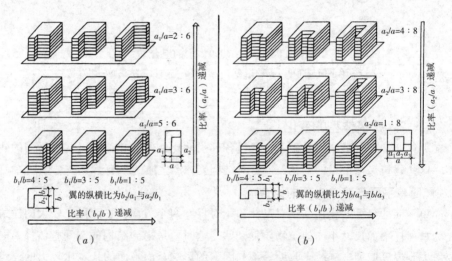

图11-1-6 L形平面和U形平面的体型变化
(a)L形平面;(b)U形平面

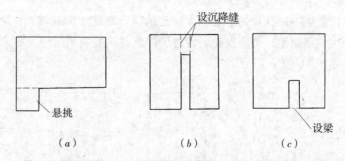

图11-1-7 复杂平面转化成简单平面
(a)设悬挑;(b)设变形缝;(c)设连接梁

3) 简单平面与复杂立面的组合

由于立面是复杂立面，因此整个建筑物在不同的高度有不同的建筑平面。各种收进方式及各种尺寸变化时的情况如图 11-1-8 所示，这种建筑体型的变化对竖向荷载和水平荷载作用下的结构内力都将产生影响。

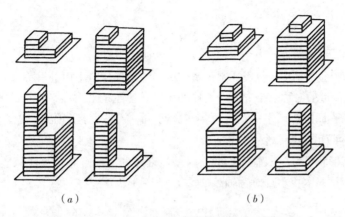

图 11-1-8 简单平面与复杂立面的组合
(a) 两邻边收进；(b) 四边收进

较为常见的两种建筑立面如图 11-1-9 所示。图 11-1-9 (a) 常见于带小塔楼的建筑，在地震作用下，小塔楼由于鞭梢效应产生较大的惯性力，会造成塔楼根部的破坏甚至塔楼的倒塌。设计中一般是控制 b/h 值，即小塔楼不能突然内收很多，避免刚度发生突变。图 11-1-9 (b) 为带裙房的建筑，由于裙房部分与主楼部分自重相差悬殊，会产生地基的不均匀压缩，引起建筑物的不均匀沉降，或导致基础结构的破坏。

4) 复杂平面与复杂立面的组合

这种组合条件下的建筑体型可以无限地变化，在工程实践中也较多见。复杂的建筑体型使建筑物具有明显的个性，但却给结构布置带来了难题。图 11-1-10 为复杂平面与复杂立面组合的一个例子。对于复杂平面与复杂立面组合的结构的布置，首先

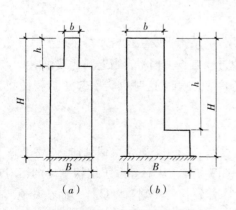

图 11-1-9 建筑立面的收进
(a) 带小塔楼的建筑；(b) 带裙房的建筑

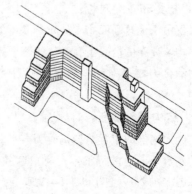

图 11-1-10 复杂平面与复杂立面的组合

是限制,如限制裙房外伸、限制小塔楼的高度、限制内收尺寸等。其次是加强,如通过设置刚性基础、刚性层、或其他的构造措施来保证结构的整体性。当上述两种方法均无法令人满意时,也可设置变形缝,把复杂的建筑体型分成若干个简单的结构单元。

11.2 结构布置

11.2.1 对称性

对称性对于建筑结构的抗震非常重要。对称性包括建筑平面的对称、质量分布的对称、结构抗侧刚度的对称三个方面。最佳的方案是使建筑平面形心、质量中心、结构抗侧刚度中心在平面上位于同一点上、在竖向位于同一铅垂线上,简称"三心重合"。

1) 建筑平面的对称性

建筑平面形状最好是双轴对称的,这是最理想的,但有时也可能只能对一个轴对称,有时可能是根本找不到对称轴,如图11-2-1所示。

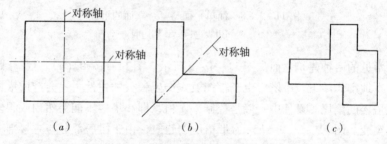

图 11-2-1 建筑平面的对称性
(a) 双轴对称;(b) 单轴对称;(c) 无轴对称

不对称的建筑平面对结构来说有三个问题:一是会引起外荷载作用的不均匀,从而产生扭矩;二是会在凹角处产生应力集中;三是不对称的建筑平面很难使三心重合。因此,对于单轴对称或无轴对称的建筑平面,在结构布置时必须十分小心,应该对结构从各个方向反复进行计算,并考虑结构的空间作用。

2) 质量布置的对称性

仅仅由于建筑平面布置的对称并不能保证结构不发生扭转。在建筑平面对称和结构刚度均匀分布的情况下,若建筑物质量分布有较大偏心,当遇到地震作用时,地震惯性力的合力将会对结构抗侧刚度中心产生扭矩,这时也会引起建筑物的扭转及破坏。

3) 结构抗侧刚度的对称性

抗侧力构件的布置对结构受力有十分重要的影响。常常会遇到这样的情况,即在对称的建筑外形中进行了不对称的建筑平面布置,从而导致了结构刚度的不对称布置。如图11-2-2、图11-2-3所示,在建筑物的一侧布置墙体,而在其他部位则为框架结构。由于墙体的抗侧刚度要比框架大得多,这样当建筑物受到均匀的侧向荷载作用时,楼盖平面显然将发生图中虚线所示的扭转变位。

第 11 章 多高层建筑的体型与结构布置

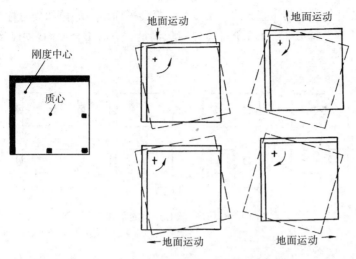

图 11-2-2 抗侧墙体的不均匀布置之一

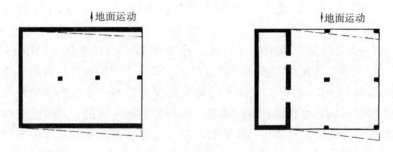

图 11-2-3 抗侧墙体的不均匀布置之二

图 11-2-4 为马拿瓜国家银行结构平面，在矩形的建筑平面中，一侧集中布置了实心填充外墙及两个核心筒，而另三边则采用了空旷的密柱框架，楼盖结构为单向密肋板。结构的抗侧刚度中心明显地与建筑平面形心和建筑质量中心偏离，该建筑在1972年尼加拉瓜地震中受到严重损坏。

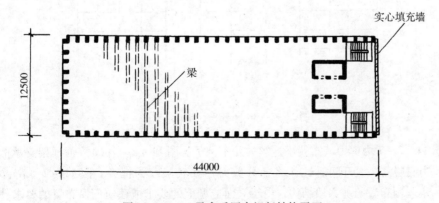

图 11-2-4 马拿瓜国家银行结构平面

布置在楼梯间、电梯间四周的墙体所形成的核心井筒往往能提供较大的抗侧刚度，因此核心井筒的位置对结构受力有较大的影响，图 11-2-5 给出了矩形平面和 L

形平面中核心井筒常见的布置方式。很显然，矩形平面中核心井筒如为对称布置，容易满足"三心重合"的要求，而L形平面却难以满足"三心重合"的要求，结构布置时须十分小心。

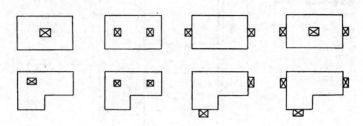

图 11-2-5　核心井筒的布置

11.2.2　连续性

连续性是结构布置中的重要方面，而又常常与建筑布置相矛盾。建筑师往往希望从平面到立面都丰富多变，而合理的结构布置却应该是连续的、均匀的，不应使刚度发生突变。

图 11-2-6 为框架结构刚度不连续、形成薄弱层的几个例子。图 11-2-6(a) 中由于底层大空间的要求抽掉了部分柱子，即由于结构构件布置的不连续性形成了薄弱层。图 11-2-6(b) 是由于结构底层层高较高，即由于结构尺寸变化在竖向的不连续性形成了薄弱层。有时建筑上层高可能是一致的，但因上部结构的层高是楼板至楼板的高度，而底层结构的层高是自二层楼板至基础顶面的高度，这样便自然出现了底层层高大于上部层高的情况。图 11-2-6(c) 是建筑物建于山坡上的情况，即由于结构尺寸变化在层平面内的不连续性形成了薄弱层。很显然当柱子截面尺寸相同时，由于短柱具有较大的抗侧刚度，因此将承受较多的侧向地震力而容易首先破坏。

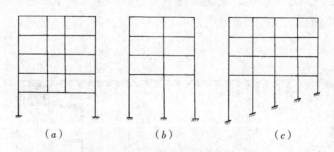

图 11-2-6　框架结构的薄弱层

图 11-2-7 为剪力墙布置不连续的几个例子。图 11-2-7(a) 为框架支承的剪力墙，当底层需要大开间时往往将部分剪力墙在底层改为框架。图 11-2-7(b)、(c) 为不规则布置的剪力墙结构，由于立面造型上的要求或建筑门窗布置的要求使剪力墙布置上下无法对齐。图 11-2-7(d) 的布置则常常出现在楼梯间，由于楼梯间采光的要求使洞口错位布置。很显然，对于上述几种结构刚度沿竖向有突变的剪力墙结构，常常会由于应力集中而产生裂缝或造成局部的损坏。

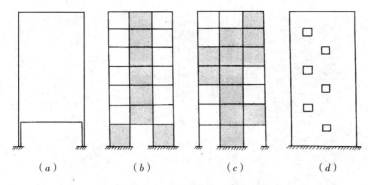

图 11-2-7 剪力墙的不连续布置

11.2.3 周边作用

图 11-2-8 中为建筑平面相同、结构构件形式相同、结构材料用量相同、仅构件布置位置不一样的几种情况。由于墙体具有较大抗侧力刚度，因此墙体位置的变化对整个结构的抗倾覆和抗扭转能力有明显的影响。

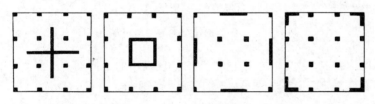

图 11-2-8 抗侧力墙体的布置

在材料力学中我们就知道，材料布置得离中心愈远，它所作用的力臂就愈大，从而产生的抵抗矩就愈大。因此在梁设计中，我们广泛地应用工字形截面梁来代替矩形截面梁。而在高层建筑平面布置时，则应把具有较大抗侧刚度的剪力墙、核心筒布置在建筑物周边。

11.2.4 角部构件

角部构件往往受到较大的荷载或较复杂的内力，在结构布置时应特别注意。在多层框架结构中，角柱虽然受到的轴力较小，但它为双向受弯构件，当结构整体受扭时所受到的剪力最大，所以角柱在整个柱高范围内，都应采取加密箍筋等构造措施。筒体结构在侧向荷载作用下，角柱内会产生比其他柱子更大的轴力，且角柱是形成结构空间工作的重要构件，因此，筒体结构中的角柱往往均予以加强，有时甚至在建筑平面的四角布置四个角筒，如图 11-2-9 所示。

11.2.5 多道防御

多道防御的设计概念对抵抗未能预测的灾害有重要意义，在自然界中也有许多多道防御的例子。例如：蜘蛛网即使一半的网线被折断了也不会毁坏。另外，飞机的动力系统中一般都备有多个发动机，当其中一个甚至二个发动机发生故障时，剩余的发动机仍能继续工作，保证飞行。在建筑结构的设计中，亦要求当结构中的某些截面出现塑性铰或一部分构件受到破坏时，整个结构仍能继续工作，承受荷载。多道防御的设计概念可应用于单榀结构，亦可应用于整个结构。

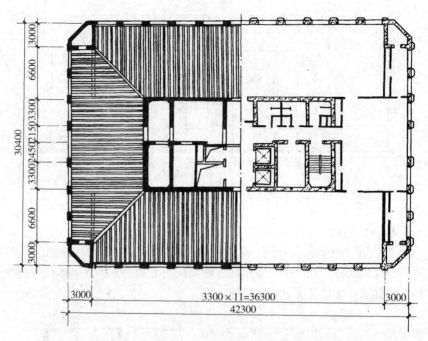

图 11－2－9　在筒体结构的四角布置角筒

以框架结构为例，由于梁、柱内塑性铰出现次序的不同而有多种可能的破坏形态，其中最典型的破坏形态如图 11－2－10 所示。图 11－2－10（a）、（b）的结构为强梁弱柱型的，即结构在竖向荷载和地震力作用下，首先是在柱端截面发生破坏。显然，只要在某一层柱的上下端出现塑性铰，即会造成整个结构的破坏。图 11－2－10（c）的结构为强柱弱梁型的，即结构在竖向荷载和地震力作用下，塑性铰首先出现在梁端。可以看出，即使所有的梁端全部出现塑性铰，也不至于造成整个结构的破坏，而要等梁铰出现大变形，以至柱端亦出现塑性铰时，才会引起整个结构的倒塌。所以说，强柱弱梁型框架结构有两道防线，这对建筑物抗御地震作用是十分有效的。

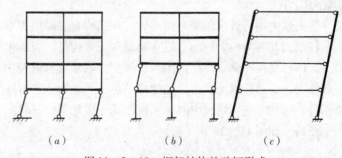

图 11－2－10　框架结构的破坏形式

在 1972 年尼加拉瓜地震中，美洲银行的成功也说明了多道防御的概念在结构设计中的重要性。美洲银行结构平面布置如图 11－2－11 所示。该大楼共 18 层，有两层地下室，外围为一典型的框筒结构，内部为四个核心筒对称布置，四个核心筒又有梁连接形成整体。地震发生后，该结构只在第 3～17 层核心筒体的联系梁上有轻微斜裂缝，其他都完好无损，非结构性破坏几乎没有。这个结构除了整体抗侧刚度较大这一优点

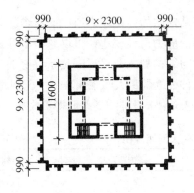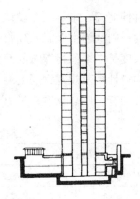

图 11-2-11　美洲银行结构布置图

外，多道防御的作用是一个重要因素。当地震发生时，地震惯性力由较柔的外框筒和较刚的组合核心筒共同承担。显然，组合核心筒承受了较大的侧向作用力，而组合核心筒事实上又发挥了多道防御的作用：首先是各核心筒按刚架共同工作，当联系梁发生屈服、梁端出现塑性铰后，各个核心筒与连梁按排架进行工作。这次地震的作用即将突破了结构的第一道防线，第二道防线的作用尚可进一步发挥，从而保证了建筑物在地震中的安全性。

缺少多道防御的一个反面的例子是 1968 年伦敦的 Ronan Point 公寓建筑一角的逐渐坍塌。由于第十八层发生了煤气爆炸事故，该层的一块预制嵌板遭到了破坏，从而毁坏了该层建筑的一角。由于没有第二条路线来传递上面四层的荷载，故在该角落的上部四层又逐渐塌落了，接着，上部几层倒塌的冲击力又逐渐地毁坏了其正下方十七层中每一层的结构，见图 11-2-12。这也

图 11-2-12　伦敦某公寓局部坍塌

提醒我们在结构设计中应该设置一些加强层，当上部数层由于某些原因发生坍塌时，加强层可以承受坍塌时的冲击力并能承受坍塌后的废墟堆积荷载的作用。

11.3　结构构造

在结构设计中，限于目前的计算技术和理论水平，对许多问题尚不能进行准确的分析，如混凝土结硬过程中的收缩在结构内产生的内力，气温的变化或温差对结构内力的影响，地基的变形及对结构的影响，地震对复杂结构的作用等等。因此，结构设计时只能通过一些定性的分析对建筑体型进行某些限制，或通过设置一些变形缝把结构分割成若干个独立的单元。

设置变形缝是避免建筑体型与结构受力之间矛盾的有效方法，但设置变形缝也会带来许多弊病，如材料用量增加、结构构造复杂、建筑立面处理困难、变形缝处易渗漏水等，因此，目前在一些建筑设计中不设或少设变形缝的做法日趋流行。

11.3.1　温差及混凝土收缩对结构布置的要求

要准确地计算由于温差或混凝土收缩产生的附加应力较为困难，目前在设计中一

般通过设置伸缩缝，来避免在设计中计算结构内的温差应力或收缩应力。而在伸缩缝区段范围内，则认为由于温差或收缩引起的应力已经很小，可以忽略不计。伸缩缝区段的允许长度是一个值得探讨的问题，它与结构型式及保温隔热条件有关。目前我国的有关结构设计规范规定钢筋混凝土结构伸缩缝的最大间距如表11-3-1所示。但近年来国内外均有一些总长度超过100m的建筑物未设伸缩缝并取得了成功。

结构伸缩缝最大间距（m）　　　表11-3-1

结构类别		室内或土中	露天
排架结构	装配式	100	70
框架结构	装配式	75	50
	现浇式	55	35
剪力墙结构	装配式	65	40
	现浇式	45	30
挡土墙、地下室墙壁等类结构	装配式	40	30
	现浇式	30	20

当结构伸缩缝的最大间距超过上述规定时，为减少混凝土的收缩应力，可在适当部位设置后浇带，一般每隔30~40m间距留出施工后浇带，后浇缝保留时间一般不少于一个月，使缝两侧的混凝土在浇灌以前可以自由收缩。在此期间，收缩变形可完成总收缩量的30%~40%。后浇带宽800~1000mm，缝内钢筋采用搭接或直通加弯的做法，如图11-3-1所示，后浇带混凝土浇灌时的温度宜低于主体混凝土浇灌时的温度。

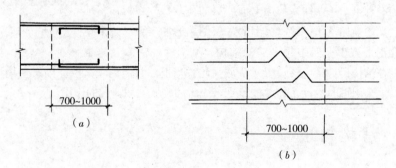

图11-3-1　后浇带构造
(a) 钢筋搭接；(b) 钢筋加弯

为减少温度应力，首先的问题是要减少温差，一般采用保温隔热等措施，如在屋顶层增设保温隔热层，或采用架空通风屋面，也有对外柱采用保温隔热措施。当伸缩缝间距超出表11-3-2的限制而未采取上述措施时，则可对结构中温度应力比较敏感的部位，如在顶层、底层、山墙和内纵墙端开间等处适当加强配筋来抵抗温度应力，也可将顶部楼层改用刚度较小的结构型式或在顶部设置局部温度缝，把结构划分成长度较短的区段。

伸缩缝应从基础顶面开始，基础可不分开，将两个温度区段的上部结构构件完全分开,并留出一定宽度的缝隙,使上部结构在气温有变化时,水平方向可以自由地发生变形。

11.3.2 不均匀沉降的要求

沉降缝是为减少不均匀沉降引起的内力而设置的变形缝。当建筑物两部分高低悬殊时,或当建筑物两部分荷载相差悬殊时,或建筑物先后建造且先后间隔时间较长时,都应设置沉降缝,使缝两侧的建筑物可以自由沉降,以免产生裂缝。沉降缝应将建筑物从基础至屋顶全部断开,并有足够的宽度,缝宽可按表 11-3-2 选用。

沉降缝的宽度　　　　　表 11-3-2

房屋层数	沉降缝宽度 (mm)
2~3 层	50~80
4~5 层	80~120
5 层以上	不小于 120

沉降缝两侧结构处理方式如图 11-3-2 所示。可采用简支板、简支梁、悬挑板、悬挑梁等方式过渡。

设置沉降缝同样会给结构构造、建筑立面处理、地下室防水等带来麻烦。为避免设沉降缝,可采用桩基,并将桩端支承在基岩上,减少结构的沉降量;或将主楼与裙房采用不同的基础形式,并调整基础底面的土压力,使主楼与裙房的基底附加压力和沉降量基本一致;也可采用设施工后浇带的方法。一般来说,主体结构施工完成时,沉降量可达到最终沉降量的 50% 以上,因此可将高低部分的结构与基础均设计成整体,钢筋亦按整体拉通布置,但在浇混凝土时,留出后浇带,使后浇带两侧的部分结构在结构施工时可自由沉降,待结构施工基本结束时,再浇灌后浇带的混凝土使之连成整体。当然,在结构设计中,应考虑在连成整体后,后期沉降差所引起的附加内力。

图 11-3-3 为北京昆仑饭店的基础处理方案,昆仑饭店主楼 28 层,为剪力墙结构,另有二层地下室。因建筑体型复杂,在考虑不均匀沉降影响时,综合采用了设置沉降缝,设置后浇缝及在高层部分打桩裙房部分不打桩的方案。

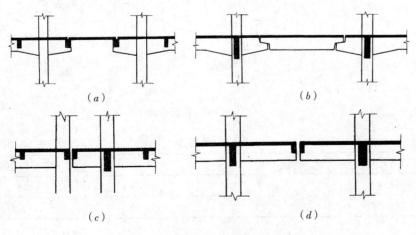

图 11-3-2　沉降缝两侧结构的连接

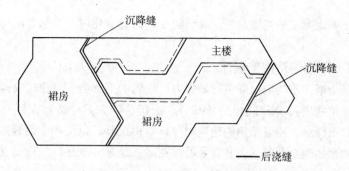

图 11-3-3 北京昆仑饭店基础处理方案

11.3.3 防震的要求

需要抗震设防的建筑，结构抗震设计规范对建筑体型有较多的限制条件，其主要原则是：建筑的平、立面布置宜规则、对称，建筑的质量分布宜均匀，避免有过大的外挑和内收，结构抗侧刚度沿竖向应均匀变化，楼层不宜错层，构件的截面由下至上逐渐减小，不突变。当建筑物顶层或底部由于大空间的要求取消部分墙柱时，结构设计时应采取有效构造措施，防止由于刚度突变而产生的不利影响。

对于矩形平面，其长边与短边之比不宜过大。对非矩形平面，则还应限制其翼肢的长度，如图 11-3-4 及表 11-3-3 所示。

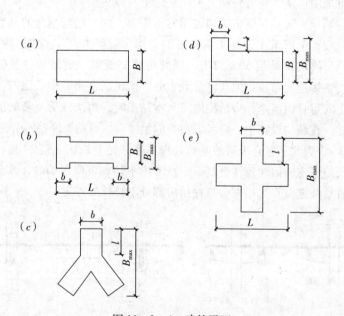

图 11-3-4 建筑平面

$L、l$ 的限值　　表 11-3-3

设防烈度	L/B	l/B_{max}	l/b
6 度和 7 度	≤6.0	≤0.35	≤2.0
8 度和 9 度	≤5.0	≤0.30	≤1.5

在结构布置中应通过调整平面形状和尺寸,采取构造和措施,尽量使整个建筑物形成一个整体结构,以提高结构的抗震,否则,应设置防震缝,将建筑物划分为若干个独立的结构单元,如图 11 – 3 – 5 所示。

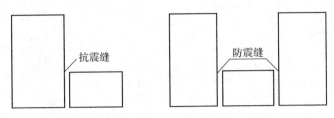

图 11 – 3 – 5　防震缝的设置

防震缝的宽度,应保证在考虑基础转动和上部结构变形的情况下,防震缝两侧的结构仍能不发生碰撞。框架结构房屋,高度不超过 15m 的部分,可取 70mm;高度超过 15m 的部分,6 度、7 度、8 度和 9 度相应每增加高度 5m、4m、3m 和 2m,宜加宽 20mm。框架 – 剪力墙结构房屋可按上述规定数值的 70% 采用;剪力墙结构房屋可按上述规定数值的 50%。但所有防震缝宽度均不宜小于 70mm。

11.3.4　结构高宽比的要求

从整体上看,建筑物好比是一个顶部自由、底部嵌固于地基上的悬臂柱,承受竖向荷载和侧向荷载的共同作用。在抗震设计中,该悬臂柱的长细比对结构的内力和侧移有较大的影响,建筑物的高度与宽度的比值(高宽比)可能比它的绝对尺寸更重要。建筑物越细长,地震的倾覆作用越厉害,外侧柱子由于地震作用而产生的内力也越大,建筑物的侧向位移(地震时摆动的幅度)也越大,表 11 – 3 – 4 给出了我国《高层建筑混凝土结构技术规程》中所建议的高宽比的建议值,当建筑物高宽比超出表中建议限值时,结构设计中应采取特别措施。

H/B 的建议值　　　　　　　　　表 11 – 3 – 4

结构体系	非抗震设计	抗震设防烈度		
		6 度、7 度	8 度	9 度
框架、板柱 – 剪力墙	≤5	≤4	≤3	≤2
框架 – 剪力墙	≤5	≤5	≤4	≤3
剪力墙	≤6	≤6	≤5	≤4
筒中筒、框架 – 核心筒	≤6	≤6	≤5	≤4

第12章

多层建筑结构

12.1 多层砌体与混合结构
12.2 多层框架结构
12.3 井格梁楼盖结构
12.4 密肋楼盖结构
12.5 无梁楼盖结构
12.6 多层建筑的其他结构形式

12.1 多层砌体与混合结构

砌体是把块材（砖、石、混凝土砌块等）用灰浆通过人工砌筑而成的建筑材料。砌体结构在我国得到了广泛的应用。和其他建筑材料相比，砌体材料具有良好的耐火、保温、隔声和抗腐蚀性能，且具有较好的大气稳定性。它还可以就地取材，生产和施工工艺简单。此外，砌体具有承重和围护的双重功能，工程造价低。当然，砌体结构也具有自重大、强度低、抗震性能差的弱点。

多层房屋中常用的砌体材料有砖和混凝土砌块。砖砌体又可分为实心砖砌体和空心砖砌体。由于在生产砖时要耗费大量的能源和土地资源，我国一些地区开始限制实心砖墙的应用。混凝土砌块可利用粉煤灰等工业废料进行生产，有利于环境保护和节约能源，现正逐步得到推广应用。

仅由块材和砂浆构成的砌体称无筋砌体。无筋砌体房屋的抗震和抗不均匀沉降的能力很差，在设计选型时应特别注意。在灰缝中或在水泥粉刷中配置钢筋时称为配筋砌体，配筋砌体可以增强砌体本身的强度和变形能力。有抗震设防要求时，墙体灰缝中必须配置水平钢筋，与构造柱或框架柱、剪力墙拉结，如图12-1-1。

混合结构是指由砌体作为竖向承重结构（墙体）、由其他材料（一般为钢筋混凝土或木结构）构成水平向承重结构（楼盖）所组成的房屋结构。单层或多层混合结构房屋承重墙的布置方式有四种方案：纵墙承重体系、横墙承重体系、纵横墙承重体系、内框架承重体系。

图12-1-2为纵墙承重体系结构平面布置。楼屋面大梁放在纵墙壁柱上，楼板及屋面板放置在大梁上，形成纵墙承重体系。由于横墙是非承重墙，因而可以任意设置或连续多开间不设置，从而给建筑上提供了灵活的空间。与横墙承重体系相比，纵墙承重体系墙少，自重轻，刚度较差，抗震性能也较差，且楼屋面需加大梁而增加用料，故高烈度地震区不太合适，一般多用于公共建筑及中小型工业厂房。

图12-1-1 墙体灰缝中配水平拉结钢筋　　图12-1-2 纵墙承重体系

图 12-1-3 为横墙承重的结构平面布置。横墙承担楼、屋面传来的荷载，因此不能随意拆除，空间布置没有纵墙承重体系那样灵活，但刚度大，抗震性能较好。横墙承重体系墙体多，自重大，楼面材料较节省，具有结构简单，施工方便的优点，多用于小面积居住建筑和小开间办公楼中。

图 12-1-4 为纵横墙承重的结构平面布置。除纵墙承担楼面大梁传来的荷载外，横墙也承担了楼、屋面传来的部分荷载，其开间比横墙承重体系大，但空间布置不如纵墙承重体系灵活，刚度和抗震性能也介于两者之间，墙体材料、自重、楼面材料用量也介于两者之间，多用于教学楼和办公楼中。

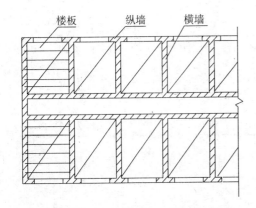

图 12-1-3　横墙承重体系

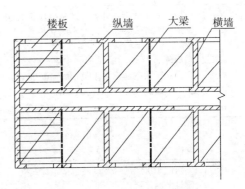

图 12-1-4　纵横墙承重体系

在仓库、商场及一些工业建筑中，或在希望空间能任意分割的民用建筑中，可将内部墙体全部用内柱框架代替，如图 12-1-5 所示。这种内框架承重体系在空间布置上具有很大的灵活性，中间柱的存在减轻了纵墙的负担；但中间柱下基础的沉降量与纵墙基础的沉降量有可能差别较大，将引起主梁弯矩的变化，这在软土地基上是不利的。

承重墙的布置也可能沿房屋的高度方向发生变化。有的开发商或规划部门常常希望

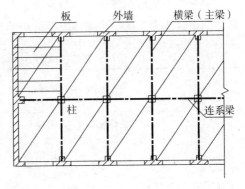

图 12-1-5　内框架承重结构

一幢房屋同时具有居住、商业等多种功能，特别是沿街的住宅，底层一般都要布置商场，亦即需要在底层具有大空间。为了满足这种要求，结构布置时一般可将上部住宅部分布置成为横墙承重或纵墙承重或纵横墙承重的结构体系，将底层商场的部分墙体抽掉改为框架承重，称为底层框架砌体结构。但这种房屋底层为框架承重、属柔性结构，上部为墙体承重、属刚性结束，由于上下两部分的抗侧刚度相差悬殊，对结构抗震是不利的。

在结构布置中，应优先选用横墙承重或纵横墙承重的方案。由于砌体结构的抗震性能较差，故对多层砌体房屋的总高度和层数应于限制，如表 12-1-1 所示。多层砌体房屋的总高度与总宽度的最大比值，宜符合表 12-1-2 的要求。

多层砌体房屋的层数和总高度限值（m）　　　表12-1-1

房屋类别		最小墙厚度（mm）	烈度							
			6度		7度		8度		9度	
			高度	层数	高度	层数	高度	层数	高度	层数
多层砌体	普通砖	240	24	8	21	7	18	6	12	4
	多孔砖	240	21	7	21	7	18	6	12	4
	多孔砖	190	21	7	18	6	15	5	—	—
	小砌块	19	21	7	21	7	18	6	—	—
底部框架-抗震墙		240	22	7	22	7	19	6	—	—
多排柱内框架		240	16	5	16	5	13	4	—	—

注：1. 房屋的总高度指室外地面到主要屋面板板顶或檐口的高度，半地下室从地下室室内地面算起，全地下室和嵌固条件好的半地下室应允许从室外地面算起；对带阁楼的坡屋面应算到山尖墙的1/2高度处；
2. 室内外高差大于0.6m时，房屋总高度应允许比表中数据适当增加，但不应多于1m；
3. 本表小砌块砌体房屋不包括配筋混凝土小型空心砌块砌体房屋。

多层砌体房屋最大高宽比　　　表12-1-2

烈度	6度	7度	8度	9度
最大高宽比	2.5	2.5	2.0	1.5

注：1. 单面走廊房屋的总宽度不包括走廊宽度；
2. 建筑平面接近正方形时，其高宽比宜适当减小。

房屋抗震横墙的间距，不应超过表12-1-3的要求。为限制门窗开得过宽削弱了墙体的抗震能力，房屋中砌体墙段的局部尺寸不能太小，宜符合表12-1-4的要求。

多层砌体房屋抗震横墙最大间距（m）　　　表12-1-3

房屋类别		烈度			
		6度	7度	8度	9度
多层砌体	现浇或装配式钢筋混凝土楼、屋盖	18	18	15	11
	装配式钢筋混凝土楼、屋盖	15	15	11	7
	木楼、屋盖	11	11	7	4
底部框架-抗震墙	上部各层	同多层砌体房屋			—
	底部或底部两层	21	18	15	—
多排柱内框架		25	21	18	—

注：1. 多层砌体房屋的顶面、最大横墙间距应允许适当放宽；
2. 表中木楼、屋盖的规定，不适用于小砌块砌体房屋。

多层砌体房屋的局部尺寸限值（m）　　　表12-1-4

部位	6度	7度	8度	9度
承重窗间墙最小宽度	4.0	1.0	1.2	1.5
承重外墙尽端至门窗洞边的最小距离	1.0	1.0	1.2	1.5
非承重外墙尽端至门窗洞边的最小距离	1.0	1.0	1.0	1.0

续表

部 位	6度	7度	8度	9度
内墙阳角至门窗洞边的最小距离	1.0	1.0	1.5	2.0
无锚固女儿墙（非出入口处）的最大高度	0.5	0.5	0.5	0.0

注：1. 局部尺寸不足时应采取局部加强措施弥补；
   2. 出入口处的女儿墙应有锚固；
   3. 多层多排柱内框架房屋的纵向窗间墙宽度，不应小于1.5。

12.2 多层框架结构

12.2.1 框架结构组成

框架结构一般由竖直的柱和水平横梁所组成，梁柱交结处一般为刚性连接。几种典型的框架梁柱布置如图12-2-1所示。

 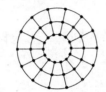 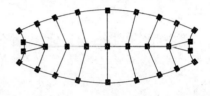

图 12-2-1 框架梁柱布置

框架梁的横截面一般为矩形或T形。当楼盖结构为预制板装配式楼盖时，为减少结构所占的高度，增加建筑净空，框架梁截面常为十字形或花篮形。在装配整体式框架结构中，常将预制梁做成T形截面，在预制板安装就位后，再现浇部分混凝土，即形成所谓的叠合梁。各种梁截面如图12-2-2和图1-1-4所示。

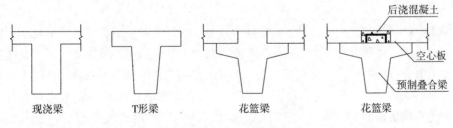

图 12-2-2 框架梁截面形式

框架梁一般为水平向布置，有时为便于屋面排水或由于建筑造型等要求，也可布置成斜梁。为有利于结构受力，同一轴线上的梁宜拉通、对直，并与柱轴线位于同一铅垂平面内。

框架柱的截面形式常为矩形，有时由于建筑上的要求，也可设计成圆形、八角形、L形、T形等。为利于结构受力，同一平面位置上的上下层框架柱的截面形心宜位于同一铅垂线上，否则，上柱的轴力会对下柱产生附加弯矩。同时，框架柱网布置宜上下一致，当某些层次需要大空间而改变柱网，使上下层柱轴不一致时，常常会给结构带来较大的影响。

框架梁柱间的节点一般为刚性连接。有时为便于施工或其他构造要求，也可将部分节点做成铰节点或半铰节点。框架柱与基础之间的节点一般为刚性固定支座，必要时也可做成铰支座。

12.2.2 框架结构分类

框架结构按所用材料的不同，可分为钢框架和钢筋混凝土框架。钢框架一般是在工厂预制好单个构件以后，在施工现场再通过焊接、铆接或螺栓连接形成整体结构。钢框架结构具有自重轻、抗震（振）性能好、施工速度快等优点。但由于用钢量大、造价高、及耐火、耐腐蚀性能差等缺点，目前在我国应用较少。钢筋混凝土框架结构由于其造价低廉、取材方便、耐久性好、可模性好等优点，在我国得到了广泛的应用。目前我国的绝大部分框架结构均为钢筋混凝土框架。此外，为节省材料，减少梁截面高度，可对框架梁施加预应力，也可对框架梁、柱同时施加预应力。还可采用劲性钢筋混凝土结构及组合结构等。

钢筋混凝土框架结构按施工方法不同可分为整体式、半现浇式、装配式和装配整体式等。

整体式框架即梁、柱、楼盖全部在现场浇筑。它的整体性和抗震性能好，这是它突出的优点，其缺点是现场施工工作量大，并需大量的模板。在地震区，应以现浇框架为首选。

半现浇式框架是指梁、柱为现浇、楼板为预制或柱为现浇、梁板为预制的框架结构，由于该楼盖采用了预制板，因此可大大减少现场浇捣混凝土的工作量，节省大量模板，同时可实现楼板的工厂化生产，提高施工效率，降低工程成本。

装配式框架是指梁、柱、楼板均为预制，现场只进行装配。这样可实现标准化、工厂化、机械化生产，加快施工速度。但由于我国目前劳动力价格低廉，而运输吊装所需的机械费用昂贵，因此，装配式框架造价较高。同时，在焊接接头处均必须预埋连接件，增加了整个结构的用钢量。装配式框架结构的整体性较差，抗震能力弱，不宜在地震区应用。

装配整体式框架是指梁、柱、楼板均为预制，在吊装就位后，焊接或绑扎节点区钢筋，并在现场浇捣混凝土，形成框架节点，将梁、柱及楼板连成整体。装配整体式框架既具有良好的整体性和抗震能力，又可采用预制构件，减少现场浇捣混凝土工作量，且可省去接头连接件，用钢量少，因此，它兼有现浇式框架和装配式框架的优点，但节点施工复杂。

12.2.3 框架结构布置

1）柱网布置

框架结构的柱网布置既要满足生产工艺流程和建筑平面布置的要求，又要使结构受力合理，施工方便。

（1）柱网布置应满足生产工艺流程的要求

在多层工业厂房设计中，生产工艺流程的布置是厂房平面设计的主要依据。根据各生产工段的使用要求，厂房的平面布置有内廊式，统间式，大宽度式等几种。

内廊式柱网（图12-2-3a）常为对称三跨，边跨跨度（房间进深）常为6m、6.6m、6.9m，中间跨为走廊，宽度常为 2.4m、2.7m、3.0m。等跨式柱网

（图 12-2-3b）适用于需较大空间布置生产工艺的厂房、仓库、商店，其进深常为 6m、7.5m、9m、12m 等，开间常为 6m。对称不等跨柱网（图 12-2-3c）常用于平面宽度较大，工艺呈环状布置的厂房，常用的柱网有 $(5.8+6.2+6.2+5.8)\times6.0\text{m}$、$(7.5+7.5+12.0+7.5+7.5)\times6.0\text{m}$、$(8.0+12.0+8.0)\times6.0\text{m}$ 等数种。

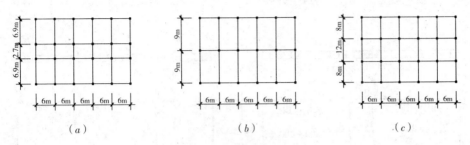

图 12-2-3 多层工业厂房中的柱网布置

（2）柱网布置应满足建筑平面布置的要求

对于各种平面的建筑物，结构布置应满足建筑功能及建筑造型的要求（图 12-2-1）。建筑内部柱网的布置应与建筑分隔墙布置相协调，建筑周边柱子的布置应与建筑外立面造型要求相协调。

在旅馆建筑中，建筑平面一般布置成两边为客房，中间为走道，这时柱网布置可有两种方案：一种是将柱子布置在走道两侧，即走道为一跨，客房与卫生间为一跨（图 12-2-4a）；另一种是将柱子布置在客房与卫生间之间，即将走道与两侧的卫生间并为一跨，边跨仅布置客房（图 12-2-4b）。

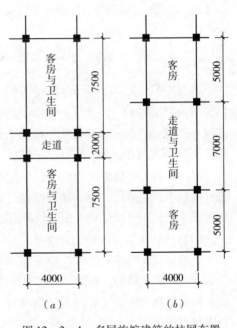

图 12-2-4 多层旅馆建筑的柱网布置

在办公楼建筑中，一般是两边为办公室，中间为走道。这时可将中柱布置在走道两侧，如图 12-2-5（a）所示。而当房屋进深较小时，亦可取消一排柱子，布置成为两跨框架，如图 12-2-5（b）所示。

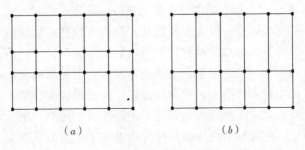

图 12-2-5 多层办公楼建筑中的柱网布置

(3) 柱网布置要使结构受力合理

多层框架主要承受竖向荷载。柱网布置时应考虑到结构在竖向荷载作用下内力分布均匀合理，各构件材料强度均能充分利用。如图12-2-4所示的两种框架结构在竖向荷载作用下的弯矩图如图12-2-6，很显然框架A梁跨中最大正弯矩、梁支座最大负弯矩、及柱端弯矩均比框架B的内力大。

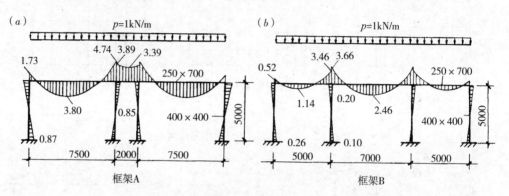

图12-2-6 框架结构在竖向荷载作用下的弯矩图

再如图12-2-5所示的两种框架结构，尽管由力学分析知图12-2-5 (b) 所示框架的内力比图12-2-5 (a) 所示框架的内力大，但当结构跨度较小，层数较少时，图12-2-5 (a) 所示框架往往为按构造要求确定截面尺寸及配筋量，而图12-2-5 (b) 所示框架则在抽掉了一排柱子以后，剩余构件的材料用量并无多大增加。

纵向柱列的布置对结构受力也有较大影响，框架柱网列距一般取为建筑开间，但当开间较小，层数较少时，柱截面设计时常为按构造配筋，材料强度不能充分利用。同时过小的柱距也使建筑平面难以灵活布置。为此，可考虑每两个开间设一个柱列。

(4) 柱网布置应使施工方便

建筑设计及结构布置时均应考虑到施工方便，以加快施工进度，降低工程造价。例如，对装配式结构，则既要考虑到构件的最大长度和最大重量，使之满足吊装、设备运输的限制条件，又要考虑到构件尺寸的模数化、标准化，并尽量减少规格种类，以满足工业化生产的要求，提高生产效率。现浇框架结构可不受建筑模数和构件标准的限制，但在结构布置时亦应尽量减少梁板单元的种类，以方便施工。

2) 承重框架的布置

柱子位置确定后，把柱子用梁联结起来，即形成框架结构。对于每个柱子在两个方向均应有梁（板）拉结，亦即沿房屋纵横方向均应布置梁系。因此，实际的框架结构是一个空间受力体系。但为方便起见，我们可以把实际的空间结构看成由纵横两个方向的平面框架所组成。沿建筑物长向的称为纵向框架，沿建筑物短向的称为横向框架。纵向框架和横向框架分别承受各自方向上的侧向荷载，而楼面竖向荷载则根据楼盖结构布置方式向不同的方向传递：如对现浇平板楼盖向距离较近的梁上传递；对预制楼盖则传至预制板的搁置梁上。习惯上我们在承受较大楼面竖向荷载的方向布置主梁，相应平面内的框架称为承重框架，而另一方向上则布置次梁或称为联系梁。

采用不同的楼板布置方式，承重框架的布置方案有横向框架承重方案、纵向框架承重方案和纵横向框架混合承重方案等几种（图12-2-7）。

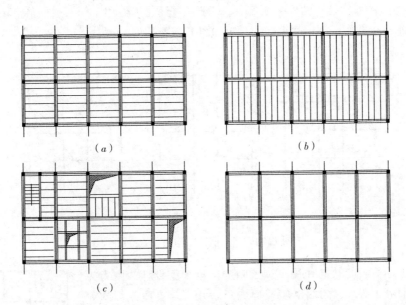

图12-2-7 承重框架的布置

(1) 横向框架承重方案

横向框架承重方案是在横向布置框架主梁，以支承楼板，在纵向布置联系梁，如图12-2-7（a）所示。横向框架往往跨数少，承受风力大，主梁沿横向布置有利于提高建筑物的横向抗侧刚度。而纵向框架则往往跨数较多，承受风力小，所以在纵向仅需按构造要求布置联系梁。这也有利于房屋室内的采光和通风。

(2) 纵向框架承重方案

纵向框架承重方案是在纵向布置框架主梁以承受楼板传来的荷载，在横向布置联系梁，如图12-2-7（b）所示。因为楼面荷载由纵向梁传至柱子，所以横梁高度较小，有利于设备管线的穿行，当房屋开间方向需要较大空间时，可获得较高的室内净高；另外，当地基土的物理力学性质在房屋纵向有明显差异时，可利用纵向框架的刚度来调整房屋的不均匀沉降。纵向框架承重方案的缺点是房屋的横向刚度较差，进深尺寸受预制板长度的限制。

(3) 纵横向框架混合承重方案

纵横向框架混合承重方案是在两个方向均需布置框架主梁以承受楼面荷载。当采用预制板楼盖时其布置如图12-2-7（c）所示。当采用现浇楼盖时其布置如图12-2-7（d）所示。当楼面上作用有较大荷载，或楼面有较大开洞，或当柱网布置为正方形或接近正方形时，常采用这种承重方案。纵横向框架混合承重方案具有较好的整体工作性能，框架柱均为双向偏心受压构件，为空间受力体系，因此也称为空间框架。

12.2.4 框架结构的受力特点

1) 普通框架的受力特点

最常见的框架结构计算简图如图12-2-8（a）所示，受到竖向荷载和水平荷载的共同作用。竖向荷载如结构自重、建筑装修自重、楼面活荷载等，一般可简化为沿框架梁分布的线荷载或集中荷载。在竖向荷载作用下框架结构的弯矩如图 12-2-8（b）所示。水平荷载如风和地震作用，一般都可简化为作用于框架梁柱节点上的集中力。在水平荷载作用下框架结构的弯矩如图 12-2-8（c）所示。

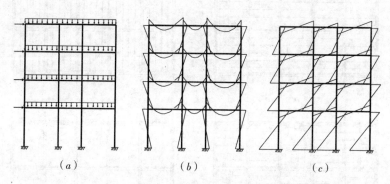

图 12-2-8 框架结构的受力特点

在上述荷载的共同作用下，控制框架梁配筋设计的内力为跨中截面的正弯矩，两端支座截面的负弯矩，及支座截面的剪力。当有地震作用时，尚应考虑梁端截面的正弯矩。柱子则应考虑上端截面与下端截面的弯矩、剪力和轴力。一般来说，顶层柱子为大偏心受压，柱子上端为控制截面，底层柱子为小偏心受压，柱子下端为控制截面。

2）底层大空间框架的受力特点

有时由于建筑使用功能上的要求，例如上部为办公楼，底层为商场，要求在底层抽掉部分框架柱，以扩大建筑空间，如图 12-2-9 所示。

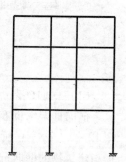

图 12-2-9 底层抽柱的框架结构

这时会给建筑设计和结构分析带来两方面的问题，其一是在竖向荷载作用下，中间部分柱子上的轴向力将通过转换大梁传给两侧的落地柱，因此该转换大梁的受力较复杂，梁高也往往较大，会给建筑立面处理带来一定困难。有时也可以桁架代替该转换大梁，以方便转换层的采光和使用。其二是底层落地柱所承受的侧向荷载突然增大，在上部，侧向荷载由四个柱子共同承担，而在底层侧向荷载由三个落地柱承担，因此，落地柱刚度应适增加。而当整个建筑物中的各榀框架上下刚度变化不同时，还会在楼盖结构平面内产生剪力，此时，还应增强楼盖结构的平面内刚度。

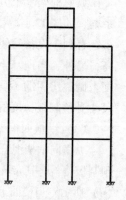

图 12-2-10 带小塔楼的框架结构

3）带小塔楼框架的受力特点

带小塔楼的建筑物在实际工程中是非常常见的。如图 12-2-10 所示。在非地震区，带小塔楼的建筑结构的设计只要搞清楚竖向荷载传递路线即可。结构布置时应使小塔楼部分的荷重以最短的途径传至基础，这样可达到经济合理的目的。但在地震区，情况则要复杂得多。由于小塔楼部分的刚度、质量与下部建筑物有较大突变，因此，地震时，小塔楼除随下部结构一起发生变形外，还有更激烈的局部摆动现象，即所谓鞭梢效应。突出部分的体型愈细长、占整个房屋重量的比例愈小，则这种影响也愈大。高振型在小塔楼顶部发生强烈的抖动，使小塔楼部分的结构很快进入弹塑性阶段而破坏。特别是在塔楼的根部，应力集中最为严重。

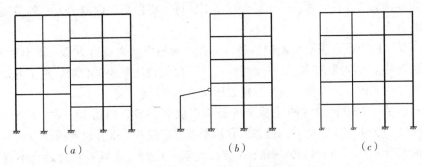

图 12-2-11　错层框架结构

4) 错层框架结构的受力特点

错层框架结构如图 12-2-11 所示。其中图 12-2-11 (a)、(b) 是由于建筑物各部分之间层高不一致造成的，图 12-2-11 (c) 则是由于建筑物局部断梁造成的。错层框架对抗震不利。在地震力作用下，由于两侧横梁的标高不一致而形成短柱，易发生脆性的剪切破坏，在设计中应加以避免。

12.3　井格梁楼盖结构

井格梁结构作为楼盖或屋盖在工业与民用建筑中应用较为广泛，特别在礼堂、宾馆及商场等一些大型公共建筑入口大厅、会议室中常被采用。作为屋盖时常取消楼板而采用有机玻璃采光罩或玻璃钢采光罩，以满足建筑物采光的要求，造型上也颇为新颖壮观。见图 12-3-1。

图 12-3-1　井格梁结构

12.3.1 井格梁楼盖结构布置

井格梁楼盖是由肋梁楼盖演变而来的,是肋梁楼盖结构的一种特例。其主要特点是两个方向梁的高度相等且一般为等间距布置,不分主次共同直接承受板传来的荷载,两个方向的梁共同工作,提供了较好的刚度,能够满意地解决象大会议室、娱乐厅等大跨度楼盖的设计问题。梁布置成井字形,可以不做吊顶即能给人一种美观而舒适的感觉。

交叉梁系的布置有正交与斜交两种,为此,梁格形状也就有方形、矩形和菱形。井格梁楼盖两个方向梁的间距最好相等,这样不仅结构比较经济合理、施工方便,而且容易满足建筑构造上不做吊顶时对楼盖顶棚的美观要求。

根据梁轴线和建筑轴线的关系又可分为正放和斜放,如图 12-3-2 所示。图 12-3-2(a) 为正交正放的井式楼盖,宜用于正方形建筑平面。以使两个方向的梁系能够同时充分发挥作用。如必须用于长方形建筑平面时,则其长短边之比不宜大于 1.5。图 12-3-2(b) 为正交斜放的井式楼盖,适宜于建筑平面长短边之比大于 2 的情况,这时楼盖结构形成梁长为 $\sqrt{2}l_2$ (L_2 为短边长)的交叉梁系,与 l_1 无关。但这时在房屋的四角,由于短梁的刚度比长梁的刚度大,短梁对长梁起支承作用,四角区域的短梁形成长梁的弹性支座,会造成楼盖结构四角翘起,使角部的柱子受拉。

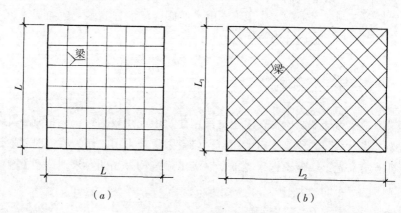

图 12-3-2 井格梁结构布置
(a) 正交正放;(b) 正交斜放

井格梁楼盖一般有四角柱支撑与周边支撑两种。周边支撑的井格梁楼盖四周最好为承重墙,这样能使井格梁都支承在刚性支点上;若周边为柱子,应尽量使每根梁都能直接支承在柱子上;若遇柱距与梁距不一致时,应在柱顶设置一道刚度较大的边梁,以保证井格梁支座的刚性。当建筑物跨度较大时,也可在井格梁交叉点处设柱,成为连续跨的多点支撑,或周边支撑的墙与中间的柱支撑相结合。从结构计算简图看,井格梁的边界支撑条件有柱支撑、周边简支支撑、周边固定支撑及介于简支支撑和固定支撑之间的周边弹性支撑。

12.3.2 井格梁楼盖的受力特点

井格梁楼盖属空间受力体系,其内力分析与变形计算是一个十分复杂的问题。要较准确地对井格梁楼盖进行受力分析,大都采用有限单元法,借助电子计算机来完成。目前在工程设计中,还常常采用"荷载分配法"来近似地解决井格梁楼盖的受力分析问题。井格梁楼盖中的楼板一般可按双向板计算,板上的荷载按路径最近的原则传至相近的井格梁节点,其值为 $P = ql^2$,q 为楼面均布荷载。井格梁楼盖中两个方向的梁只考虑主要的竖向变形协调,忽略次要的转角变位,即认为在同一个交叉点上两个方向梁的挠度是相同的,它们之间可以假定为一根链杆相互联系在一起,在交叉点上受着集中荷载 P 的作用,链杆承受的力为多余未知力,见图 12-3-3。这样,便可以根据两个方向梁的刚度和其交叉点挠度相同的条件计算出每根梁所受的荷载及其相应的内力。目前,根据"荷载分配法"编有各种井式楼盖梁的内力、变形计算表格,设计时可以直接查用。

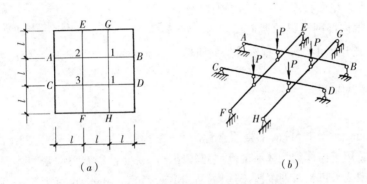

图 12-3-3 井格梁楼盖梁的计算简图
(a) 平面图;(b) 梁的计算简图

12.3.3 井格梁楼盖结构的工程实例

井格梁楼盖梁的间距一般大于 2m。梁的截面高度一般可取 $h = (1/15 \sim 1/20) \, l$。其中,$l$ 为梁的跨度。

图 12-3-4 为北京政协礼堂的楼盖结构布置图。该建筑建于 1955 年,楼盖及屋盖均采用井字梁。楼盖井字梁的三边设置了刚度极大的圈梁,圈梁搁置在柱子上。另一边由于建筑布置台口少了两根柱子,圈梁在此成为连续梁。

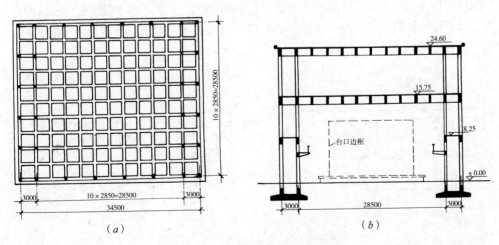

图 12-3-4 北京政协礼堂梁式楼盖
(a) 平面图;(b) 剖面图

有时由于建筑平面形状或造型的要求，也可以布置成多向交叉的梁系结构或其他不规则布置的梁系结构。对于三角形或六角形平面，则常采用三向网格梁。图12-3-5为上海闵行工人俱乐部影剧场屋盖三向网格梁结构布置图。该剧场屋盖平面为正六边形，边长为14m，对角线长28m，选用部分预应力混凝土三向交叉梁系结构，共21根内梁，6根边梁，形成边长为3.50m的正三角形网格。在六根边梁交叉点处有6根柱子，柱子截面为五边形，屋面板厚80mm，为现浇钢筋混凝土结构。21根内部网格梁的截面尺寸为300mm×1000mm，高跨比为1/28；6根边梁的截面尺寸为400mm×1500mm，高跨比为1/9。

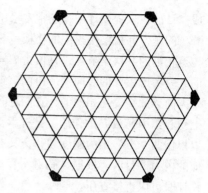

图12-3-5 某屋盖三向网格梁结构布置

12.4 密肋楼盖结构

当梁肋间距小于1.5m时的楼盖常称为密肋楼盖，适用于中等或较大跨度的公共建筑，也常被用于筒体结构体系的高层建筑结构。密肋楼盖有单向密肋楼盖和双向密肋楼盖两种型式。可为普通混凝土结构，适用跨度可达10m，也可为预应力混凝土结构，适用跨度可达15m。

12.4.1 密肋楼盖的特点

密肋楼盖适用于跨度较大而梁高受限制的情况，其受力性能介于肋梁楼盖和无梁平板楼盖之间。与肋梁楼盖相比，密肋楼盖的结构高度小而间距密；与平板楼盖相比，密肋楼盖可节省材料，减轻自重，且刚度较大。因此，对于楼面荷载较大，而房屋的层高又受到限制时，采用密肋楼盖比采用普通肋梁楼盖更能满足设计要求。密肋楼盖的缺点是施工支模复杂，工作量大，故目前常采用可多次重复使用的定型模壳，如钢模壳、玻璃钢模壳、塑料模壳等，可以避免这一矛盾。为取得平整的楼板顶棚，肋间可用加气混凝土块、空心砖、木盒子或其他轻质材料填充，并同时作为肋间的模板，及获得最佳的隔热、隔声效果，如图12-4-1所示。其缺点是填充块不能重复利用，浪费材料，增加自重，施工复杂，故目前较少采用。

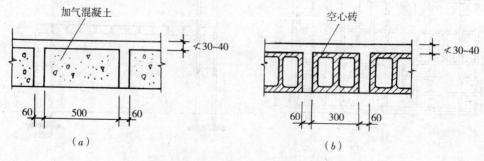

图12-4-1 密肋楼盖肋间的填充物
(a) 填加气混凝土块；(b) 填空心砖

12.4.2 单向密肋楼盖

单向密肋楼盖与单向板肋梁楼盖受力特点相似，都是单向受力工作。肋相当于次梁，但由于肋排得密，间距很小，肋所承受的荷载较小，所以肋的截面尺寸相对于肋梁楼盖中次梁的截面尺寸要小得多，见图 12-4-2。

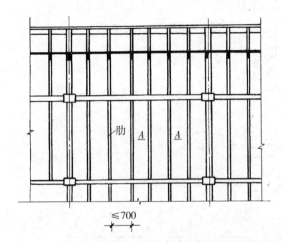
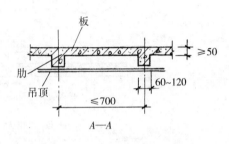

图 12-4-2 单向密肋楼盖

不作挠度验算的肋梁高跨比　　　　表 12-4-1

肋支座构造特点	肋的容许高跨比 h/L	
	普通混凝土	轻混凝土
简支	1/20	1/17
弹性支座	1/25	1/20

h 为肋的高度（包括板厚），L 为肋的跨度。

单向密肋楼盖可以支模浇筑，也可以以填充物作为模板浇筑。肋间无填充物的楼盖如图 12-4-1 所示。其构造要求为，板的厚度应不小于 50mm，肋间距不宜大于 1500mm，肋宽一般为 60~120mm。对肋的挠度不作验算时，其高跨比应不小于表 12-4-1 的规定。

肋间有填充物时，钢筋混凝土板的厚度一般为 30~50mm，肋的间距和肋的截面尺寸可与无填充物时一样取值，但应考虑到与填充物的尺寸相配合。

12.4.3 双向密肋楼盖

双向密肋楼盖的形式及受力与井格梁楼盖相似，但双向密肋楼盖的柱网尺寸较小，肋的间距较小。由于板的跨度小而又是双向支承的，板的厚度可以做得很薄（一般为 50mm 左右），由于肋排得很密，肋的高度 h 也可以做得很小；一般取 $h = (1/20 \sim 1/17)\, l$，l 为肋的跨度。为了解决柱边上板的冲切问题，常常在柱的附近做一块加厚的实心板（见图 12-4-3），这时梁高 h 可适当减小，但不应小于 $l/22$。为了获得满意的经济效益，整体现浇的密肋楼盖肋的跨度不宜超过 10m。

密肋楼盖中肋的网格形状可以是方形、略微长方形、三角形或正多边形。施工时

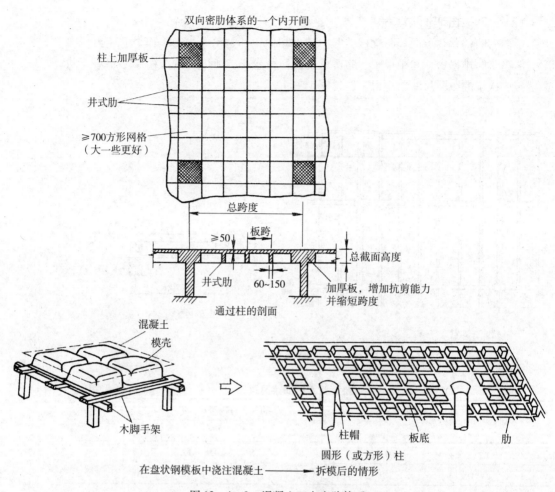

图 12-4-3 混凝土双向密肋体系

常采用可多次重复使用的材料做成定型模板，称为模壳，如钢模壳、玻璃钢模壳、塑料模壳等，有专门的塑料模壳通用图集可供选用，这样可使施工更经济方便。如北京图书馆书库和上海华东电业管理局科技情报楼等工程均为采用通用模壳的双向密肋楼盖。采用专用模壳时，密肋楼盖肋的间距应与模壳的规格相协调，常用的有 0.6～1.2m，一般不超过 1.5m。有研究认为，采用肋距较大（1.2m 和 1.5m 系列）的模壳现浇的双向密肋楼盖，其技术经济效果更好。双向密肋楼盖肋间也可以用填充物填充，以获得平滑的顶棚和最佳的隔热、隔声效果。

当密肋楼盖的柱间有四个或四个以上的肋网格时，楼盖的整体受力性能近似于平板。为此在对楼盖进行初步受力分析时，可以将一个开间的密肋板看作是一块平板，并且根据平板的理论求出该开间板各个方向上的总弯矩，然后再将每一方向的总弯矩平均分配给此开间内的几个 T 形截面的肋梁。若需要进行更进一步的受力分析，就应该考虑到位于柱邻近的肋梁比中间条带上的肋梁要承受更多的弯矩。例如图 12-4-4 所示的布置方案，有一根肋梁直接通过柱子中心，且柱邻近还做了加厚的实心板，此时，柱邻近的三根肋梁（一根通过柱，两根与柱相邻），每根梁所承担的弯矩可达其他肋梁的两倍之多。

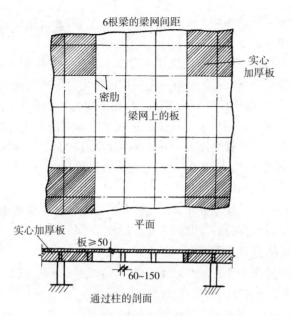

图 12-4-4 柱上有梁的大型双向密肋楼盖简图

12.5 无梁楼盖结构

无梁楼盖结构是指楼盖平板（或双向密肋板）直接支承在柱子上，而不设主梁和次梁，楼面荷载直接通过柱子传至基础。无梁楼盖的优点是简化了传力途径，扩大了楼面的净空，并可直接获得平整的顶棚，采光、通风及卫生条件较好，节省施工时的模板用量。其缺点是楼板厚度较大，混凝土及钢筋用量较多。为了改善板的受力性能，一般应设柱帽。

12.5.1 无梁楼盖结构的分类

无梁楼盖结构按楼面板结构的形式可分为平板式和双向密肋式。平板式无梁楼盖一般设有柱帽，如图 12-5-1 (a) 所示。双向密肋式无梁楼盖一般可不设柱帽，但在柱子附近将板厚改为与密肋等高。如图 12-5-1 (b) 所示。

密肋楼盖的肋之间可填以加气混凝土等轻质块材，也可采用定型塑料模壳。前者

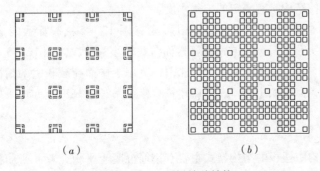

(a)　　　　　　　　　　(b)

图 12-5-1 无梁楼盖结构
(a) 平板式；(b) 双向密肋式

可在拆模后获得平整光滑的顶棚,可省去建筑吊顶,后者通过进行适当的布置,亦可获得美观的顶棚造型。

无梁楼盖结构按施工方式分有现浇式无梁楼盖结构和装配整体式无梁楼盖结构,现浇式无梁楼盖结构整体性较好,具有一定的抗震能力,但现场施工作业量大,装配整体式无梁楼盖中常见的即所谓升板结构,升板结构是在制作基础、柱子吊装就位后,以地坪为台座,叠层浇捣楼板,待楼板达到一定强度后再逐层提升至设计标高,并制作板柱节点。由于它是就地施工,不需要构件堆放和起重运输场地,所以特别适用于施工场地受限制的工程,升板结构同时还具有模板用量少,施工速度快等优点,其缺点是用钢量较多,结构抗震性能较差。

此外,无梁楼盖按有无柱帽可分成无柱帽无梁楼盖和有柱帽无梁楼盖。按平面布置的不同,有在边缘设悬臂板的,也有不设悬臂板。

12.5.2 无梁楼盖柱网布置

无梁楼盖的柱网通常布置成正方形或矩形,以正方形最为经济,跨度一般以 5~7m 为宜,在房屋的周边可以布置柱子(图 12-5-1a),也可不布置柱子(图12-5-2)。前者可在房屋中部形成均匀的大空间,但较多的半柱帽和四分之一柱帽,给施工带来较大不便。后者在内柱与外墙之间形成一条狭窄的空间,给使用带来一定的不便,但适量的悬挑板可以减少边跨跨中弯矩和柱的不平衡弯矩,可节省材料同时又能减少柱和柱帽的形式。

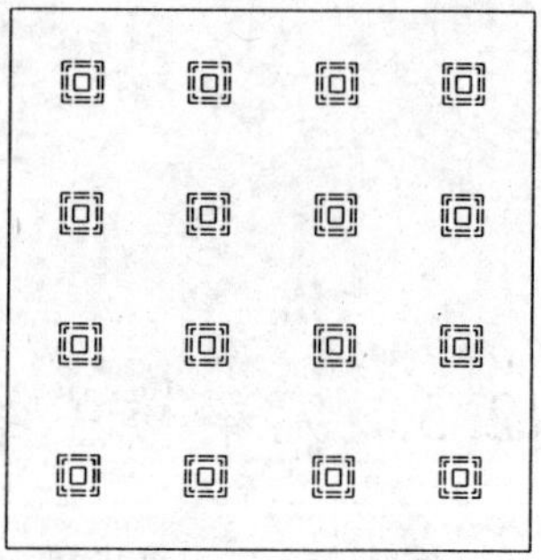

图 12-5-2 带悬挑的无梁楼盖

12.5.3 无梁楼盖结构形式

1)柱

无梁楼盖结构中柱的截面一般为正方形,边柱也可做成矩形,当有建筑方面的要求时,也可采用圆形或其他形状。

柱一般为普通钢筋混凝土结构。但在升板结构中,也有采用劲性配筋柱。这时,柱中的型钢骨架,可先用来作为提升架待楼板提升后再浇筑柱子的混凝土。

2)柱帽

柱帽是无梁楼盖的重要组成部分,它扩大了板在柱上的支承面积,避免板在柱边冲切破坏,它还可以减少板的跨度以减少板的弯矩。在升板结构中,柱帽使楼板和柱子连接成整体,使结构具有一定的抗侧刚度。

按照冲切荷载的大小,常见的柱帽形式有图 12-5-3 所示的三种。其中图 12-5-3(a)为无顶板柱帽,它适用于楼面荷载较小的情况。图 12-5-3(b)为折线形柱帽,图 12-5-3(c)为有顶板柱帽,适用于楼面荷载较大的情况。有时尽管板面荷载并不大,但为减小板厚,降低建筑装修中吊顶的高度,亦可采用折线形柱帽或有顶板柱帽。

3)板

无梁楼盖结构中楼板的结构型式主要有钢筋混凝土平板,双向密肋板和预应力板三种。

钢筋混凝土平板制作简单,施工方便,是目前工程中最常见的。板厚不得小于

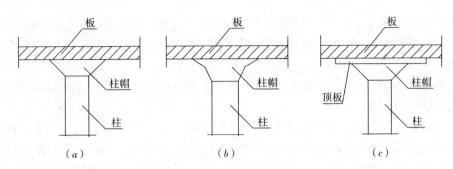

图 12-5-3 柱帽的形式

(a) 无顶板柱帽；(b) 折线形柱帽；(c) 有顶板柱帽

120mm，一般为 160~200mm，为保证楼盖结构具有足够的刚度，一般要求板厚不宜小于柱网区格长边的 1/35。

双向密肋板施工较为复杂，但可有效地减轻楼盖结构自重，节省材料。密肋板的肋高一般比平板的板厚要大，这样便加大了截面的有效高度，可节省用钢量，同时也提高了楼板的刚度。双向密肋板的肋间可填充加气混凝土块，拆模后可获得平整的顶棚，并具有较好的隔声和保温效果。双向密肋板对跨度较大或荷载较大的楼盖，其经济效益更为显著。

预应力混凝土板一般采用后张法无粘结方案。由于施加了预应力，改善了板的受力性能，提高了楼板的刚度和抗裂性，节省了材料，可适用于较大跨度的情况。

12.5.4 无梁楼盖结构受力特点

在竖向荷载作用下，无梁楼盖相当于受点支承的平板，板的受力可看成是支承柱上的交叉布置的扁梁体系。一般我们将楼板在纵向和横向各分为两种板带：柱上板带和跨中板带，在柱中心线两侧各四分之一的板带成为柱上板带，跨中二分之一柱距宽度的板带称为跨中板带，如图 12-5-4 所示。柱上板带的中心线和跨中板带的中心线在竖向荷载作用下的变形将如图 12-5-5 所示。由图可知，柱上板带是支承在柱子上的连续梁，而跨中板带则是支承在另一方向柱上板带上的连续梁。柱上板带受刚性支

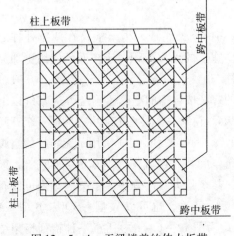

图 12-5-4 无梁楼盖的传力板带

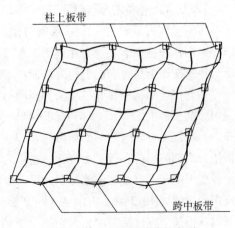

图 12-5-5 无梁楼盖的变形

承而跨中板带则为柔性支承。不论柱上板带或跨中板带，其跨中均产生正弯矩，其支座均产生负弯矩，且柱上板带的支座负弯矩和跨中正弯矩，其绝对值均大于跨中板带的对应值。

在水平荷载作用下，无梁楼盖即为一空间框架结构。这时，框架梁的刚度即为无梁楼盖的平面外刚度。

值得的注意的是，对于升板结构，必须考虑其施工阶段的特殊性。在提升阶段，升板是通过承重销搁置在柱上，这时板柱之间不能传递弯矩，只能看成铰结。其结构计算简图为多层铰结排架，如图12-5-6所示。此排架结构承受的竖向荷载包括各层板的自重、施工荷载、柱子自重等，承受的水平荷载为风力。柱子为偏心受压构件。因铰接排架的抗侧稳定性较差，在大风作用下易引起整个结构的倾覆（群柱），有可能成为整个结构设计的控制因素。因此，升板结构不仅要进行使用阶段的计算，还必须进行施工阶段的验算。

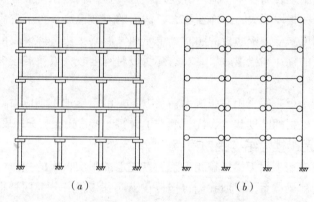

图12-5-6　升板结构施工阶段的受力
(a)提升阶段结构示意；(b)提升阶段计算简图

12.6　多层建筑的其他结构形式

12.6.1　错列桁架结构

所谓错列桁架结构是由一系列与楼层等高的桁架组成，桁架横跨在两排外柱之间。采用这种结构体系能为建筑平面布置提供宽大的无柱面积，使楼面的使用更加灵活。建筑平面上只有横向上的外柱而没有内柱。

错列桁架结构中具有与楼层等高的桁架的跨度按合理的高跨比确定可达20m以上（楼层高一般约为3m），纵向开间可做到6～9m。在同一楼层上桁架可以间隔一个开间布置，所以无分隔空间的面积可达（12～18）×20m^2之大。由于采用了无斜杆的空腹桁架，内部门窗的布置更加灵活。这样的建筑空间在底层可作为停车场、商场等，以上各层可用于设有走廊的旅馆、公寓、医院、甚至是大餐厅等等。桁架的排列可以有规则地设置如图12-6-1中A型—B型—A型—B型，也可以A型—B型—B型—A型以获得某一方位所需的更大空间。所谓A型为图12-6-1中任意一种错列桁架结构，与之相邻的称为B型。显然，类似这样的排列组合可以沿高度及房屋纵向进行而取得所需的各种空间。

错列桁架体系的主要承重构件为楼板、桁架、柱。实际上，这里讨论的空腹桁架是一个水平刚架，弦杆与腹杆、桁架与柱，它们之间的连接都为刚性。楼板系统在每一开间上可以一边支承在一个桁架的上弦上，另一边则吊挂在其相邻架的下弦上（图12-6-2），这样便自然地出现了两个柱距的无间隔空间而楼板的跨度仅为一个柱距，从而使楼板厚度减至最小。就国外在错列钢桁架的实例中来看，考虑到体系的整体性工作，楼板厚度约为

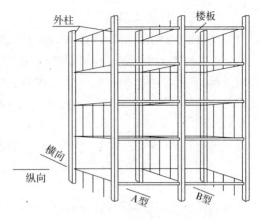

图 12-6-1 错列桁架结构

150～300mm（板跨约为9m）。每榀桁架的上弦和下弦同时直接承受楼板的垂直荷载。其承受竖向荷载的有效性如同大跨度屋架一样。这里所有杆件的正截面强度设计均按偏心受力构件计算，对于柱下基础，可以在两纵向柱列上设置两道条形基础。

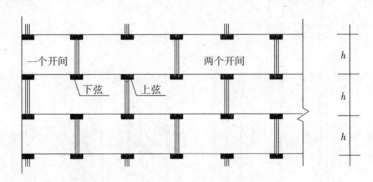

图 12-6-2 错列桁架的布置

A型和B型错列桁架各自独立工作时在水平荷载作用下的变形如图12-6-3(a)、(b)所示，A型和B型共同工作时的变形曲线如图12-6-3(c)所示，均为剪切形。

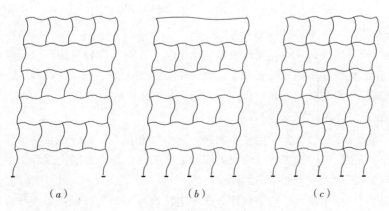

图 12-6-3 错列桁架在水平荷载作用下的变形

12.6.2 壁板结构

壁板结构是指预制外墙板，内部墙体采用砌筑或现浇而成，或也可采用预制的结构体系。这种结构的外墙板和内部结构一起共同工作，抵抗外部荷载和自重。预制墙板可用混凝土、砖石砌块、金属、木材、塑料以及任何组合材料制成。由于墙板在工厂预制，制作质量有可靠保证。墙板可以是按层高为制作单元，也可以竖向纵贯几层楼面；可以是封闭单元，也可以是带窗框的，也可以是带立面装饰效果的。因此，这种结构可以满足结构和美观的要求。墙板单元的大小，取决于运输和现场吊装设备的限制。

图 12-6-4 给出了一些预制混凝土墙板的标准形式。混凝土墙板可以制成单层的构件，也可以结合隔热要求制成夹心的构件，或结合内部装修和窗户一起制作，甚至还可以包括电、空调和供暖等设备，这时，墙板就可以做成空心的。为增加墙板的刚度，可以对墙板加肋，或采用某种格构的形式。

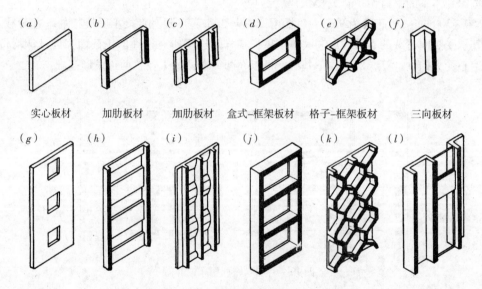

图 12-6-4 预制混凝土墙板的形式

设计这种结构时，除验算构件在使用阶段的各种可能的内力组合外，对搬运装卸和安装时的应力也应进行仔细的分析。安装运输过程中产生的应力完全可能控制该单元的设计。另外，由于生产和装配过程中，尺寸不可能精确无误，必须考虑容许的偏差。接头和连接技术也应做仔细的考虑。

除混凝土墙板外，夹心金属板也较为常用。夹心钢板的板材由防气候影响的薄钢板构成，钢板可以是平的，也可以是起折皱的。夹心层常采用泡沫塑料或玻璃纤维，可以起到减轻自重和保温隔热的作用。夹层钢板多用于临时建筑。

12.6.3 盒子建筑

盒子建筑是用立体的盒子构件装配的。它不仅能在工厂内完成墙体、楼板等立体工程，还能在工厂内完成大部分管道工程和装修工程，是一种能把现场工作量减少到最低限度的、工业化程度相当高的建筑方式。

盒子建筑的基本单元是盒子构件。盒子构件按材料分类有钢筋混凝土盒子、轻质混凝土盒子、金属盒子、木盒子和塑料盒子等。盒子构件按用途分类有作为起居室、卧室等主要房间的基本构件，也有作为厨房、卫生间等辅助房间的辅助构件，及作为电梯井、楼梯间等的附属构件。

盒子建筑多用于住宅、旅馆、医院、学校、办公楼或营房、工棚等半永久性的或临时性的建筑。其平面形式多为矩形，也有少数国家研究试用平面为五边形、六边形或其他形状的盒子构件。图12-6-5为一些小型的单层盒子建筑，图12-6-6为多层盒子建筑的组合及布置。

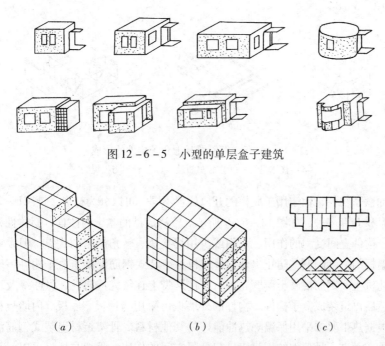

图12-6-5 小型的单层盒子建筑

（a） （b） （c）

图12-6-6 多层盒子建筑的组合及布置
（a）不同层数组合；（b）不同长度组合；（c）平面错位组合

平面为矩形的盒子构件容易布置家具设备、制作也较简单。用这种构造的房屋，无论室内还是外观都与传统房屋相类似，很容易从感情上为人们所接受。一种平面为五边形的盒子构件可以组成十字形，风车形的建筑，造型相当别致。六角形的盒子构件又称蜂窝式元件，用这种构件组合建筑物，具有多方面的优越性。它有两面、三面甚至更多的外墙可以开窗，采光、通风问题都容易解决，还可以争取好的朝向。而且相邻墙面少，房间隔声效果好。当房间面积相同时，其墙的周长比矩形构件的短。六角形盒子构件最大特点是：构件本身极易规格化，而组合体又能多样化以致系列化。这对丰富城市面貌相当有利。

图12-6-7 中银舱体楼

在世界各国已建成的盒子建筑中，1~2层者较多，多层者略少，高层者更不多见。较著名的如1968年建于美国圣安东尼奥的Palaciodel Rio大饭店（21层）和1972年在东京建成的11层中银舱体楼（图12-6-7）等。

1）盒子构件的结构形式

目前常用的有金属盒子构件和钢筋混凝土盒子构件。金属盒子构件常采用骨架轻盒子的结构形式。一般是用普通型钢、轻钢或铝合金做骨架，用木材作墙板间立筋以及顶板和底板间的横梁，外墙板多为复合板。金属骨架轻盒子构件单位面积的重量较轻，所以体积往往很大。

钢筋混凝土盒子构件可以整体浇筑，也可用预制板材拼装或用骨架与轻板相组装，见图 12-6-8。

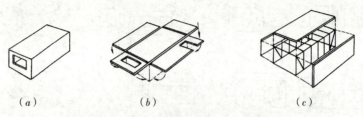

图 12-6-8 钢筋混凝土盒子构件的形成
(a)整体浇筑；(b)板材拼装；(c)骨架与板组装

整浇的盒子构件，由于用于脱模的开口位置不同，可以分为杯形、钟罩形、卧杯形、管形、门形和 L 形多种，如图 12-6-9 所示。整浇成型的盒子构件具有整体性好、能充分发挥盒子构件空间受力的作用、不用或少用焊接头、转角严密的优点，但设计时必须充分考虑墙板的刚度问题并防止出现裂缝。板材组装式钢筋混凝土盒子构件一般是用连续振动压轧机生产钢筋混凝土薄壁壳板，在传送带上连续完成打孔、做凸缘及埋设铁件等工作，然后再组装成盒子构件。构件的外墙板可采用与顶板、底板、内墙板相同的材料，也可根据热工要求采用保温隔热性能好的其他材料。骨架板材组装式钢筋混凝土盒子构件由骨架承重，骨架间的板材墙只起分隔空间的作用，骨架与板材可以一次组装完成，也可以先装部分板材，待安装就位后，再安装划分内部空间的板材。

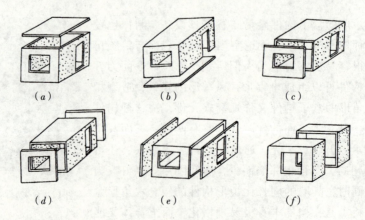

图 12-6-9 整浇的盒子构件形式

2）盒子建筑的组成

（1）全盒子建筑

全盒子建筑又分两种，一种是重叠组合，一种是交错组合。所谓重叠组合，就是将盒子构件一个接一个，一个落一个地组合成建筑物。其优点是刚度好，现场用工少，装配化程度高；其缺点是必然会形成双层楼板和内墙布置。所谓交错组合，就是将构件交错布置，再在空挡处另配外墙板，可节省材料，方便构造。全盒子构件通常采用钢筋混凝土结构。荷载可沿建筑物的四周、两侧或四角往下传递。

（2）板材盒子建筑

板材盒子建筑是由盒子构件和大型楼板、大型墙板组成的。将开间小而消耗工时多的房间如厨房间、卫生间、楼梯间等做成承重的盒子构件，在其间架设大型楼板，再用内外墙板划出其他房间。

板材盒子建筑能够同时发挥盒子构件和大型板材的长处，可以形成 $80 \sim 100 m^2$ 的大房间，不仅适用于住宅、也适用于学校、办公楼等公共建筑，结构上比全盒子建筑简单，是一种比较现实和有前途的组合方式。

（3）框架盒子建筑

框架盒子建筑是由承重的框架和非承重的盒子构件组成的。非承重的盒子构件用轻质混凝土、钢丝网水泥、木材、金属等材料制作，承重的框架多为钢的或钢筋混凝土的。

一般 16 层以下的建筑宜采用无框架结构，16 层以上的建筑宜采用框架结构。当层数超过 16 层但未超过 30 层时，宜采用钢筋混凝土框架。

（4）筒体盒子建筑

这种建筑的主要承重结构是一个位于高层建筑物中央的筒体，盒子构件的重量全部传到筒体上。固定盒子构件的方法大体上有三种：一种是"插"在、直接焊在或用高强螺栓固定在筒体上；再一种是筒体顶端设悬臂梁，悬臂梁上放吊杆，将盒子构件挂在吊杆上，再一种是在筒体上逐层或每隔若干层伸出悬臂梁或悬臂板，将盒子构件放在这些梁，板的上面或挂在梁、板的下面。

3）钢筋混凝土盒子构件的连接

在全盒子建筑中，盒子构件在垂直方向上的连接方法大体有三种。

第一种，完全依靠构件的自重和构件间的摩擦力来维持整体建筑物的稳定性，不采取任何连接措施。这种做法只能用于非地震区。

第二种，在盒子构件的四个角设垂直连续点。在构件外墙板的顶面预埋带有阴螺纹的钢套管，在构件外墙板的底面按相应位置预埋一个钢盒，下层构件就位后，将螺丝杆插入下层构件顶部的套管内，再将空隙用环氧树脂砂浆填实，还常在此处设置氯丁橡胶垫块。

第三种，盒子构件在垂直方向的连接采用在墙板内预留孔筒，就位后从基底到顶层逐层穿入钢筋，用后张法施加预应力使连成整体。

盒子构件在水平方向上最常用的连接方法是，在构件顶面的四个角预埋钢板，吊装就位后，用连接钢板把相邻的构件焊接到一起。或在构件四角处借钢管预留孔，在孔道内穿上钢铰线，两端垫上带孔的钢板，采用锥形锚具，用后张法施加预应力，张拉后，在钢管内灌以环氧树脂。

第13章

高层建筑结构

13.1 概述
13.2 高层建筑的基本结构体系
13.3 高层建筑结构的特殊布置
13.4 巨型高层建筑结构型式

13.1 概述

高层建筑作为城市发展的象征，首先是在芝加哥大批出现的，迄今已有一百多年的历史了。直至今天，高层建筑作为城市天空轮廓线的控制点，作为城市发展的新景点，或作为建造业主实力雄厚的象征，得到人们广泛的关注与推崇。因此，高层建筑的设计不仅要考虑建筑功能与结构受力，而且应该考虑到文化、社会、经济、设备、技术等各方面的因素，使建筑物发挥出最好的经济效益与社会效益。

按单位建筑面积计算，高层建筑的造价和管理费用都远远超出多层建筑。建筑物高度增加了，结构、设备就占去了更多的空间，使可有效使用的建筑面积减少；电梯等机电设备的费用也随高度而增加；高层建筑一般有较完善的供热、通风系统，这也将消耗更多的能量；施工费用也将上涨，这是建造高层建筑中不经济的一面。但在另一方面，几十层乃至上百层的高层建筑集中了成千上万的人在一起工作、生活，极大地提高了土地的利用率，可节省土地买价、增加绿化面积、改善城市环境。建筑的相对集中便于人们之间相互的联系，也给建筑物的有效管理带来了方便。办公、居住、商业、娱乐等多功能的综合性大楼的出现，使人们可以方便地在同一座楼内工作和生活，免除了上下班的长途奔波，减少城市的交流量，缩短市政建设线路，节省市政建设投资。因此，尽管高层建筑的单体造价较高，但从城市总体规划的角度来看，却是经济的。

高层建筑的综合功能和特殊设施使高层建筑的设计错综复杂。如美国芝加哥 109 层的西尔斯大厦中，包括了所有人们在理论上离不开的必需的服务设施和环境，大楼中设置的附属设施能解决如购物、宴会、娱乐、卫生、教育、保险、运输、停车场、公共事业、废物和污水处理、防火等问题，相当于一个小城市的公共设施。这栋建筑物中的电力系统能为 147000 人的城市服务，空调设备可以调节 6000 户住房的温度，为解决每天 16500 人的竖向交通问题，在整个建筑物内共设置了 102 部电梯，这些电梯就像是城市中的街道，而整个建筑物就像是一座城市。高层建筑这种使用功能的综合性和复杂性，必然会对建筑体型和结构型式的确定产生较大的影响，结构型式的局限性，也限制了建筑物向更高的空间发展，限制了建筑功能上的诸多要求。

从结构分析的基本原理来说，高层建筑结构的分析与多层建筑结构的分析是一样的。但是由于以下两个方面的原因，使得高层建筑结构的分析又具有其特殊性：一方面是由于墙、柱内轴力的增加和墙、柱总高度的增加，构件轴向变形所引起的对结构内力与位移的影响已不可忽略；同时由于高层建筑结构中各构件截面高度往往较大，构件截面剪切变形对结构内力和位移的影响也已不可忽略。另一方面是由于建筑物高度的增加，侧向风荷载或地震作用所产生的结构内力与位移常常成为结构设计的控制因素。

图 13-1-1 是材料用量或土建造价（以单位建筑面积计）与建筑物层数之间的

关系。由图可见，随着建筑物层数的增加，楼面结构所耗用的材料几乎不变，而柱或墙体为承受竖向荷载所消耗的材料与层数呈近乎线性的关系增长。值得注意的是，为承受侧向力所需要的材料的增长与层数成抛物线关系。在超高层范围内，层数的增加会引起土建造价的大幅度上升。当结构设计较为合理时，例如选用合理的结构型式，进行合理的结构布置，采用合理的建筑物高宽比，则为抵抗水平荷载所

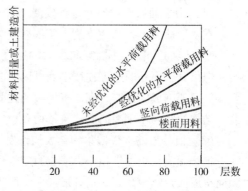

图 13-1-1　高层建筑的经济指标

需增加的材料用量或土建造价尚可接受，而如果结构设计不合理，例如对于高宽比很大的建筑物，则为保证建筑物在侧向荷载作用下的强度和刚度，材料用量或土建造价的增长将使得该建筑物难以建成。

高层建筑结构从整体上说可以看成是底端固定的悬臂柱，承受竖向荷载和侧向水平力的作用，建筑物的侧向位移，常会成为结构设计的控制因素。侧向位移过大，会导致建筑装修与隔墙的损坏，造成电梯运行困难，使居住者感觉不良。另一方面，侧向位移过大，竖向荷载将会产生显著的附加弯矩（即 $P-\Delta$ 效应）。使结构内力增大，甚至会引起主体结构的开裂或破坏。因此，必须对建筑物的侧向位移进行控制。

建筑物的侧向位移的控制包括两个方面，即建筑物的顶点总位移 Δ 和建筑物的层间位移 δ。限制侧向位移一般需同时用 Δ/H 和 δ/h 这两个参数，其中 H 为建筑物的总高度，h 为与 δ 相应的层高，根据不同的结构体系，针对不同的侧向力形式，建筑物的侧向位移应小于表 13-1-1 的限制值。

高层建筑结构侧向位移的限值　　　　表 13-1-1

结构体系		δ/h 的限值		Δ/H 的限值	
		风荷载作用	地震作用	风荷载作用	地震作用
框架	轻质隔墙	1/450	1/400	1/550	1/500
	砌体填充墙	1./500	1/450	1/650	1/550
框架剪力墙	一般装修标准	1/750	1/650	1/800	1/700
	较高装修标准	1/900	1/800	1/950	1/850
框架核心筒	一般装修标准	1/750	1/650	1/800	1/700
	较高装修标准	1/900	1/800	1/950	1/850
筒中筒	一般装修标准	1/800	1/700	1/900	1/800
	较高装修标准	1/950	1/850	1/1050	1/950
剪力墙	一般装修标准	1/900	1/800	1/1000	1/900
	较高装修标准	1/1100	1/1000	1/1200	1/1100

随着全球人口的增长以及建筑用地的减少，高层建筑继续向更高发展。在确保高层建筑物具有足够可靠度的前提下，为了进一步节约材料与降低造价，高层建筑结构设计理念正在不断更新，主要体现在以下几个方面：

(1) 由平面构件向空间构件发展

在水平荷载下，高层建筑主要依靠竖向承重体系来维持结构的稳定。在各类竖向构件中，竖向线形构件抗侧向推力的刚度很小，竖向平面构件具有较大的平面内刚度，但是其平面外的刚度往往小到可以略去不计。由四片墙围成的实腹筒或由四片密柱深梁框架围成的框筒，则具有极大的空间抗侧能力，能够抵御很大的倾覆力矩，因此，结构的空间作用在高层建筑结构布置中越来越受到重视。

(2) 由分散的构件向集约化大构件发展

把抗倾覆力矩中承担压力或拉力的杆件，由原来的沿高层建筑周边分散布置，改为向房屋四角集中，在转角处形成一个巨大柱。把每层分散布置的小梁集约成水平大梁或桁架成为水平加强层，由此组成巨型结构承受水平力和竖向荷载。这是高层建筑结构的又一发展趋势。由于巨大的角柱在抵抗任何方向的倾覆力矩时都有较大的力臂，从而更能发挥结构与材料的潜力，具有刚度大、在建筑内部便于设置大空间等优点。

(3) 由弯剪受力向轴向受力发展

结构在荷载作用下的传力路径越短、越直接，结构的工作效能就越高。轴向受力构件处于承受正应力状态，其传力路线短而直接，比受弯的梁式构件受力更有效。高层建筑在自重和风或地震的共同作用下，主应力方向是倾斜的，采用斜向的支撑结构有利于提高结构承载力和刚度，使主要受力构件处于轴向受力状态，代替传统的受弯构件。

(4) 由简单体型向复杂体型发展

随着社会的发展，为了体现个性，追求新颖，建筑师们在设计时，更倾向于使高层建筑的平面、立面体型复杂多样化，这给结构设计带来了巨大的挑战。平面形状包括矩形、多边形、扇形、弧形、Y形以及L形等，立面出现了各类型转换、外挑、内收、大底盘多塔楼、连体建筑和立面开大洞等复杂体型建筑。

(5) 由普通材料向高强度材料发展

随着建筑高度的增加，结构面积占建筑使用面积的比例越来越大，为此采用高强材料已经势在必行。随着高性能混凝土材料的研制和不断发展，混凝土的强度等级和韧性性能也不断得到改善。强度等级为 C80 和 C100 的混凝土已经在超高层建筑中得到实际应用，从而减小了结构构件的尺寸，减轻了结构自重，这必将对高层建筑的发展产生重大影响。在钢结构中，高强度、可焊性良好、耐火等级高的钢材将成为高层建筑结构的主要材料。

(6) 由单一结构向组合结构发展

组合结构充分利用钢筋混凝土材料的优点，可节约大量钢材。组合结构的形式有压型钢板组合楼盖、钢-混凝土组合梁、外包混凝土组合柱、钢管混凝土组合柱等多种。就钢管混凝土柱而言，管内混凝土处于三向受压状态，它能够提高构件的承载力。随着混凝土强度的提高以及结构构造和施工技术的改进，组合结构在高层建筑中的应用将进一步扩大。

(7) 由结构抗侧向耗能减震发展

单纯地通过提高结构刚度来抗风或抗震，有时效果并不理想，而且也很不经济。

工程中正日益普遍地通过在结构中安装各种阻尼器,以达到减震(振)目的。建筑结构的减震分为主动耗能减震和被动耗能减震。在高层建筑中的被动耗能减震有耗能支撑、竖向耗能剪力墙、被动调谐质量阻尼器以及安装各种被动耗能的油阻尼器等。结构主动减震则是通过安装在结构上的各种驱动装置和传感器,与计算机系统相连接,计算机系统对地震作用和结构反应进行实时分析,向驱动装置发出信号,使驱动装置对结构不断地施加各种与结构反应相反的作用,以达到地震作用下减小结构反应的目的。

(8)由普通结构向轻质预应力方向发展

建筑物越高,自重越大,引起的水平地震作用就越大,对竖向构件与地基造成压力也越大,从而带来一系列不利影响。因此,在高层建筑中推广应用轻质隔墙、轻质外墙板,以及轻质混凝土材料的意义尤为重大。在结构方面,采用密肋楼盖、无粘结预应力平板或空心板也是减轻结构自重的有效方法。采用后张无粘结预应力平板,不仅可以减轻20%左右的楼板自重,同时还可以增加房屋的净空,使得吊顶与设备管线布置更加灵活;或者可以降低房屋层高,达到经济的目的。

事实上,高层建筑的建设已经超出了建筑业的范畴,有时甚至成为国家间竞争的标志。特别是进入21世纪以来,最高建筑的记录不断被刷新。图13-1-2是近百年来世界最高高层建筑记录的获得者。图13-1-2(a)是位于纽约的帝国州大厦,建成于1932年,103层,381m,桅顶高度448.7m;图13-1-2(b)是位于纽约的世界贸易大楼,1973年建成,110层,412m,该楼毁于2001年9月11日的恐怖袭击;图13-1-2(c)是位于芝加哥的希尔斯大厦,1974年建成,110层,442m,桅杆顶高度为527m;图13-1-2(d)是位于吉隆坡的石油大厦,1996年建成,88层,桅杆顶高度为452m;图13-1-2(e)是台北101大厦,2004年建成,101层,450m,桅杆顶高度为508m;图13-1-2(f)是上海环球金融中心,2008年建成,101层,平屋顶高度为492m;图13-1-2(g)是迪拜塔,2009年建成,160层,桅杆顶高度为828m,是目前全球最高建筑。

图13-1-3是我国正在建设中的超高层建筑的效果图。图13-1-3(a)是位于南京的紫峰大厦效果图,81层,主体结构381m,预计桅顶高度450m。图13-1-3

图13-1-2 世界最高高层建筑

（b）是香港环球贸易广场效果图，预计118层、490m。图13-1-3（c）是位于天津高新区国家软件及服务外包产业基地的中国117大厦效果图，预计117层、570m。图13-1-3（f）是上海中心效果图，预计121层、632m。

(a) (b) (c) (d)

图13-1-3　我国在建的超高层建筑效果图

13.2　高层建筑的基本结构体系

在高层建筑结构中，常用的竖向承重结构体系有框架结构体系、剪力墙结构体系、框架剪力墙结构体系、筒体结构体系等。

13.2.1　框架结构体系

与多层框架结构体系相似，高层建筑中框架结构体系也由纵、横向框架所组成，形成空间框架结构，以承受竖向荷载和水平力的作用。与其他高层建筑结构体系相比，框架结构具有布置灵活、造型活泼等优点，容易满足建筑使用功能的要求，如会议厅、休息厅、餐厅和贸易厅等的布置。同时，经过合理设计，框架结构可以具有较好的延性和抗震性能。但框架结构构件断面尺寸较小，结构的抗侧刚度较小，水平位移大，在地震作用下容易由于大变形而引起非结构构件的损坏，因此其建设高度受到限制，一般在非地震区不宜超过60m，在地震区不宜超过50m。

框架结构的受力特性如图13-2-1所示。图13-2-1（a）为框架在各层楼面竖向荷载作用下的弯矩图，图13-2-1（b）为框架在侧向力作用下的弯矩图，图13-2-1（c）为框架在侧向力作用下的变形图。

昆明市工人文化宫地下1层，地上15层，屋顶上另有3层塔楼。屋顶高为56.4m，塔楼高69.3m。建筑平面由四个正六边形组合而成的，其寓意取材于云南大理三塔。外围的三个正六边形为办公楼或活动用房，中间的六边形内布置楼电梯间及其他辅助用房。结构平面布置及楼面梁的布置如图13-2-2（a）所示，由为四个六边形平面的框架柱网，形成空间框架的作用。

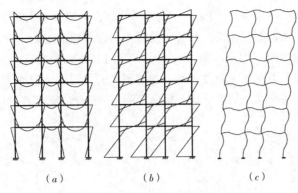

图 13-2-1 框架结构的受力与变形

同济大学综合楼共 21 层，高 100m，其寓意学校在 21 世纪进入新的百年。该楼总平面为 48.6m×48.6m，由九个 16.2m×16.2m 的正方形组成，其中中间为高达 21 层的中庭，周围为办公用房，局部为三层跳空。柱网结构平面及楼面梁布置如图 13-2-2(b)所示。

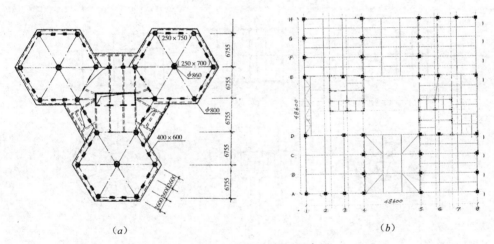

图 13-2-2 框架结构平面布置
(a) 昆明市工人文化宫；(b) 同济大学教学科研综合楼

13.2.2 剪力墙结构体系

剪力墙结构是利用建筑物的外墙和永久性内隔墙的位置布置钢筋混凝土承重墙的结构，剪力墙既能承受竖向荷载，又能承受水平力。一般来说，剪力墙的宽度和高度与整个房屋的宽度和高度相同，宽达十几米或更大，高达几十米以上。而它的厚度则很薄，一般为 160mm～300mm，较厚的可达 500mm。

剪力墙的主要作用是承受平行于墙体平面的水平力，并提供较大的抗侧力刚度，它使剪力墙受剪且受弯，剪力墙也因此而得名，以便与一般仅承受竖向荷载的墙体相区别。在地震区，该水平力主要由地震作用产生，因此，剪力墙有时也称为抗震墙。

剪力墙的横截面（即水平面）一般是狭长的矩形。有时将纵横墙相连，则形成工形、Z 形、L 形、T 形等，如图 13-2-3 所示。剪力墙沿竖向应贯通建筑物全高。墙厚在高度方向可以逐步减少，但要注意避免突然减小很多。剪力墙厚度不应小于楼层高度的 1/25 及 160mm，前者主要是为了防止剪力墙在两层楼盖之间发生失稳破坏，后者主要是为了保证墙体混凝土浇筑的施工质量。当建筑物高度较大时，剪力墙的厚度应由其承载力和抗侧刚度决定。剪力墙上常因开门开窗、排穿管线而需要开有洞口，这时应尽量使洞口上下对齐、布置规则，洞与洞之间、洞到墙边的距离不能太小。避免在内纵墙与内横墙交叉处的四面墙上集中开洞，形成十字形截面的薄弱环节。

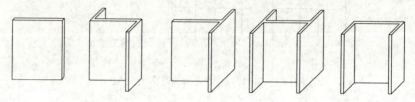

图 13-2-3 剪力墙截面的形式

剪力墙结构常被用于高层住宅和旅馆建筑中，因为这类建筑物的隔墙位置较为固定。从建筑体型看，高层建筑可分为板式与塔式两种，剪力墙结构的布置如图 13-2-4 所示。两个实例如图 13-2-5 所示。

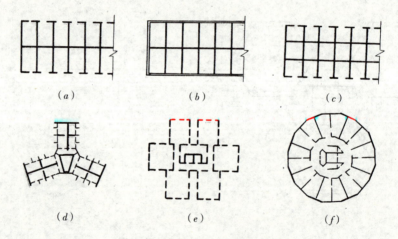

图 13-2-4 剪力墙结构的布置

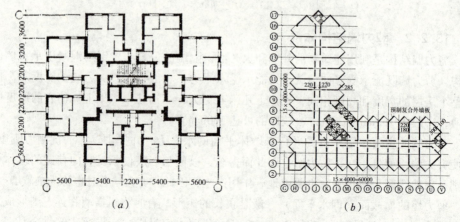

图 13-2-5 剪力墙结构布置实例
(a) 深圳敦信大厦；(b) 北京西苑饭店

因为地震对建筑物的作用方向是任意的，因此，在建筑物的纵横两个方向都应布置剪力墙，且各榀剪力墙应尽量拉通对直。在竖向，剪力墙应伸至基础，直至地下室底板。避免在竖向出现结构刚度突变。

剪力墙结构在竖向荷载作用下的受力情况较为简单，各榀剪力墙分别承受各层楼盖结构传来的作用力，剪力墙相当于一受压柱。在水平荷载作用下，剪力墙的受力较为复杂，其受力性能主要与开洞大小有关。图13-2-6表示了剪力墙开洞大小变化的情况。当剪力墙开洞较小时，如图13-2-6（a）所示。剪力墙的整体工作性能较好，整个剪力墙犹如一个竖向放置的悬臂杆，剪力墙截面内的正应力分布在整个剪力墙截面高度范围内，并呈线性分布或接近于线性分布。这类剪力墙称为整截面剪力墙。如果剪力墙开洞面积很大，联系梁和墙肢的刚度均比较小，整个剪力墙的受力与变形接近于框架，几乎每层墙肢均有一个反弯点，弯矩分布如图13-2-6（d）所示，这类剪力墙称为壁式框架。当剪力墙开洞介于两者之间时，则剪力墙在侧向荷载作用下的受力特性也介于上述两者之间。这时整个剪力墙截面上的正应力不再呈线性分布，由于联系梁的抗弯刚度的作用，会在墙肢顶部的某几层内产生反弯点，而在底部一般不会有反弯点出现，且墙肢内的弯矩分布不再是像悬臂杆一样呈光滑的抛物线，而呈锯齿状分布。根据联系梁刚度的大小，这一范围内的剪力墙可分为整体小开口剪力墙（图13-2-6b）和双肢剪力墙（图13-2-6c）两类。

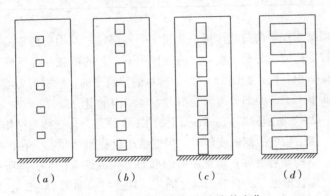

图13-2-6 剪力墙开洞大小的变化

另外，如果联系梁的刚度很小，仅能起到传递推力的作用，而墙肢的刚度相对较大，则联系梁对墙肢弯曲变形的约束作用很小，仅能起到传递推力的作用，每个墙肢相当于一个悬臂杆，水平荷载由各个墙肢共同承担，每个墙肢相当于一个悬臂杆，水平荷载由各个墙肢共同承担，每个墙肢的正应力呈线性分布。

13.2.3 框架剪力墙结构体系

框架剪力墙结构体系是由框架和剪力墙共同作为承重结构的受力体系。它克服了框架结构抗侧力刚度小的缺点，弥补了剪力墙结构开间过小的缺点，既可使建筑平面灵活布置，又能对常见的30层以下的高层建筑提供足够的抗侧刚度。因而在实际工程中被广泛应用。

框架剪力墙结构布置的关键是剪力墙的数量及位置。从建筑布置角度看，减少剪力墙数量则可使建筑布置更灵活；但从结构的角度看，剪力墙往往承担了大部分的侧向力，对结构抗侧刚度有明显的影响，因而剪力墙数量不能过少。

为了保证框架与剪力墙能够共同承受侧向荷载作用，楼盖结构在其平面内的刚度必须得到保证。当在侧向荷载作用下，楼盖结构可看成是一根水平放置的深梁，支撑在剪力墙上，当受到侧向荷载作用时，剪力墙之间的框架将发生不同的侧向变形，如图13-2-7所示。为协调各榀框架和剪力墙之间的变形，要保证框架与剪力墙在侧向荷载作用下变形一致，剪力墙的间距应小于表13-2-1的限值。

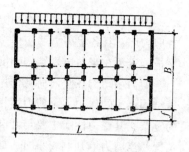

图13-2-7 楼盖犹如支撑在剪力墙上的深梁

框架剪力墙结构中剪力墙间距的限值　　　表13-2-1

楼面形式	非抗震设计	抗震设防烈度		
		6、7度	8度	9度
现浇	≤5B ≤60m	≤4B ≤50m	≤3B ≤40m	≤2B ≤30m
装配整体	≤3.5B ≤50m	≤3B ≤40m	≤2.5B ≤30m	—

框架剪力墙结构在竖向荷载作用下共同承受各层楼盖结构所传来的荷载，对于现浇楼盖一般可按受荷面积分配。在侧向荷载作用下，总的荷载在各榀框架与剪力墙之间就不能按受荷面积分配，如图13-2-7所示的建筑平面，两榀剪力墙只有八分之一的受荷面积，而事实上，大部分荷载是由剪力墙结构承担的。

分析图13-2-7所示的结构一般采用协同工作原理，即把楼盖结构平面内的刚度看成为无穷大，在结构发生侧向变位时，楼盖结构仅作刚体位移。在没有扭转的情况下（荷载对称、结构布置对称）可把所有的框架等效成综合框架，把所有剪力墙等效成综合剪力墙，综合框架与综合剪力墙之间用刚性连杆，如图13-2-8所示。这样就把实际的空间结构简化成平面结构分析。

很显然，作用在整个空间剪力墙结构上的荷载由综合剪力墙与综合框架共同承担，但是外荷载在综合剪力墙与综合框架之间的分配，沿高度方向是变化的。在结构顶部，框架承受较大的外荷载，剪力墙可能会受到与外荷载作用方向相反的力的作用，而在结构的底部，剪力墙承受较大的外荷载，框架所受到的作用力与外荷载的作用方向相反。如图13-2-9所示。

剪力墙应沿房屋的纵横两个方向均有布置，以承受各个方向的地震作用或风荷载，横向剪力墙宜布置在房屋的平面形状变化处，刚度变化处，楼梯间及电梯间以及荷载较大的地方。同时，剪力墙应尽量布置在建筑物的端部附近。图13-2-10表示两种不同的剪力墙布置方案，图13-2-10（a）的两榀剪力墙集中布置在建筑平面的中部，图13-2-10（b）的两榀剪力墙布置在建筑平面的两端，这两个结构方案具有相同的抗侧刚度，但很显然图13-2-10（b）布置方式使结构具有较大的抗扭能力。图13-2-11是广东省人民银行建筑平面剪力墙布置。

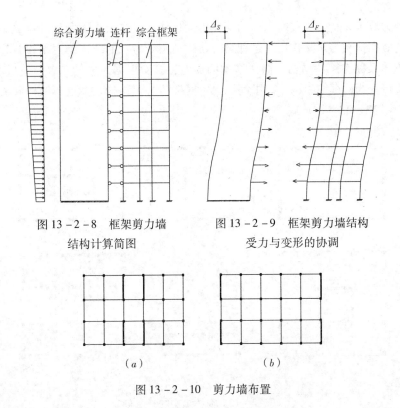

图13-2-8 框架剪力墙结构计算简图

图13-2-9 框架剪力墙结构受力与变形的协调

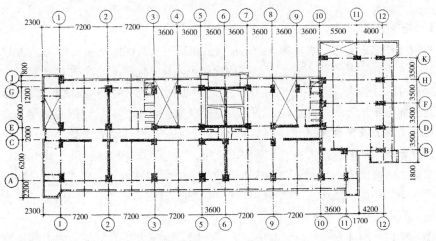

图13-2-11 广东省人民银行

13.2.4 筒体结构体系

当建筑物向上延伸至一定高度时,在平面上需要布置较多的墙体以形成较大刚度来抵抗水平作用,这时前面所讨论的三种结构体系常不能满足要求。在高层建筑结构中,常常有较大的一块面积作为主要竖向交通联系楼梯、电梯间及服务性用房,此时可将这些房间的四周布置结构墙,成为核心筒。尽管需要开设门洞,一定程度上会削弱其刚度,但是其整体刚度比几片独立的墙体要大得多。这是由于相互联系的各片墙围成一个筒后,其整体受力与变形性能有很大的变化,此时形成的空间作用已使平面工作的剪力墙单元转变为空间工作的筒体单元，使它具有很大的刚度和承载力，能承受很大的竖向荷载与水平作用。这种具有筒体结构受力性能的抗侧力结构或含筒体单元的结构体系称为筒体结构。筒体结构的类型很多，根据筒体的布置、组成和数量，筒体结构可分为：框筒结构、筒中筒结构、框架核心筒结构、多重筒结构和成束筒结构等，如图 13-2-12 所示。

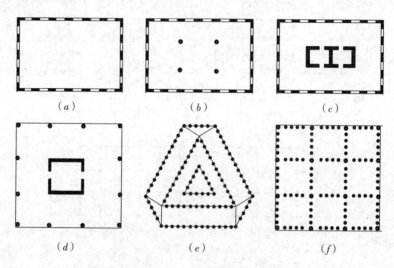

图 13-2-12　筒体结构的平面布置

1）框筒结构

框筒结构是由周边密集柱和高跨比很大的窗裙梁所组成的空腹筒结构。如图 13-2-12（a）所示。从立面上看，框筒结构犹如由四榀平面框架在角部拼装而成，角柱的截面尺寸往往较大，起着连接两个方向框架的作用。框筒结构在侧向荷载作用下，不但与侧向力相平行的两榀框架（常称为腹板框架）受力，而且与侧向力相垂直方向的两榀框架（常称为翼缘框架）也参加工作，形成一个空间受力体系。

为保证翼缘框架在抵抗侧向荷载中的作用。以充分发挥筒的空间工作性能，一般要求墙面上窗洞面积不宜大于墙面总面积的 50%，周边柱轴线间距为 2.0~3.0m，不宜大于 4.5m，窗裙梁截面高度一般为 0.6~1.2m，截面宽度为 0.3~0.5m，整个结构的高宽比宜大于 3，结构平面的长宽比不宜大于 2。

框筒结构的周边为密柱深梁，中间为大空间。为减少楼盖结构的内力和挠度，中间往往要布置一些柱子，作为楼盖结构的支承点，如图 13-2-12（b）所示。结构受力分析时水平荷载全部由外框筒承担，内部柱子及相应的构架只承受其受荷范围内的垂直荷载。

2）筒中筒结构

在高层建筑中，往往有一定数量的电梯间或楼梯间，及设备井道，这时可把电梯间、楼梯间及设备井道的墙布置成钢筋混凝土墙，它既可承受竖向荷载，又可承受水平力作用，在高层建筑平面中，为充分利用建筑物四周的景观和采光，楼电梯间等服务性用房常位于房屋的中部，核心筒也因此而得名。有时也简称为"核"，因筒壁上仅开有少量洞口，故有时也称为"实腹筒"。把框筒和核心筒结合起来即成为筒中筒结构。图 13-2-13（a）为深圳国际贸易中心，是我国内地第一个超过 50 层的高层建筑，为钢筋混凝土筒中筒结构。

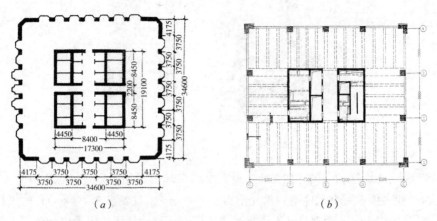

图 13-2-13　筒体结构布置实例
(a) 深圳国际贸易中心；(b) 上海联谊大厦

核心筒一般不单独作为承重结构，而是与其他结构组合形成新的结构型式。当把框筒结构与核心筒结合在一起时，便成为筒中筒结构。典型的筒中筒结构如图 13-2-12（c）所示。一般情况下，筒中筒结构平面可以为矩形、正方形、圆形、三角形或其他形状。筒中筒结构的内筒与外筒之间的距离以 10~16m 为宜，内筒面积占整个筒体面积的比例对结构的受力有较大影响。内筒做得大，结构的抗侧刚度大，但内外筒之间的建筑使用面积减少。一般地说，内筒的边长宜为外筒相应边长的三分之一左右。当内外筒之间的距离较大时，可另设柱子作为楼面梁的支承点，以减少楼盖结构所占的高度。

3）框架核心筒结构

筒中筒结构要求控制周边设置密柱深梁，这常常不能满足建筑设计中的要求。有时建筑布置上要求周边柱距在四五米左右或更大，这时，周边柱子已不能形成筒的工作状态，而相当于空间框架的作用，这种结构称为框架核心筒结构（图 13-2-12d）。图 13-2-13（b）为上海联谊大厦结构平面。

4）多重筒结构

当建筑物平面尺寸很大或当内筒较小时，内外筒之间的距离较大，即楼盖结构的跨度变大，这样势必会增加楼板厚度或楼面大梁的高度，为降低楼盖结构的高度，可在筒中筒结构的内外筒之间增设一圈柱子或剪力墙，如果将这些柱子或剪力墙联系起来使之亦形成一个筒的作用，则可以认为由三个筒共同工作来抵抗侧向荷载，亦即成为一个三重筒结构，如图 13-2-12（e）所示。

5）束筒结构

当建筑物高度或其平面尺寸进一步加大，可采用束筒结构。这是将多个框筒在平面上相互连接形成的一个整体，每个框筒都由密柱深梁组成，由楼盖将各个框筒联系起来共同作用，可以有效地减少外筒翼缘框架中的剪力滞后效应，使内筒或内部柱子充分发挥作用。如图 13-2-12（f）所示。

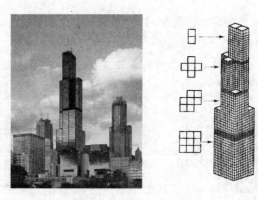

图 13-2-14 西尔斯大厦

建于1974年、109层的美国芝加哥西尔斯大厦高442m，采用了束筒结构（图13-2-14）。由于业主要求每个无柱空间单元不得小于460m²，且要求在240kg/m²的风压作用下无摇晃的感觉，其用钢量又不得超过普通框架，设计师便采用了由9个钢框筒组成的束筒结构。每个框筒边长22.86m，结构平面尺寸68.58m×66.58m。在第50层截去了东南——西北对角线上的两个角筒，在第66层又截去另一对角线上的两个角筒，到第90层又将三个框筒封顶，最后只剩下两个筒一直升到442m高度。由于将上部的7个筒依次截去，不但减少了承受风荷载的表面积，分散了气流，其所造成的湍流也减少了建筑物的摆动。同时也满足了一些想租用整层楼房，而面积又不要太大的客户的要求。更难能可贵的是，西尔斯大厦不但给业主提供了523m²的无柱单元大开间，而且整幢大楼的平均用钢量只有159.5kg/m²，比当时传统的钢框架结构的用钢量290~340kg/m²整整节省了一半。

13.3 高层建筑结构的特殊布置

13.3.1 带转换层的高层建筑结构

在沿街布置的高层住宅中，往往要求在建筑物的底层或底部若干层布置商店，以方便居民购物，满足城市规划中商业网点的布局要求，这就需要在建筑物底部取消部分隔墙以形成大空间，为满足建筑上的这一要求在结构布置时，可将部分剪力墙落地、部分剪力墙在底部改为框架，即成为框支剪力墙结构，如图13-3-1所示。

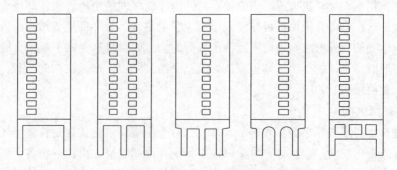

图 13-3-1 框支剪力墙结构

框筒结构或筒中筒结构的外筒柱距较密,常常不能满足建筑使用上的要求。为扩大底层出入洞口,减少底层柱子数,常用巨大的拱、梁或桁架等支撑上部的柱子,如图 13-3-2 所示。

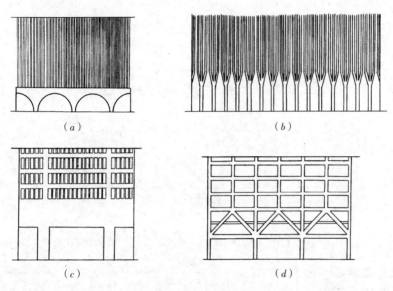

图 13-3-2 筒体结构底部柱子的转换

就整个建筑而言,有时需要转换的并不是某一榀墙的问题,例如底部为商场上部为住宅的建筑,有时甚至上下之间结构体系也有所不同。当上部楼层部分竖向构件(剪力墙、框架柱)上不能直接连续贯通落地时,应设置结构转换层,布置转换结构构件,这类结构成为带转换层高层建筑结构。转换结构构件可采用梁、桁架、空腹桁架、箱形结构、斜撑等,如图 13-3-3 所示。

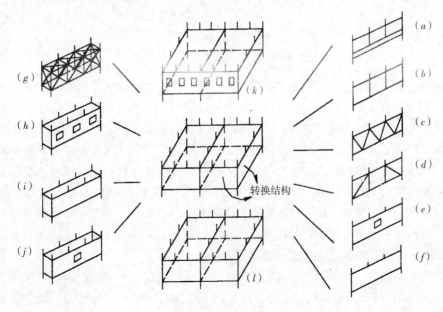

图 13-3-3 转换结构的型式

图 13-3-4 为大连市友好广场高层住宅的结构布置,该建筑为 15 层,采用大模板施工;图 13-3-5 为上海兴联大厦,地下 1 层,地上 25 层,底层为商场,上部为住宅。两者均为底部大空间剪力墙结构。

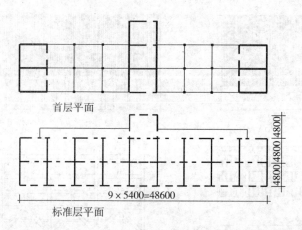

图 13-3-4 大连市友好广场高层住宅的结构布置

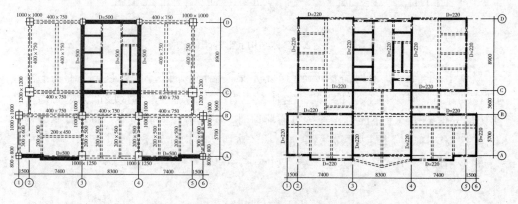

图 13-3-5 上海兴联大厦剪力墙结构布置
(a) 底层结构平面图;(b) 标准层结构平面图

在进行底部大空间剪力墙结构布置时,应控制建筑物沿高度方向的刚度变化不要太大。因为部分剪力墙在底部被取消,从而使结构刚度突然受到削弱,这时应采取措施,例如增加落地剪力墙的厚度,提高落地剪力墙的混凝土强度等级,把落地剪力墙布置成筒状或工字形等,来增加结构底部的总抗侧刚度,使结构转换层上下刚度较为接近。同时应控制落地剪力墙的数量与间距,框支剪力墙榀数不宜多于同一方向上全部剪力墙榀数的 50%,落地剪力墙的间距不宜大于建筑物宽度的 2.5 倍。此外要提高转换层附近楼盖的强度及刚度,板厚不宜小于 180mm,混凝土强度等级不宜低于 C30 级,并应采用双向上下配筋,配筋率不宜小于 0.25%。

13.3.2 带水平加强层的高层建筑结构

在框架结构中,把框架梁替换成桁架可以起到加强结构水平抗侧刚度的作用。图 13-3-6 (a) 所示为条带桁架体系,即每隔数层加设一水平带状桁架,以增加建筑物抵抗水平荷载的能力。图 13-3-6 (b) 所示为错层桁架体系,即每隔一层设一桁架，桁架高度等于层高，也可提高建筑物的侧向刚度，减少侧向变形。

在高层建筑框架-核心筒结构中，当抗侧力刚度不能满足设计要求时，同样可考虑利用建筑设备层和避难层的空间，布置结构加强层，即在该楼层的核心筒与外围框架之间设置刚度较大的水平伸臂构件或沿该层的外围框架设置刚度较大的周边环带。可明显提高结构的整体抗侧刚度。

加强层水平外伸构件一般可采用实体梁（或整层箱型梁）、斜腹杆桁架和空腹桁架，加强层周边水平环带构件一般可采用开孔梁、斜腹杆桁架和空腹桁架等形式。图13-3-7是设水平桁架结构的变位图。

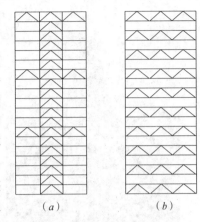

图13-3-6　水平桁架结构体系
(a) 条带桁架体系；(b) 错层桁架体系

上海世贸国际广场（图13-3-8）主楼屋面高度约246m，层数60层，平面形状为直角等腰三角形，中部设心筒，周边三面为巨型框架。1~11层采用钢筋混凝土框筒，结构平面布置如图13-3-9所示。12层以上在原有的巨型外框结构之间增设了钢结构次框架，见图13-3-10。12层以上外周边采用巨型框架结构，利用11、28层和47层的设备层配置周边巨型桁架，联合角部的巨型柱，形成巨型框架结构体系。为进一步增加结构的刚度减少楼层侧移，在周边桁架的相应楼层还设置外伸臂桁架。周边桁架之间则设置钢框架，作为二次结构。这样既增加了巨型结构的刚度，也利于楼面梁的布置。采用巨型结构体系，不仅解决了上下各个竖向荷载的传递问题，而且能减少外围柱之间的竖向变形差异。

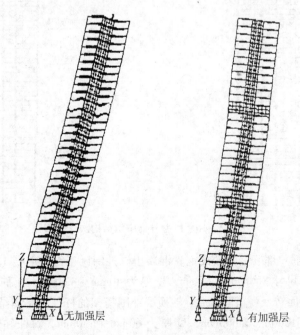

图13-3-7　设水平桁架结构变位图

图 13-3-8 上海世贸国际广场

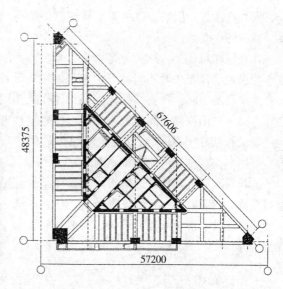

图 13-3-9 11 层以下结构平面布置

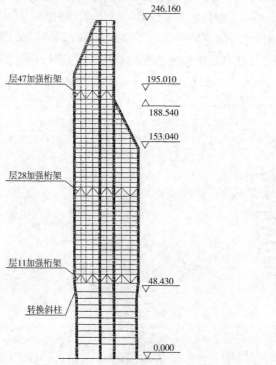

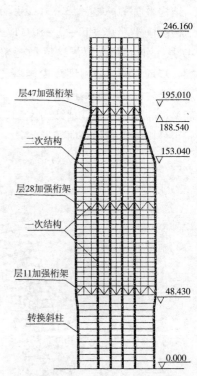

图 13-3-10 巨型外框中钢结构次框架布置

  1~11 层外框角部巨型柱做成钢骨混凝土。外围巨型钢骨混凝土柱中钢骨采用十字形截面，截面尺寸 800mm×600mm，壁厚为 40mm 和 24mm，在加强桁架处设过渡段，由十字形截面转变为箱形截面。转换层外围桁架的杆件均是钢结构箱形截面，弦杆截面最大为 □1000mm×600mm，壁厚为 60mm 和 50mm，斜杆和竖杆截面分别为 □800mm×600mm 和 □600mm×600mm，壁厚为 50mm 和 40mm。外围转换桁架各杆件按刚性连接，每个节点处弦杆和腹杆是一块整体板，节点连接采用圆弧过渡形式，避免应力集中以及板厚度方向的层状撕裂。桁架主要起到改变柱网的作用，把次框架各钢柱的柱底内力传到各巨型钢骨混凝土柱上。次框架柱截面为600mm×600mm，壁厚由40mm变化至24mm，梁为H800mm×300mm，壁厚为14mm和26mm。

伸臂桁架的布置见图13-3-11。伸臂桁架上、下弦杆采用H形截面，斜杆考虑了稳定因素采用箱型截面。由于伸臂梁桁架的设置，楼间层间位移减小了15%～20%。计算结果表明，结构竖向没有明显的薄弱层，平面内的扭转也满足规范的要求。

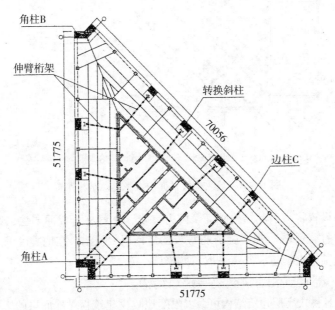

图13-3-11 伸臂桁架的布置

为平衡由于巨型柱向外倾斜1.5m产生竖向荷载下的偏心弯矩，每一根巨型柱在11层处均设置了与混凝土核心筒相连的伸臂钢桁架，同时12层以上的一定层数也设置了相应的钢拉梁，以平衡偏心弯矩在楼层中可能产生的拉力。在第37层斜柱转折处，在竖向荷载、风荷载或水平地震作用组合下，斜柱内将产生很大的水平推力。为抵抗这一巨大的水平推力，在37楼层楼板平面内设置水平桁架，并在外柱与核心筒间的楼板内设置无粘结预应力拉索，见图13-3-12。这样可保证楼板在正常使用状态下不致开裂，确保结构的可靠性。

主楼标准层高3.65m，为了尽量降低楼层结构高度，楼层采用压型钢板+混凝土组合楼板，主次梁均按组合梁设计。标准层楼板厚度120mm，加强层楼板厚180mm。为了提高楼板刚度，减轻楼板自重，改善楼盖的防火性能，压型钢板采用闭口型，在施工阶段作混凝土板的底模，在使用阶段代替板底钢筋，压型钢板双面镀锌总量要求不小于300g/m²，以适应设计使用年限内的防腐问题。外框架梁与巨型柱刚接，形成抗弯框架，而楼面梁与外柱及核心筒均采用铰接。

加强层的设置可使周边框架柱有效地发挥作用，以增强整个结构的抗侧力刚度。在风荷载作用下，设置加强层是一种减少结构水平位移的有效方法。但在地震作用

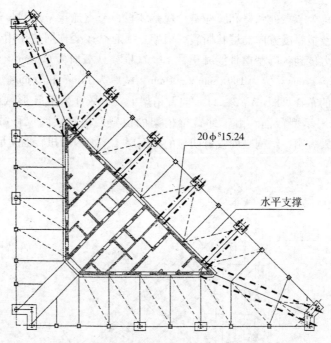

图13-3-12 楼板平面内水平支撑结构布置

下,加强层的设置将会引起结构刚度、内力突变,并容易形成薄弱层,结构的损坏机理难以呈现"柱强梁弱"和"强剪弱弯"的延性屈服机制,在地震区采用带加强层的框架-核心筒结构宜慎重,并需采取有效措施。

13.3.3 悬挂式和悬挑式高层建筑结构

悬挂式或悬挑式高层建筑结构可最大限度地减少建筑物对地面层的影响,增加地面层的公共活动空间,增加绿化面积。或者可减少新建的高层建筑对原来的老建筑物的影响,这对旧城区的改造,或在密集的建筑群中建造新的高层建筑具有特别重要的意义。

悬挂式结构是以核心筒、刚架、拱等作为主要承重结构,全部楼面均通过钢丝束、吊索牢牢挂在上述承重结构上所形成的一种新型结构体系,如图13-3-13所示。由于受拉的钢丝束与受压的核心筒或拱受力明确,可以充分发挥混凝土与高强钢丝的强度,所以这种结构往往具有自重轻、用钢量少、有效面积大等优点。

图13-3-14所示为37层的比利时布鲁塞尔的"Tour du Midi"大楼的结构剖面图,这是另一种结构形式的悬挂式结构。该建筑的井筒由四根700mm×700mm的高强钢柱和连接钢柱的钢筋混凝土墙所组成,每个楼层有四根连续的钢的楼盖主梁与井筒钢角柱连接,主梁贯通井筒全宽并挑出筒9.40m。全部垂直和水平荷载都由井筒来承受。楼盖梁不是交叉的,而是交错布置。每层楼盖的周围固定或悬挂包有混凝土的工字钢边梁。

主梁为预弯的钢板梁,在井筒处梁高1235mm,至两端减少为430mm。每根主梁长38.26m,重390kN,腹板厚度8~15mm。由于主梁两端悬臂,下翼缘受压,为了帮助钢材抗压,下翼缘外包混凝土与钢材共同工作,同时也起防火作用。主梁安装前预先起拱,以抵消由于楼盖恒载产生的挠度。用液压千斤顶使钢梁产生反方向弯曲,并在预弯曲情况下浇筑下翼缘处的混凝土,待混凝土硬化后再放松液压千斤顶。当钢梁回弹时,混凝土受到预压,这样主梁有足够的反拱度以抵消恒载引起的挠度。

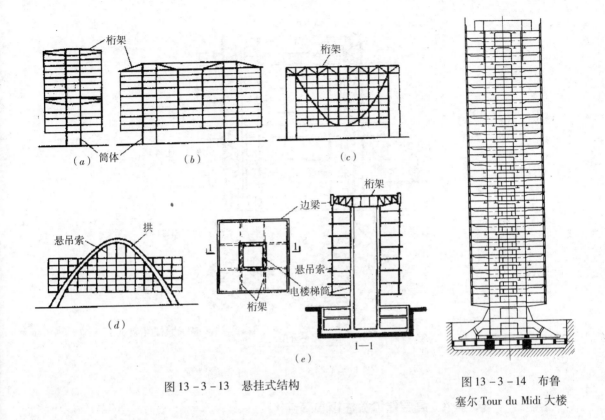

图 13-3-13 悬挂式结构

图 13-3-14 布鲁塞尔 Tour du Midi 大楼

图 13-3-15 为同济大学图书馆总平面图，该楼建于原有两层图书馆和三层书库所围成的天井内，为核心筒悬挑式结构。核心筒内布置楼梯间、电梯间和卫生间等服务性用房，当核心筒上升至原有图书馆屋顶以上后再向四边布置预应力悬挑桁架及楼盖结构，悬挑部分布置阅览室。结构核心筒尺寸为 8.3m×8.3m，标准层建筑平面为 25.0m×25.0m。楼盖结构支撑于每两层一榀的预应力悬挑空腹桁架上，该桁架在平面上呈井字形布置，支撑于核心筒上，同时在建筑外围的四周布置四榀预应力空腹桁架使楼盖结构形成整体工作，见图 13-3-16。

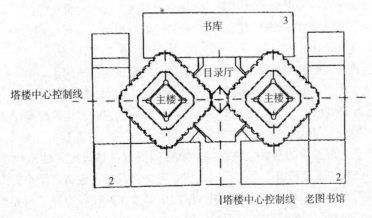

图 13-3-15 同济大学图书馆总平面图

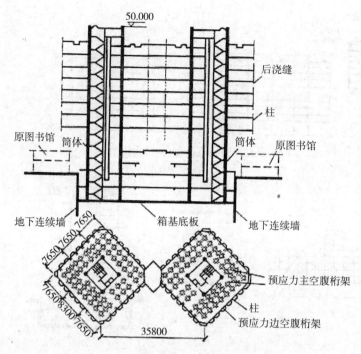

图 13-3-16 同济大学图书馆结构布置

13.3.4 高层建筑板柱核心筒结构

板柱结构是一种常被采用的住宅结构体系,该体系有利于节省建筑空间及平面布置的灵活性,易于施工,但遭受强震作用时,板柱节点的抗震性能不如普通梁柱节点,故《高层建筑混凝土结构技术规程》及《建筑抗震设计规范》中,对于板柱-剪力墙结构的适用高度,都作了较为严格的规定。

与传统的筒体框架结构、板柱-剪力墙结构相比,筒体-剪力墙-板柱体系新颖合理经济有效,主要表现在:

(1) 楼层周边柱带板加厚,形成暗梁,顶层周边结合女儿墙设上反框架梁,提高筒体-剪力墙-板柱结构的延性及抗冲切承载能力。

(2) 厅、房均可采用全落地门窗,给住户提供更宽阔的视野功能。

(3) 空间宽阔平整,住户可以根据需要和爱好自由灵活分隔空间,便于空调管道安装,减小吊顶空间。

(4) 与普通楼梁板楼盖相比,可有效提高室内建筑使用空间。

(5) 施工方便,模板及配筋简单,可以加快施工进度,缩短工期。

广州远洋大厦地下一层,地上 22 层,建筑总高 73.40m,建筑标准层平面布置如图 13-3-17 (a) 所示,标准层结构平面布置如图 13-3-17 (b) 所示。

该建筑平面布置较为独特,楼梯间、电梯间等服务性设施在建筑物中部分散设置,因而在结构上不能形成一个完整的大核心筒,而只能布置成若干小筒,纵向圆弧状布置的柱可形成两榀纵向框架的作用,横向山墙处在两端各布置了两榀剪力墙,对提高建筑物的抗侧与抗扭刚度均有明显作用。该建筑物的另一个特点是在建筑使用面积范围内的楼盖结构为无梁楼盖,从而增加了房屋内部的净高。

第13章 高层建筑结构

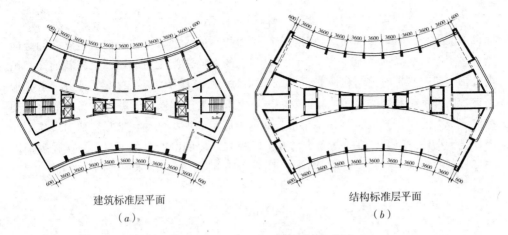

图 13-3-17 广州远洋大厦结构布置

13.3.5 钢结构支撑的布置

高层建筑可以是钢结构或钢—混凝土组合结构。早期的高层建筑、尤其是超高层建筑都是钢结构，为了提高钢结构的防火性能，有时在钢结构外面包一层混凝土。后来发现外包的混凝土层不但有防火作用，而且也提高了结构的刚度和强度，形成钢—钢筋混凝土组合结构，从1960年开始日本在高层建筑中应用较多。上海的瑞金大厦即为这种结构。随着高层钢结构的不断发展，对钢结构体系进行了多方面的探索和研究，结构型式也逐渐多样化，目前常用的高层钢结构体系有下列几种：

框架结构由柱、梁组成，既承受垂直荷载亦承受水平荷载，为限制建筑物在水平荷载作用下的侧移，框架需要有一定的刚度，构件之间连接多为刚接。但纯框架由于刚度较小，不能用于太高的建筑。高度大的钢框架高层建筑，多加设支撑，支撑形式有"X"形支撑、"K"形支撑、偏心"K"形支撑等（图13-3-18）。对于高度更大

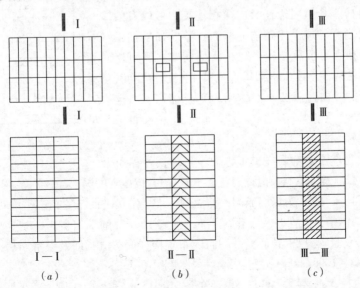

图 13-3-18 钢结构框架"K"形支撑
(a) 框架结构；(b) 带支撑的框架结构；(c) 带剪力墙的框架结构

的超高层建筑，则宜采用带剪力墙的钢框架结构（亦称框架剪力墙结构）。剪力墙可用钢剪力墙板或带钢支撑的预制钢筋混凝土墙板，嵌入框架立柱和楼层钢梁之间竖向布置，用焊接或高强螺栓固定；亦可以是现浇的钢筋混凝土剪力墙。上海新锦江宾馆塔楼钢框架就是带剪力墙和钢支撑，22层以下采用钢剪力墙板，22层以上用"K"形钢支撑嵌入钢柱和钢梁之间。深圳发展中心大厦即带现浇钢筋混凝土剪力墙的钢框架结构。日本的"阳光大厦"是采用带竖缝剪力墙板的框架结构，带竖缝剪力墙板实际上是若干小柱的组合，在一般受力情况下墙板有一定的刚度，参与受力，在强烈地震时带竖缝的墙板开裂，变成若干小柱，刚度急剧下降，地震力迅速减小，有利于抗震。

13.4 巨型高层建筑结构型式

13.4.1 巨型混凝土框架结构

高层建筑中，通常每隔一定的层数就有一个设备层，布置水箱、空调、电梯机房或安置一些其他设备，这些设备层在立面上一般没有或很少有布置门窗洞口的要求，因此，可以利用设备层的高度，布置一些强度和刚度都很大的水平构件（桁架或钢筋混凝土大梁），即形成水平加强层（或称刚性层）的作用。这些水平构件既连接建筑物四周的柱子，又将核心筒外柱连接起来，可约束周边框架核心筒的变形，减少结构在水平荷载作用下的侧移量，并使各竖向构件在温度作用下的变形趋于均匀，减少楼盖结构的翘曲。这些大梁或大型桁架如与布置在建筑物四周的大型柱子或钢筋混凝土大梁井筒连接，便形成具有强大的抗侧刚度的巨型框架结构。

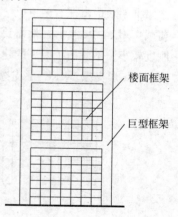

图 13-4-1 巨型框架结构

巨型框架结构可作为其他高层建筑结构体系的补充，即与其他结构共同承受侧向荷载的作用，也可作为独立的承重结构，例如可将巨型框架结构的概念与筒体结构结合起来，即将刚度很大的设备层大梁与框筒结构的角柱、其他周边柱及内筒相连接，可以有效地增强结构刚度，减少建筑物的侧向位移。如果把巨型框架作为独立的承重结构，则在巨型框架之间可以用较小的梁柱构件组成次框架以形成若干层建筑空间，而次框架上的竖向荷载或水平作用力则全部传递给巨型框架，通过巨型框架柱传给基础及地基。如图13-4-1所示。图13-4-1所示的结构形式也为每隔数层在建筑上布置大空间提供了方便。另外，各榀小框架可在巨型框架施工结束后同时施工，从而可加快施工进度。

图13-4-2（a）为深圳亚洲大酒店的标准层结构平面布置，该建筑共32层，高96.5m。竖向由中央电梯井及布置在丫形平面三个端部的端筒作为巨型框架柱子，每隔6层设置巨型框架梁。核心筒及端筒内布置楼梯间、电梯间及设备用房，筒壁厚度最厚处达800~1000mm。巨型框架梁每翼四根（见图13-4-2b），梁高2m，跨度16.5m。每层巨型框架梁之间的小框架布置如图13-4-2（c）所示，小框架只承受竖向荷载，柱截面仅为250mm×400mm，第六层可不设小框架中柱，以便于建筑上布置大空间。

第13章 高层建筑结构

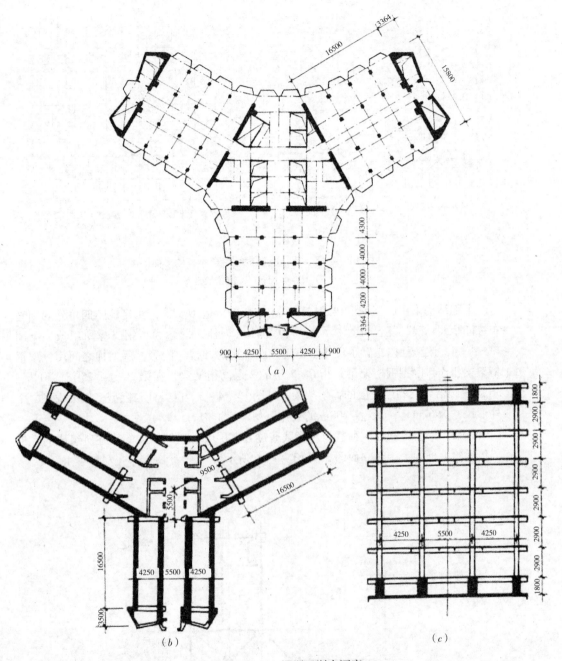

图 13-4-2 深圳亚洲大酒店

13.4.2 巨型钢刚架结构

北京电视中心综合业务楼地上建筑面积为 8 万 m^2，地上 41 层，屋顶上方局部另有 7 层小塔楼，高度为 236.4m。综合业务楼地上分为两部分，20 层以下为电视中心的技术区域，层高为 5m，20 层以上为办公区域，层高为 4.2m，标准层的平面尺寸为 67m×61m。地下部分与其他楼相连，地下 3 层，层高分别为 5.2m，4.2m，4.2m，其中地下第 3 层为设备用房，地下 2 层及地下 1 层为地下车库等。其平面如图 13-4-3 所示。

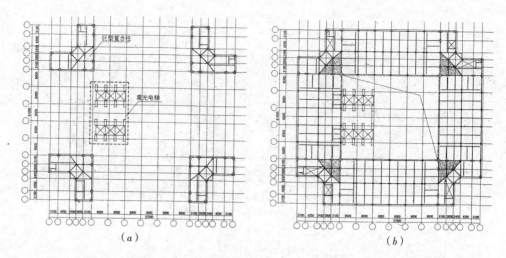

图 13-4-3 北京电视中心综合业务楼平面图
(a) 底层平面；(b) 标准层平面

上部结构采用巨型钢框架结构体系，结合建筑造型要求，在建筑的四角处规则地布置四个"L型"复合巨型柱，复合巨型柱由钢柱、钢梁和型钢支撑所组成，见图 13-4-4。巨型柱内布置了设备管道间、设备用房和楼梯间等。巨型柱之间用巨型钢桁架梁相连，巨型钢桁架梁是指 6~7 层的 2 层高桁架梁，在第 20 层、25 层、31 层、36 层设腰桁架梁和最上层的帽桁架梁，见图 13-4-5。巨型柱与巨型桁架梁构成一个外形尺寸为 67m×61m，高 200m 的立体巨型框架结构。

各楼层的自重和地震荷载及风荷载通过各楼层梁、内外四周的梁柱所组成的次框架传递给大框架。结构立面图如图 13-4-6 所示。

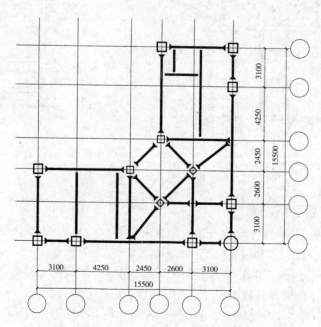

图 13-4-4 "L型"复合巨型柱

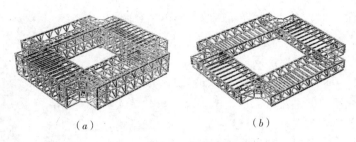

图 13-4-5 巨型钢桁架梁

(a) 6~7 层钢结构桁架梁；(b) 帽桁架梁和腰桁架梁

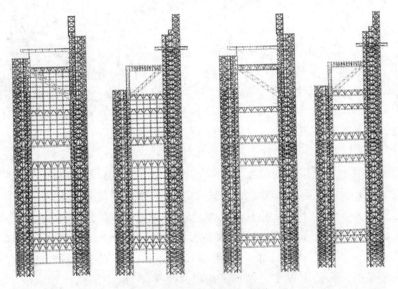

图 13-4-6 结构立面图

本工程在方案设计阶段，建筑师想通过错列布置的结构桁架层将北京电视中心建筑物外围设计成盘旋上升的巨龙，其结构平面布置如图 13-4-7 所示。这个方案导致巨型钢桁架层不在同一水平面上。

由于建筑物的中心部位有竖向贯通空间，除底层巨型桁架梁外，其余层巨型桁架

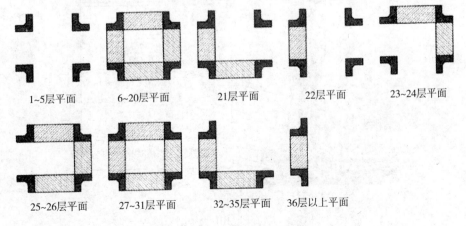

图 13-4-7 开口结构平面布置

梁不在同一标高处，使主体结构在楼层平面内不封闭，无法形成有效的空间巨型框架。由于巨型桁架梁不在同一层上，造成结构平面不同方向呈"凵型"平面和"L型"平面，质心和刚心的位置偏差很大，结构平面布置特别不规则。由于建筑上部逐渐内缩，形状依次从"回型"变成"凵型"，"L型"和"一型"，结构在平面布置和竖向布置上均为特别不规则，顶部存在单片巨型框架，鞭梢效应严重。因此，图13-4-7所示的建筑布置不符合抗震要求，给结构设计带来困难，造成结构用钢量加大。

图13-4-8 台北101大楼

台北101大厦又称台北国际金融中心，见图13-4-8。该建筑位于台北市信义区，结构高度为508m，地上101层，地下5层，总面积193335m² 台北101采用了巨型结构，在大楼之四个外侧分别各有两支巨柱，共8支巨柱（图13-4-9）。每支截面长约3m、宽2.4m，自地下5层贯通至地上90层，柱内灌入高密度混凝土，外以钢板包覆。在抗震设计方面，101大厦应用了重达660t调和质块阻尼器，见图13-4-10，这个重达728t的稳定球使用4套钢索连接到大厦的中心骨架上，下端使用液压装置与大楼建筑结构相连。稳定球的作用顾名思义就是使大楼稳定，该球距离地面600英尺的高度（约182.88m）。有4层楼高。当大楼向左摆动时，球向右摆动，借力将大厦拉回正位。据测试，该稳定球能够减少40%的大厦摆动，在很大程度上提高了结构的抗震能力。

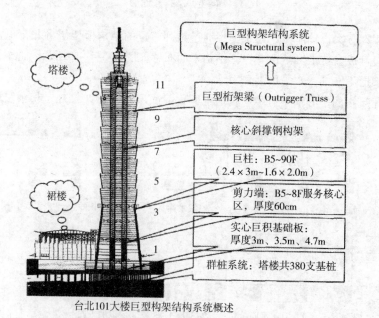

台北101大楼巨型构架结构系统概述

图13-4-9 台北101大楼结构体系

图 13-4-10　台北 101 大楼阻尼器　　图 13-4-11　上海浦东金茂大厦

13.4.3　巨型框架—核心筒结构

上海金茂大厦（图 13-4-11）总高 420m，88 层。大楼 50 层以下为办公用房，53 层以上为旅馆，第 88 层为旅游观光层。大厦结构体系由钢筋混凝土内筒、8 个劲性混凝土巨型外柱及联结两者的 3 个钢结构加强层组成，结构既采用了核心筒加外圈复合巨型柱的方案，同时由 3 道强劲的钢结构外伸桁架将核心筒和复合巨型柱连成整体，以提高主楼的侧向刚度，如图 13-4-12 所示。

核心筒平面形状呈八角形，外围尺寸约为 27m×27m，筒顶标高为 333.70m，全部为现浇钢筋混凝土结构。根据建筑功能上的要求以及结构刚度的需要，在核心筒内部设纵横各两道井字形剪力墙。这些剪力墙从地下 3 层起直延伸到第 53 层（标高 213.80m）。在核心筒外周四个立面处，成对规则地布置了 8 根复合巨型柱。它们是由 H 形钢、钢筋以及高强混凝土复合而成。复合巨型柱内的 H 形钢相隔一定高度与外伸桁架的钢梁和斜撑相连接，因而既能承受重力，又能抵抗横向风荷载和地震作用。同时在建筑周边的角部，成对规则地布置了 8 根钢柱，这些钢柱在设计中仅承受重力荷载。钢柱的截面为 H 形钢和钢板所组成的强劲箱体，截面几何图形成"日"字状，且带有大量的节点板。

沿主楼全高设计了三道刚度极大的钢结构外伸桁架，第一道外伸桁架位于 24～25 层；第二道外伸桁架位于 51～52 层；第三道外伸桁架位于 85～86 层。每一道外伸桁架的高度有两个楼层高，由大截面的钢柱、水平钢梁、垂直斜撑以及连接板所组成。桁架杆件包裹了混凝土，桁架所在层的楼板为现浇钢筋混凝土并作加强加厚处理，使外伸桁架与所在楼层形成了一个空间刚度极大的箱型体系。外伸桁架的两端各伸入相对的 2 根复合巨型柱内，并与柱中埋设的钢结构牢固连接，这样就形成东西和南北两垂直方向各两榀巨型桁架，把复合巨型柱和核心筒连接起来，在外伸桁架高度范围内形成刚性层，保证了钢构件上的轴力能通过剪力的形式传递到钢筋混凝土核心筒内。

建筑结构选型

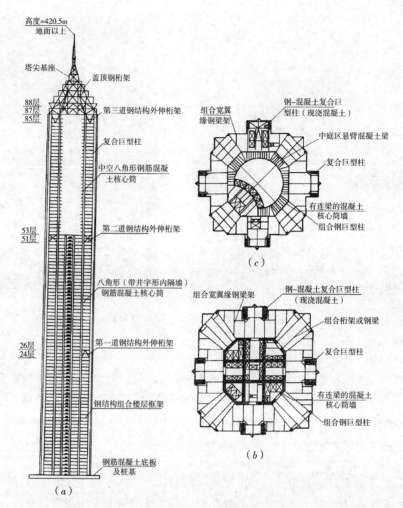

图 13-4-12　金茂大厦主楼结构体系
(a) 结构剖面图；(b) 办公室标准层结构平面图；(c) 酒店标准层结构平面

另外，复合巨型柱内的钢结构还能承受由于与外伸桁架连接而产生的局部弯曲。复合巨型柱和核心筒通过外伸桁架三者结合成一体共同作用，构成了主楼的抗侧向荷载的结构体系。

上海环球金融中心位于上海浦东新区陆家嘴金融贸易区，建成时为中国内地第一高楼，见图 13-4-13、图 13-4-14。工程总建筑面积 38.16 万 m²，主楼高 492m，地上 101 层。建筑平面在底部是边长为 58m 的正方形，在一条对角线上立面为弧形金字塔，另一条对角线上立面为矩形。建筑内部以办公房为主，集六星级宾馆、商业设施、美术馆、城市俱乐部、停车场等设施于一体，犹如一个小镇。顶部 94 层至 100 层之间有一个倒梯形的通风口，在大楼的第 100 层，也就是距地面

图 13-4-13　上海环球金融中心

472m处建有一个长度约为55m的观光天阁。大楼的第94层处还有一个面积为700m²、室内净高8m的观光大厅可俯瞰上海全景。

环球金融中心主体承重结构由型钢混凝土巨型柱、钢筋混凝土核心筒、巨型斜撑、外伸桁架、带状桁架等组成。型钢混凝土巨型柱分布在结构平面的四角。核心筒随着立面的变化采用分段收进的方式，总共由三段组成：在260m以下为接近方形的钢筋混凝土结构，在260m至340m为哑铃状平面的钢筋混凝土结构，在340m以上为钢斜撑筒体结构。巨型斜撑分布在巨型柱之间，使结构具有很好的整体性和抗侧刚度。带状桁架每12层布置一道。设三道三个层高的伸臂桁架加强，以形成核心筒与外框架之间的整体共同工作。环球金融中心的用钢量总计达6.2万t，是目前国内民用单体建筑中用钢量最大的工程。

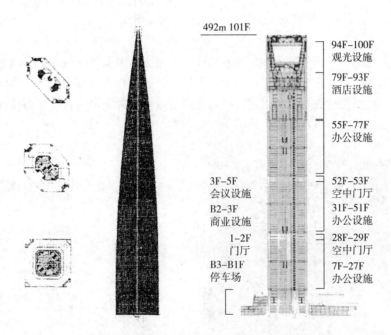

图13-4-14　上海环球金融中心布置图

13.4.4　巨型竖向桁架结构

桁架结构具有很大的刚度，能够充分利用材料强度，因而在桥梁结构工程中得到了广泛的应用。在高层钢框架结构中，在框架梁柱之间增设一些斜向支撑，或直接把部分框架改为竖向放置的桁架，则可大大提高结构的抗侧刚度，改善结构的受力性能，见图13-4-15。

芝加哥的汉考克大厦以其具有建筑个性的巨大的暴露的斜向支撑而成为轴向体系的经典之作，见图13-4-16。对弯曲体系而言，当建筑物高度达40层以上，弯曲体系的效率会明显降低，因而，在这一领域，轴向体系就会变得更有意义并占据主导地位。框筒结构是高层建筑中一种有效的抗侧力结构型式，但是其固有的剪力滞后效应削弱了它的抗推侧刚度和抗侧承载力，尤其在其平面尺寸较大时，这种削弱作用就更加明显。为了使框筒能充分发挥潜力并有效地应用于高层建筑，在框筒中增设支撑或斜向布置抗剪墙板，已成为框筒的一种有力措施。

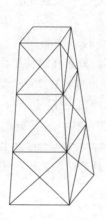 

图 13-4-15　竖向桁架结构　　图 13-4-16　汉考克大厦

把抗倾覆力矩中承担压力或拉力的杆件，由原来的沿高层建筑周边分散布置，改为向房屋四角集中，在转角处形成一个巨大柱，并利用交叉斜杆形成一个空间桁架体系。由于巨大的角柱在抵抗任何方向的倾覆力矩时都有较大的力臂，从而使得建筑角部的柱子能充分发挥材料强度，见图 13-4-17。

 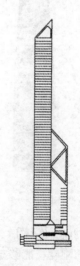

 44—70层

 38—43层

 20—37层

 3—19层

 2层

1层

图 13-4-17　香港中银大厦

第14章

楼梯结构

14.1 概述
14.2 梁式楼梯
14.3 板式楼梯
14.4 悬挑式楼梯
14.5 螺旋型楼梯
14.6 楼梯结构的其他案例

14.1 概述

楼梯的形式很多。按楼梯梯段布置方式可分为直上式（单跑式）、曲尺式、双折式、先分后合或先合后分式、三折式、四折式、八角式、圆形、弧形等，见图 14-1-1。在商场等人流集中处也有采用桥式、交叉式楼梯，简图 14-1-2。按材料分类可分为钢筋混凝土结构楼梯、木结构楼梯、钢结构楼梯、钢木混合结构楼梯、钢玻璃混合结构楼梯等。按结构受力形式分类可分为梁式楼梯、板式楼梯、悬挑式楼梯、螺旋式楼梯等。当采用钢筋混凝土结构时，按施工方法可分为现浇整体式结构、装配式结构及装配整体式结构。

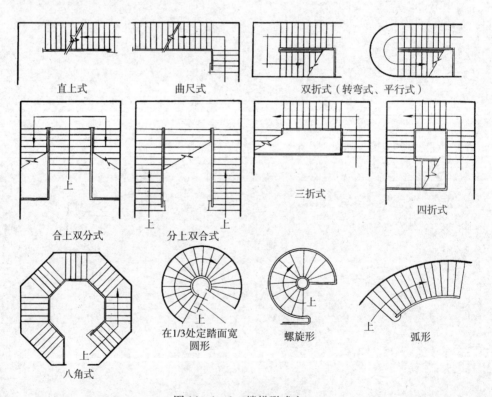

图 14-1-1　楼梯形式之一

钢筋混凝土楼梯具有坚固耐久、节约木材、防火性能好、可塑性强等优点，可根据楼梯的使用要求、建筑特点及施工条件等选择恰当的结构形式，并与主体结构的承重体系融为一体。其缺点是自重大，易出现裂缝等。

木楼梯的特点是自重小，纹理优美，可塑性极强，容易与周围环境的装饰装修形成良好的配合。木质材料保温性能好，人体与之接触时感觉舒适。其缺点是，木质材料易磨损，结构固定后拆装专业化程度高修复困难。

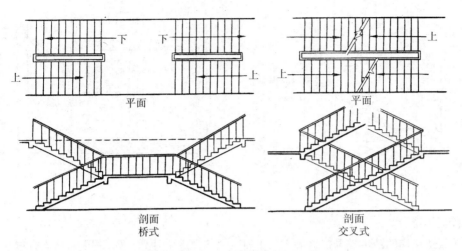

图 14-1-2 楼梯形式之二

钢楼梯的优点是自重轻，施工方便，适应性强。近年来，钢结构民间建筑日益广泛，钢楼梯应用得也越来越多。钢楼梯形式多样，但多以其舒展的线条同周围环境空间获得一种形体上的韵律对比。

当楼梯梁和踏步板由不同材料组成时，称之为混合结构楼梯。混合式楼梯的形式很多，其中以钢木混合结构和钢玻璃混合结构最为常见。

楼梯的梯段宽度应满足通行和疏散的要求，可根据建筑的类型、耐火等级、疏散人数而定。按防火规范规定，以 100 人、125 人为 1m 宽的比例计算，超过 100 人、125 人则应按一定比例增宽，通常按人的平均宽度 500mm 加上人与人之间的适当空隙计算，500～600mm 通称为一股人流宽度，一般情况按一人通行设计应不小于 850mm；二人通行应为 1000～1100mm；三人通行应为 1500～1650mm。当楼梯宽度超过 1400mm 时应两边设扶手，防止人拥挤时发生意外。楼梯跑的坡度一般是 30°左右，设计时楼梯跑的坡度通常是以踏步的宽度与高度作为设计参数。楼梯平台深度应不小于楼梯跑的最小净宽度。

14.2 梁式楼梯

1) 钢筋混凝土结构梁式楼梯

梁式楼梯一般由斜梁、踏步板、平台板及平台梁、栏杆或栏板组成。当斜梁高出踏步时称为暗步，踏步高出斜梁时称为明步，斜梁的形式有双梁支承、双梁折板、拦板梁、单梁悬挑、扭梁等。因梁的受弯性能比板优越，故梁式楼梯自重比板式楼梯轻，节约材料。梁式楼梯中的梁和踏板可以采用木、钢或混凝土，一步楼梯中的梁和踏板可以采用同一种材料，也可以分别采用不同的材料。梁式楼梯常用于楼层高度较高、楼梯跨度较大及荷载较大的建筑中。其优点是传力明确，受力合理，节省材料。其缺点是构造比较复杂，当斜梁尺寸较大时，造型显得笨重，不如板式楼梯轻巧美观。图 14-2-1 是一典型的双折式梁式楼梯，踏步板支承在斜梁上，斜梁支承在平台梁上。

考虑美观等要求可把斜梁上翻，有时斜梁也可由作为实体栏板用的栏板梁代替，

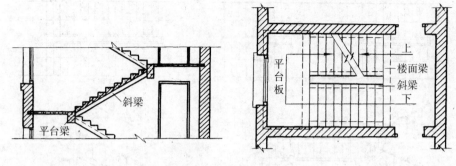

图 14-2-1 梁式楼梯

称栏板梁楼梯。

梁式楼梯的踏步板可按两端支承于斜梁上的简支梁计算，如图14-2-2所示。当楼梯宽度不大时，也可仅设一根斜梁，如图14-2-3，此时踏步板为固定于斜梁上的悬挑板，可按悬挑板进行计算。计算简图如图14-2-4所示。踏步板的荷载传给斜梁。斜梁一般可按简支梁计算，两端支承在平台梁上或支承在竖向承重结构（如承重墙、框架梁等）上。

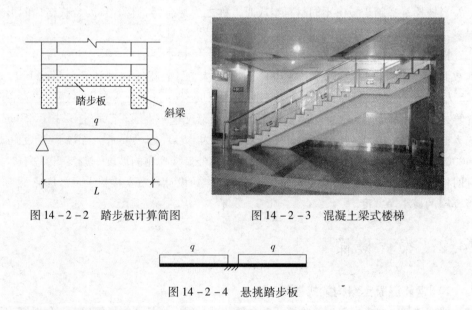

图 14-2-2 踏步板计算简图　　图 14-2-3 混凝土梁式楼梯

图 14-2-4 悬挑踏步板

2) 木结构梁式楼梯

图14-2-5为一木结构梁式楼梯，其斜梁和踏步板均为木结构。

3) 钢结构梁式楼梯

利用钢材优良的力学性能，钢结构楼梯形式丰富多样。除图14-2-6所示的常见的斜梁式楼梯外，图14-2-7为焊接折梁式楼梯，图14-2-8为钢梁式桁架楼梯、图14-2-9为链条式梁式楼梯，图14-2-10为脊索楼梯。其中脊索楼梯是用一个个短梁与短柱构成折梁来承受荷载，这样在满足承载力要求的同时也起到了楼梯形式美观多变的效果。

第14章 楼梯结构

图14-2-5 木结构梁式楼梯

图14-2-6 钢-木混合结构梁式楼梯

图14-2-7 钢结构梁式楼梯

图14-2-8 钢结构梁式桁架楼梯

图14-2-9 链条式梁式楼梯

图14-2-10 脊索楼梯

14.3 板式楼梯

对于钢筋混凝土结构楼梯，当斜梁的水平投影长度小于3.3m时，可取消斜梁采用板式楼梯，这样比较经济。板式楼梯由梯段板，平台板和平台梁组成。梯段板是斜放的齿形板，支承在平台梁和楼层梁上，底层下段一般支承在地垄梁上。梯段板结构配筋如图14-3-1所示。当梯段板的水平投影长度较小时，也可取消支承梯段斜板的平台梁，此时梯段板与两端的平台板连成一体——折板结构。两端支承在承重墙、圈梁或楼层梁上。其计算简图及结构配筋如图14-3-2所示。

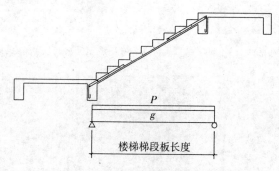

图14-3-1 板式楼梯梯段板配筋图

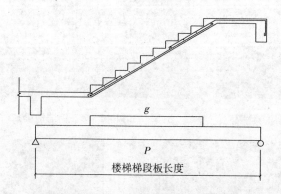

图14-3-2 折板楼梯梯段板配筋简图

板式楼梯的优点是楼梯板底面平整，外形轻巧美观，模板比较简单，施工支模方便。缺点是当跨度较大时，混凝土及钢材用量较多，自重较大。板式楼梯的斜板厚度可取梯段板水平跨度的1/25-1/30。

14.4 悬挑式楼梯

悬挑结构的概念应用于楼梯中可以有各种不同的结构型式。图14-4-1为梯段板悬挑楼梯，楼梯的梯段板及休息平台均为悬挑构件。多用于居住建筑中人流不多的楼梯或次要楼梯。由于悬挑楼梯形式新颖、轻巧，在影剧院等公共建筑中也经常使用。悬挑楼梯多处于室外，作为建筑的一部分附属在建筑侧面，方便人流从室外直接进入建筑内部。

悬挑楼梯可以为板式结构也可以为梁式结构。悬挑楼梯在进行结构分析时，可取一层楼的两个斜梯段和休息平台作为计算单元，计算简图可视为空间框架。它的内力除弯矩、剪力外还有扭矩。可靠的支座约束及抗倾覆稳定性是悬挑楼梯安全工作的重要保障。

楼梯根据悬挑传力构件的不同还有平台梁悬挑楼梯（图 14-4-2）以及踏步板悬挑楼梯（图 14-4-3）和中柱式螺旋楼梯（图 14-4-4）。

图 14-4-1　悬挑楼梯　　　　　图 14-4-2　平台梁悬挑楼梯

图 14-4-3　踏步板悬挑楼梯

中柱式螺旋楼梯（又称圆楼梯）的结构形式为在圆形中心设置立柱，踏步板为一端固定于中心立柱上的悬挑构件。圆楼梯占用的建筑面积较小，但靠近立柱处踏步板宽度太小，行走不便，故圆楼梯一般用作次要楼梯。中柱是这类楼梯结构设计的关键构件，受到弯矩、剪力、扭矩、轴向压力的共同作用。柱端支座约束条件对中柱的内力分布影响极大。

钢楼梯由于其材料有极大的强度和刚度，故在结构形式方面相对于其他材料的楼梯来说具有更大的灵活性。图14-4-5所示为一住宅内连接二层与一层的楼梯。设计师用10mm厚的镀锌扁钢，通过焊接的方式制成曲折状的楼梯，楼梯一端用螺母固定在墙上，这种简练的方式使人似乎感觉不到楼梯的存在。楼梯的构造极为简单，但非常坚固。对这样的楼梯来说，扶手是非常重要的，它直接固定在墙上，其末端的倾斜面与墙面相交。

图14-4-4 中柱式螺旋楼梯

图14-4-5 焊接钢板楼梯

14.5 螺旋形楼梯

螺旋形楼梯外形美观新颖，室内占地面积小，既满足功能要求、又丰富了建筑造型，故在许多高级民用及大型公共建筑中多有采用。但是对于螺旋式楼梯而言，楼梯的内侧（靠近曲线曲率中心一侧）梯面窄，外侧梯面宽，行人登梯困难、不舒服；此外，施工难度也较大，工程造价高。

螺旋楼梯在结构形式上有梁式（图14-5-1）和板式（图14-5-2）之分。从旋转方向上又可分为左旋转（顺时针旋转）和右旋转（逆时针旋转）。梁式可采用钢结构，也可采用钢筋混凝土结构，板式则采用现浇钢筋混凝土结构。梁式又可做成双梁式或单梁式。单梁式多用于梯宽不宽的、轻巧的小型楼梯，梁可设在中轴线处，也可设在荷载作用线的位置。

第14章 楼梯结构

图14-5-1 梁式螺旋楼梯

图14-5-2 板式螺旋楼梯

螺旋楼梯的支承情况有两端弹性支承、两端固定或一端固定一端为其他任意边界条件。螺旋楼梯是多次超静定结构，其内力计算比较复杂，计算时一般简化为位于楼梯中轴线的单跨空间曲梁。在两个支承端之间的旋转范围，可以小于360°，也可以大于360°。图14-5-3为位于卢浮宫玻璃金字塔的螺旋楼梯，优雅的螺旋支持着踏步，连续而没有任何中断，轻柔地导向了主要的公共交通空间。

在高级民用建筑的大厅及庭园内，目前趋向于采用更新颖、平面形式更为自由的异形楼梯以丰富建筑物内容，适应建筑平面及造型上的多方面要求。螺旋式楼梯平面布置上可以有不同旋转半径相结合、左右旋相结合、带有部分直线段以及带有中间休息平台等各种线形的组合，以达到良好的建筑效果。图14-5-4 就是一螺旋楼梯与一直线梯段的组合。

图14-5-3 卢浮宫玻璃金字塔的螺旋楼梯

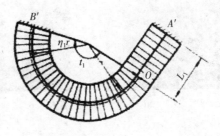

图14-5-4 螺旋楼梯的线形组合

14.6 楼梯结构的其他案例

1) 石拱式楼梯

石头作为一种古老的建筑材料更多地出现在年代比较久远的建筑中。图 14-6-1 为某石拱式楼梯。该楼梯简洁淳朴，与现代楼梯有着清晰的区别。

图 14-6-1 石头楼梯

2) 玻璃楼梯

玻璃是透明或半透明的，明净，卫生，质感坚硬，具有可塑性，易于抛光与切割。图 14-6-2 楼梯踏步板及其承重墙均为玻璃结构，晶莹剔透，极大提升室内空间美感。

图 14-6-2 玻璃楼梯

3) 伸拉式楼梯

图 14-6-3 为伸拉式楼梯，形式新颖，美观大方，是小阁楼的最佳伙伴。伸拉式楼梯小巧方便，伸缩自如，释放了更多家居空间，使生活更为舒适。

4) 翻折式楼梯

图 14-6-4 是一种翻折式钢楼梯。这座位于阿姆斯特丹的住宅由于设计师的独具匠心巧妙地解决了空间狭小的问题。折叠楼梯可自由地上下翻折，解决了仅容一人通行的通道要同时通向地下室和楼上室内的交通问题。

图 14-6-3 伸拉式楼梯

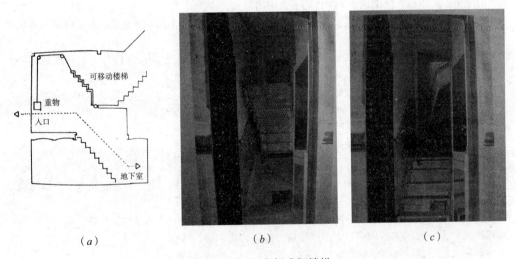

图 14-6-4 翻折式钢楼梯
(a) 结构布置示意图；(b) 翻下后通往地下室；(c) 翻上后上楼

主要参考文献

[1] 哈尔滨建筑工程学院，华南工学院编．建筑结构．北京：中国建筑工业出版社，1980．
[2] 清华大学土建设计研究院编．建筑结构型式概论．北京：清华大学出版社，1982．
[3] 虞季森编．中大跨建筑结构体系及选型．北京：中国建筑工业出版社，1990．
[4] W·舒勒尔著．高伯扬，苗若愚，赵勇，牛小荣译．现代建筑结构——建筑师与结构工程师用．北京：中国建筑工业出版社，1990．
[5] 林同炎等著．王传志等译．结构概念和体系．北京：中国建筑工业出版社，1985．
[6] 哈尔滨建筑工程学院编．大跨房屋钢结构．北京：中国建筑工业出版社，1993．
[7] 谢兆鉴，陈眼云编．建筑结构选型．广州：华南理工大学出版社，1985．
[8] 朱保华．杆系结构理论．上海：同济大学出版社，1993．
[9] 欧阳可庆主编．钢结构．上海：同济大学出版社，1986．
[10] 哈尔滨建筑工程学院，重庆建筑工程学院，福州大学编．木结构．北京：中国建筑工业出版社，1981．
[11] 中国建筑科学研究院建筑标准设计研究所，铁道部建厂工程局勘测设计处．轻型钢结构设计资料集．北京：中国建筑工业出版社，1980．
[12] 谢征勋．钢筋混凝土空间桁架扁壳组合屋盖设计与施工的探讨．建筑结构，1980（2）．
[13] 秦志欣，陈寿华，季康．贝宁友谊体育场结构设计．见：全国获奖建筑结构设计．长沙：湖南大学出版社，1989．
[14] 陈学潮．上海大剧院结构系统试验和理论分析．开封：第八届空间结构学术会议论文集，1997．
[15] 吴至贤，包联进，叶红华，李英路．上海大剧院钢屋盖结构设计．开封：第八届空间结构学术会议论文集，1997．
[16] 赵安澜．武汉水利电力学院体育馆主次桁架系统屋盖结构．建筑结构，1993（8）．
[17] 俞仁杰．双拱架结构多层大跨度厂房．建筑结构学报，1988（3）．
[18] 陈义侃．武汉体育学院游泳馆工程．建筑结构，1986（4）．
[19] 吕志涛，尤凤初．大跨度多跨预应力混凝土门式刚架设计和试验．建筑结构，1990（5）．
[20] 宋相道．威海体育基地田径馆结构设计．建筑结构学报，1990（6）．
[21] 中华人民共和国建筑工程部．钢筋混凝土薄壳顶盖及楼盖结构设计计算规程（BJG 16－65）（试行）．北京：中国工业出版社，1966．
[22] 建筑工程部建筑科学研究院建筑结构研究室译．钢筋混凝土薄壁空间顶盖及楼盖设计规范．北京：中国工业出版社，1965．
[23] 中华人民共和国行业标准．V形折板屋盖设计与施工规程（JGJ/T21－93）．北京：中国计划出版社，1991．
[24] 薛振东，朱士靖译．霍希斯特染料厂游艺大厅的承重结构．见：壳体结构文汇编辑委员会．壳体结构文汇（第五册）．北京：中国工业出版社，1966．
[25] 徐永涛，李清耀．36m 跨锯齿形锥壳屋顶厂房简介．建筑结构学报，1988（1）．
[26] 汪祖培，陈忠麟，郑瑞芬．钢筋混凝土组合型扭壳屋盖．建筑结构学报，1986（1）．
[27] 旅大市建筑设计院等．组合型双曲抛物面扭壳仓库．建筑学报，1974（1）．
[28] 程永才．雁形板横截面设计及梁板合一结构发展的新构想．建筑结构，1994（9）．
[29] 中华人民共和国行业标准．网架结构设计与施工规程（JGJ7－91）．北京：中国建筑工业

出版社，1995.
[30] 网架结构设计与施工规程编制组．网架结构设计与施工——规程应用指南．北京：中国建筑工业出版社，1995.
[31] 刘善维，刘毅轩，钱若军编著．网架结构设计手册．北京：煤炭工业出版社，1983.
[32] 刘锡良，刘毅轩等编著．平板网架设计．北京：中国建筑工业出版社，1979.
[33] 沈祖炎，严慧，马克俭，陈杨骥编著．空间网架结构．贵阳：贵州人民出版社，1987.
[34] 何家炎．大柱网工业厂房屋盖网架设计与研究．文登：第七届空间结构学术会议论文集，1994.
[35] 董石麟．组合网架的发展与应用．建筑结构，1990（6）．
[36] 燕国强．山东金乡影视中心螺栓球组合网架屋盖设计．建筑结构学报，1993（6）．
[37] 苗春芳．多层组合板架结构设计与试验分析．成都：第四届空间结构学术会议论文集，1988.
[38] 姜国渔，姚念亮．上海体育馆大跨度网架结构．见：空间结构论文选集．北京：科学出版社，1985.
[39] 楼国山．网架在造船工业工程中的应用研究．建筑结构学报，1997（1）．
[40] 刘树屯，关忆卢．首都机场 $306\times90m$ 飞机库屋盖设计和施工．建筑结构学报，1997（3）．
[41] 刘树屯．广州白云机场飞机库80m跨高低整体式折线形网架．建筑结构学报，1988（4）．
[42] 尹德钰，刘善维，钱若军．网壳结构设计．北京：中国建筑工业出版社，1995.
[43] 董石麟，姚谏．中国网壳结构的发展与应用．第六届空间结构学术交流会论文集．北京：地震出版社，1992.
[44] 邹浩，黄友明．圆柱形网壳弹塑性分析及破坏机理的探讨．见：空间结构论文选集．北京：科学出版社，1985.
[45] 朱享铍，陆锡军，胡学仁．上海石化总厂师大三附中体育馆 $30m\times50m$ 单层柱面网壳屋盖设计．文登：第七届空间结构学术会议论文集，1994.
[46] 耿笑冰，陈镇洋．圆柱面双层网壳最佳形式研究．文登：第七届空间结构学术会议论文集，1994.
[47] 冯良经，徐用念，艾研也．单层双曲扭网壳应用的几个问题．成都：第四届空间结构学术会议论文集，1988.
[48] 苗欣，曹刊铉．单层 K_6 型球面网壳设计．兰州：第五届空间结构学术交流会论文集，1990.
[49] 周广强，刘维善，高世正．短程线型单层球面网壳的分格与内力分析．兰州：第五届空间结构学术交流会论文集，1990.
[50] 朱坊云等．几个曲面网壳工程实例分析与总结．兰州：第五届空间结构学术交流会论文集，1990.
[51] 蓝佩恩，赵基达．北京体育学院体育馆双曲抛物面网壳屋盖结构．土木工程学报，1992（6）．
[52] 宋伯铃等．单层双向子午线网状球壳的力学性能分析及试验研究．成都：第四届空间结构学术会议论文集，1988.
[53] 梁铁汉． $2-18m\times18m$ 单层双曲钢网壳设计介绍．兰州：第五届空间结构学术交流会论文集，1990.
[54] 赵璧荣，朱思荣，冯远．德阳市体育馆网壳屋盖设计．建筑结构，1996（1）．
[55] 沈世钊，顾年生．亚运会石景山体育馆组合双曲抛物面网壳屋盖结构．建筑结构学报，1990（1）．
[56] 沈世钊，徐崇宝，陈昕．哈尔滨速滑馆巨型网壳结构．建筑结构学报，1995（6）．
[57] 姚发坤．单层扭网壳屋盖的设计与施工．建筑结构，1987（3）．
[58] 姚发坤．肇庆市体育馆组合型椭圆抛物面网壳屋盖．文登：第七届空间结构学术会议论文集，1994.
[59] 建筑工程部技术情报局编译．大跨度悬挂式屋盖结构文献选编．北京：中国工业出版

社，1962.
[60] 金问鲁. 悬挂结构计算理论. 杭州：浙江科学技术出版社，1981.
[61] 沈世钊，徐崇宝，赵臣著. 悬索结构设计. 北京：中国建筑工业出版社，1997.
[62] 张发生，徐荣煦. 悬索结构在山东淄博地区的应用和发展. 第六届空间结构学术交流会论文集. 北京：地震出版社，1992.
[63] 沈世钊，徐崇宝. 吉林滑冰馆预应力双层悬索屋盖. 建筑结构学报，1986（2）.
[64] 朱思荣，赵璧荣，冯淑卿，陈新兴. 无拉环圆形双层悬索屋盖结构的设计及施工. 见：空间结构论文集. 北京：科学出版社，1985.
[65] 谢永铸，陈其祖. 安徽省体育馆"索-桁架"组合结构屋盖设计与施工. 建筑结构学报，1989（6）.
[66] 杨叔庸. 潮州体育馆"索-桁架"组合结构屋盖的设计. 第六届空间结构学术交流会论文集. 北京：地震出版社，1992.
[67] 顾承，何广乾，林春哲：杂交空间结构的生成原则及其CAD系统的开发. 文登：第七届空间结构学术会议论文集，1994.
[68] 李豪邦，王婉灵. 丹东体育馆结构设计. 建筑结构，1987（3）.
[69] 姚裕昌. 江西省体育馆结构设计. 建筑结构学报，1992（3）.
[70] 刘树屯，朱丹，裴永忠，王晓梅. 海南美兰机场维修机库屋盖方案的研究. 开封：第八届空间结构学术会议论文集，1997.
[71] 吴耀华，张勇，陈云波. 新加坡港务局PSA仓库钢结构斜拉网架设计. 文登：第七届空间结构学术会议论文集，1994.
[72] 沈世钊，蒋兆基. 亚运会朝阳体育馆组合索网屋盖. 建筑结构学报，1990（3）.
[73] 严慧，唐曹明，匈卫. 斜拉网架的结构特性及其设计应用研究. 建筑结构，1996（1）.
[74] 崔振亚，张国庆. 国家奥林匹克体育中心综合体育馆屋盖结构设计. 建筑结构学报，1991（1）.
[75] 王玉田，胡庆昌，曲莹石，丁志娟. 国家奥林匹克体育中心游泳馆屋盖结构设计. 建筑结构学报，1991（1）.
[76] 吉凤鸣. 呼和浩特民航机场机库工程. 建筑结构学报，1993（2）.
[77] 陈国平. 斜张桥技术应用于游泳馆建筑. 建筑结构.
[78] 赵基达，宋涛，钱基宏，张维狱，焦俭. 浙江省黄龙体育场挑蓬结构计算分析. 开封：第八届空间结构学术会议论文集，1997.
[79] 兰天，郭璐. 膜结构在大跨度建筑中的应用. 建筑结构，1992（6）.
[80] 林颖儒. 上海八万人体育场马鞍型大悬挑钢管空间屋盖结构设计简介. 空间结构，1996（1）.
[81] 沈祖炎，陈扬骥，陈以一，赵宪忠，姚念亮，林颖儒. 上海市八万人体育场屋盖的整体模型和节点试验研究，建筑结构学报，1998（1）.
[82] 刘锡良，陈志华. 一种新型空间结构——张拉整体体系. 土木工程学报，1995（4）.
[83] 陶金芬. 汉城奥运会的两个拉索"圆形穹顶". 建筑结构学报，1988（4）.
[84] 夏绍华，董明，钱君东. 全张力、张力集成体系的基本概况. 空间结构，1997（2）.
[85] 钱若军等. 索穹顶结构. 空间结构，1995（3）.
[86] 霍维国. 盒子建筑与盒子卫生间. 北京：中国建筑工业出版社，1984.
[87] 同济大学《多层及高层房屋结构设计》编写组. 多层及高层房屋结构设计. 上海：上海科学技术出版社，1978.
[88] W·舒勒尔著. 同济大学钢筋混凝土结构教研室译. 高层建筑结构. 上海：上海科学技术出版社，1978.
[89] 包世华，方华. 高层建筑结构设计. 北京：清华大学出版社，1985.
[90] 崔鸿超，周文瑛主编. 高层建筑结构设计实例集. 北京：中国建筑工业出版社，1989.
[91] 赵西安. 钢筋混凝土高层建筑结构设计. 北京：中国建筑工业出版社，1992.
[92] 天津大学，同济大学，南京工学院. 钢筋混凝土结构（下册）. 北京：中国建筑工业出版

社，1994.
[93] 陶学康．无粘结预应力混凝土设计与施工．北京：地震出版社，1993.
[94] 杨宏标等．钢结构与组合结构．北京：北京科学技术出版社，1991.
[95] 范家骥，高莲娣，喻永言．钢筋混凝土结构．北京：中国建筑工业出版社，1991.
[96] 南京工学院建筑系建筑构造编写组．建筑构造（第一册）．北京：中国建筑工业出版社，1979.
[97] 张苓，佘彬．闵行工人俱乐部影剧场部分预应力混凝土三向网格梁设计研究．建筑结构，1988（4）．
[98] 齐志成．异形楼梯内力分析及结构设计．北京：中国建筑工业出版社，1992.
[99] 建筑工程部技术情报局编译．大跨度悬挂式屋盖结构文献选编．北京：中国工业出版社，1962.
[100] 吴念祖主编．《上海空港系列丛书—浦东国际机场二号航站楼屋盖系统》．上海：上海科学技术出版社，2008.
[101] 北京市建筑设计研究院．奥林匹克与体育建筑．天津：天津大学出版社，2002.
[102] 宋彻，孙旺．天津奥林匹克中心体育场结构设计．建设，2006（3）．
[103] 孙银，王士淳．天津奥林匹克中心体育场设计．建筑创作，2006（7）．
[104] 何镜堂，张利，倪阳．中国 2010 年上海世博会中国馆．建筑学报，2009（6）．
[105] 吴晓涵，孙方涛，吕西林，钱江．上海世博会中国馆结构弹塑性时程分析．建筑结构学报，2009（5）．
[106] 罗国峰，封杰，卫志强，胡潇俊，黄寅路，李冠群，杨兴富．上海世博会演艺中心屋顶钢结构吊装技术．施工技术，2009（8）．
[107] 封杰，罗国峰，卫志强，胡潇俊，黄寅路，杨兴富，李冠群．上海世博会演艺中心悬臂桁架吊装技术．施工技术，2009（8）．
[108] 黄明鑫主编．大型张弦梁结构的设计与施工．济南：山东科学技术出版社，2005.
[109] 丁浩民，吴宏磊，何志军，张峥．上海世博会主题馆和部分国家馆设计．建筑结构，2009（5）．
[110] 李雄彦，徐兆熙，薛素铎编著．门式刚架轻型钢结构工程设计与实践．北京：中国建筑工业出版社，2008.
[111] 陈红，吴国旺，丁勇，赵云龙，杜华．中国农业大学体育馆工程施工新技术综述．建筑技术．2008 年 8 月，第 39 卷第 8 期．
[112] 孙一民．回归基本点：体育建筑设计的理性原则——中国农业大学体育馆设计．建筑学报，2007（12）．
[113] 范重，刘先明，范学伟等．国家体育场大跨度钢结构设计．建筑结构学报，2007（2）．
[114] 李兴钢．国家体育场设计．建筑学报，2008（8）．
[115] 张在明，沈小克，周宏磊，唐建华，杨素春，韩煊．国家体育场桩基工程的分析与实践．土木工程学报 2009 年 1 月，第 42 卷第 1 期．
[116] 杨庆山，刘文华，田玉基．国家体育场在多点激励作用下的地震反应分析．土木工程学报，2008 年 2 月，第 41 卷第 2 期．
[117] 曾志斌，张玉玲．国家体育场大跨度钢结构在卸载过程中的应力监测．土木工程学报，2008 年 3 月，第 41 卷第 3 期．
[118] 陈以一主编．世界建筑结构设计精品选（日本篇）．北京：中国建筑工业出版社，1999.
[119] 编委会编．世界建筑结构设计精品选（中国篇）．北京：中国建筑工业出版社，2001.
[120] 王强．预应力屋面雁形板混凝土施工工艺．水电站设计，2005（3）．
[121] 时铁城，席燕林，蒋志勇．雁形板在沙坡头水利枢纽主厂房设计中的运用．红水河，2007（1）．
[122] 杨宗放，吴京．大跨度斜柱人字架和双曲扭壳组合屋盖结构预应力施工．建筑技术，2008（12）．

[123] 伍小平，高振锋，李子旭．国家大剧院钢壳体施工全过程模拟分析．建筑结构学报，2005（5）．
[124] 张丽，徐国彬．国家大剧院超级椭球穹顶的稳定性分析．钢结构，2003，18（2）．
[125] 张在明，沈小克，周宏磊，孙保卫，唐建华．国家大剧院工程中的几个岩土工程问题．土木工程学报，2009（1）．
[126] 郑方，张欣．水立方——国家游泳中心．建筑学报，2008（6）．
[127] 徐国宏，袁行飞，傅学怡，顾磊，董石麟．ETFE气枕结构设计——国家游泳中心气枕结构设计简介．土木工程学报，2005（4）．
[128] 陈鲁，汤海林，张其林，高超，方卫，张伟育，张营营，叶志燕．上海世博会世博轴膜结构屋面局部足尺试验研究．施工技术，2009（8）．
[129] 张其林，张营营，陈鲁，周颖，李自杰．上海世博会世博轴膜结构边界连接件性能检测．施工技术，2009（8）．
[130] 王洪军，张安安，张皓涵，汤海林，张其林．世博轴阳光谷单层网壳钢节点承载性能研究．施工技术，2009（8）．
[131] 宋海丰．上海世博会世博轴索膜结构支点系统安装技术．施工技术，2009（8）．
[132] 郝晨均．上海世博会世博轴阳光谷钢结构安装技术．施工技术，2009（8）．
[133] 俞晓萌，盛林峰，吴欣之．上海世博会世博轴综合施工技术．施工技术，2009（8）．
[134] 郑德乾，顾明，周晅毅，张伟育，方卫，张安安．世博轴膜面平均风压的数值模拟研究．建筑结构学报，2009（5）．
[135] 欧阳恬之，黄秋平．中国2010年上海世博会世博轴及地下综合体工程．建筑学报，2009（6）．
[136] 钱若军，杨联萍．张力结构的分析、设计、施工．南京：东南大学出版社，2003．
[137] 傅学怡等．北京奥运国家游泳中心结构初步设计简介．土木工程学报，2004（2）．
[138] 傅学怡，顾磊，杨先桥，余卫江．国家游泳中心"水立方"结构设计优化．建筑结构学报，2005（6）．
[139] 钱嫁茹，张微敬，赵作周，潘鹏等．北京大学体育馆钢屋盖施工模拟与监测．土木工程学报，2009（9）．
[140] 孙一民．体育场馆适应性研究—北京工业大学体育馆．建筑学报，2008（1）．
[141] 秦杰，陈新礼，徐瑞龙，覃阳，徐亚柯，李振宝．国家体育馆双向张弦结构节点设计与试验研究．工业建筑，2007（1）．
[142] 冯阳，覃阳，甘明，柯长华，陈金科．北京2008年奥运会国家体育馆主体结构设计．建筑结构，2008（1）．
[143] 谢国昂，傅学怡，吴利利，陈东伟，顾磊．国家游泳中心钢结构施工仿真分析．建筑结构学报，2009（6）．
[144] 赵阳，王武斌，邢丽，傅学怡，顾磊，董石麟．国家游泳中心方钢管受弯连接节点加强试验研究．2005（6）．
[145] 高立人，方鄂华，钱稼茹编著．高层建筑结构概念设计．北京：中国计划出版社，2005．
[146] 徐培福，傅学怡，王翠坤，肖从真编著．复杂高层建筑结构设计．北京：中国建筑工业出版社，2005．
[147] 徐培福，王亚勇，戴国莹．关于超限高层建筑抗震设防审查的若干讨论．土木工程学报，2005（1）．
[148] 郑偌弘，刘天杰．楼梯设计：木质楼梯．北京：中国建材工业出版社，2007．
[149] 乌苏拉·鲍斯，克劳斯·西格勒著．方瑜译．钢楼梯——构造，造型，实例．北京：中国建筑工业出版社，2008．
[150] 王小红．当代国外楼梯设计．济南：山东科学技术出版社，2003．
[151] 埃娃·伊日奇娜著．杨芸，陈震宇译．当代国外楼梯设计．北京：中国建筑工业出版社，2002．